高等学校交通运输与工程类专业规划教材

MSP430 系列单片机原理、应用与 Proteus 仿真

杜　凯　陈　丹　主　编

宋京妮　黄　鹤　副主编

巨永锋　主　审

人民交通出版社股份有限公司

北　京

内 容 提 要

本书为高等学校交通运输与工程类专业规划教材。本书结合嵌入式系统的发展，从实际应用需求和开发过程中所遇到的问题两方面入手，介绍了 MSP430 系统和 Proteus 硬件仿真的基本概念、原理、技术和应用案例，可培养学生的工程实践能力。

全书第1章、第2章介绍基本概念、IAR EW430 软件和 Proteus 软件，第3章～第10章详细介绍 MSP430 单片机各个功能模块的原理及应用，第11章为 MSP430 单片机虚拟仿真综合实训，可供学生进行综合学习。书中实验和实训部分提供软件代码。

本书可作为高等院校自动化类专业、交通运输类专业及相关专业教材，也可作为从事检测、自动控制等工作的工程技术人员的参考用书。

图书在版编目(CIP)数据

MSP430 系列单片机原理、应用与 Proteus 仿真 / 杜凯，陈丹主编. — 北京：人民交通出版社股份有限公司，2022.12

ISBN 978-7-114-18068-2

Ⅰ.①M… Ⅱ.①杜… ②陈… Ⅲ.①单片微型计算机—高等学校—教材 Ⅳ.①TP368.1

中国版本图书馆 CIP 数据核字(2022)第 110278 号

高等学校交通运输与工程类专业规划教材

书　　名：MSP430 系列单片机原理、应用与 Proteus 仿真
著 作 者：杜　凯　陈　丹
责任编辑：钱　堃
责任校对：席少楠　卢　弦
责任印制：张　凯
出版发行：人民交通出版社股份有限公司
地　　址：(100011)北京市朝阳区安定门外外馆斜街3号
网　　址：http://www.ccpcl.com.cn
销售电话：(010)59757973
总 经 销：人民交通出版社股份有限公司发行部
经　　销：各地新华书店
印　　刷：北京虎彩文化传播有限公司
开　　本：787×1092　1/16
印　　张：18.75
字　　数：480千
版　　次：2022年12月　第1版
印　　次：2022年12月　第1版　第1次印刷
书　　号：ISBN 978-7-114-18068-2
定　　价：55.00元

前言

MSP430系列单片机是16位的、具有精简指令集的单片机,具有功耗较低、处理能力强、模拟技术性能高、片内外设丰富、工作稳定、开发便捷高效、成本低廉等特点,深受工程技术人员的青睐,已广泛应用于工业控制、计算机网络和通信、智能仪器仪表、家用电器、医疗设备、大型电器模块等领域。

本书以MSP430系列单片机为对象,介绍其内部结构、原理和应用,为了增强学习内容的实践性,添加了Proteus硬件仿真环境的介绍并提供了多个虚拟仿真综合实训项目,力图引导学生学以致用。采用虚拟仿真可以便捷地构建不同的应用系统,增加实践的场景。师生之间通过仿真文件的交换可以方便地进行在线的交流、讨论,顺应了线上线下混合式教学的趋势。

本书共有11章,具体内容包括:

第1章介绍嵌入式系统、单片机和MSP430系列单片机特点、应用及选型。

第2章介绍IAR EW430集成开发环境、Proteus硬件仿真环境、IAR EW430和Proteus联动使用、“LED灯实验”的Proteus设计与仿真。

第3章介绍MSP430系列单片机的中央处理器(CPU)结构、复位和工作模式、存储器组织与Flash操作、基础时钟模块、终端和特殊功能寄存器、电源检测模块等内容。

第4章介绍MSP430系列单片机输入输出(I/O)端口特点及结构、相关寄存器、操作流程和主要作用。

第5章介绍MSP430系列单片机的定时器概述、定时器A、定时器B、看门狗定时/计数器。

第6章介绍MSP430通用异步串行接口、同步串行总线(SPI)接口、集成电路总线(I2C)接口、通用串行总线(USB)模块。

第7章介绍比较器A工作原理、基本操作流程、寄存器,还介绍了比较器A增强模块和比较器B,以及"比较器A实验"的Proteus设计与仿真实训。

第8章介绍直接存储器存取(DMA)模块的操作、DMA寄存器、"DMA模块实验"的Proteus设计与仿真等内容。

第9章介绍ADC12模块(模数转换器模块)的操作、采样和转换模式、寄存器说明等内容。

第10章介绍DAC12模块(数模转换器模块)的操作、寄存器、"D/A转换实验"(内置DAC模块)、"DAC实验"Proteus设计与仿真(外置DAC模块)等内容。

第11章介绍10个虚拟仿真综合实训,包括电子秒表的设计与仿真等。

本书由长安大学杜凯、陈丹、宋京妮、黄鹤编写,其中,杜凯编写第4、11章,陈丹编写5、6、8章,宋京妮编写2、3、7、9、10章,黄鹤编写第1章。本书由杜凯、陈丹担任主编,宋京妮、黄鹤担任副主编。长安大学巨永锋担任主审并对本书目录的确定和内容的编写提出了许多宝贵意见。本书在编写过程中参考了大量文献资料,在此对相关作者表示衷心的感谢。

由于作者水平有限,书中难免存在错误或不妥之处,敬请广大读者批评指正。

作者

2022年3月

目录

第1章 概论

1.1 嵌入式系统、单片机

1.1.1 嵌入式系统

一般来说,嵌入式系统是执行专用功能并被内部计算机控制的设备或者系统。嵌入式系统不能使用通用型计算机,而且运行的是固化的软件,即固件(Firmware),终端用户很难或者不能改变固件。

在一些应用场合(如智能设备、仪器仪表等),出于对产品体积、成本等因素的考虑,往往需要将计算机的控制部分嵌入到设备内部并且使占用空间尽可能小,这样内存也可以较小,可以使用小的操作系统,也可以直接以前后台方式运行,这样的系统就是嵌入式系统。

传统的嵌入式系统是基于单片机的系统。20 世纪 70 年代末微处理器的出现使得汽车、家电、工业机器、通信装置以及成千上万种产品可以通过内嵌电子装置来获得更佳的使用性能,即更容易使用、更快、更便宜。此时的嵌入式系统多数都不采用操作系统,只是为了实现某项控制功能,使用一个简单的循环控制对外界的控制请求进行处理。当应用系统越来越复杂,应用范围越来越广泛时,每添加一项新的功能,都可能需要从头开始设计,因此没有操作系统已成为当时嵌入式系统的一个最大的缺点。从 20 世纪 80 年代早期开始,嵌入式系统的程序员开始用商业级的操作系统编写嵌入式应用软件。确切来说,这个时候的操作系统是一个实时核,这个实时核包含了许多传统操作系统的特征,即任务管理、任务间通信、同步与相互排斥、中断支持、内存管理等功能。随着对实时性要求的提高,软件规模不断上升,实时核逐渐发展为实时多任务操作系统(RTOS),并作为一种软件平台逐步成为目前国际嵌入式系统的主流。

1.1.2 单片机

所谓单片机,就是把中央处理器(CPU)、存储器(Memory)、定时器、I/O 接口电路等计算机的一些主要功能部件,集成在一块集成电路芯片上的微型计算机。单片机从一出现就显示出强大的生命力,被广泛地应用于各种控制系统、智能仪表、家用电器等设备中,现在已经渗透到人类生活的各个领域。

单片机具有以下特点:

(1)小巧灵活、成本低、易于产品化。它能方便地组装成各种智能式控制设备以及各种智能仪表。

(2)面向控制,能针对性地解决从简单到复杂的各种控制任务,从而获得最佳性价比。

(3)抗干扰能力强,适应温度范围宽,在各种恶劣条件下都能可靠地工作,这是其他机型所无法比拟的。

(4)可以很方便地实现多机和分布式控制,使整个系统的效率和可靠性极大提高。

20 世纪 80 年代以来,单片机的应用已经深入到工业、交通、农业、国防、科研、教育以及日常生活用品等各种领域。单片机的主要应用范围如下:

(1)工业控制,包括电机控制、数控机床、物理量的检测与处理、工业机器人、过程控制、智能传感器等。

(2)农业方面,包括植物生长过程要素的测量与控制、智能灌溉以及远程大棚控制等。

(3)仪器仪表,包括智能仪器仪表、医疗器械、色谱仪、示波器、万用表等。

(4)通信方面,包括调制解调器、网络终端、智能线路运行控制以及程控电话交换机等。

(5)日常生活用品方面,包括移动电话、MP3 播放器、照相机、电子玩具、电子词典、空调机等各种电气电子设备。

(6)导航控制与数据处理方面,包括鱼雷制导控制、智能武器装置、导弹控制、航天器导航系统、电子干扰系统、图形终端、硬盘驱动器、打印机等。

(7)汽车控制方面,包括门窗控制、音响控制、点火控制、变速控制、防滑制动控制、排气控制、节能控制、安全控制、冷气控制、汽车报警控制以及测试设备等。

1.2 MSP430 系列单片机特点、应用及选型

1.2.1 MSP430 系列单片机特点

MSP430 系列单片机推出后发展极为迅速,由于其卓越的性能,应用十分广泛。MSP430 系列单片机针对不同应用,推出了一系列不同型号的器件。主要器件及其组成部分英文缩写的中文含义详见第 2 章至第 10 章。MSP430 系列单片机主要特点如下:

1)超低功耗

MSP430 系列单片机的电源电压一般采用 1.8 ~ 3.6V 的低电压,在 RAM 数据保持方式时耗电约为 0.1μA,在活动模式(AM)时耗电 200μA/MIPS 左右,I/O 端口的漏电流最大仅为 50nA。MSP430 的 FRAM 系列具有更低的功耗,RAM 数据保持耗电仅为 320nA,活动模式耗电82μA/MIPS。

MSP430 系列单片机有独特的时钟系统设计,包括两个不同的时钟系统:基本时钟系统和锁频环(FLL 和 FLL +)时钟系统或数字控制振荡器(DCO)时钟系统。时钟系统产生 CPU 和各功能模块所需的时钟,并且这些时钟可以在指令的控制下打开或关闭,从而实现对总体功耗的控制。由于系统运行时使用的功能模块不同,即采用不同的工作模式,芯片的功耗有明显的差异。系统共有 1 种活动模式(AM)和多达 7 种低功耗模式(LPM)。

另外,MSP430 系列单片机采用矢量中断,支持多个中断源,并可以任意嵌套。用中断请求将 CPU 唤醒一般只要 6μs,MSP430G2XX 系列甚至能在 1μs 之内唤醒,通过合理编程,既可以降低系统功耗,又可以对外部事件请求作出快速响应。

在此,需要对低功耗问题做一些说明。

首先,对一个处理器而言,活动模式时的功耗必须与其性能一起来考察、衡量,忽略性能来看功耗是片面的。在计算机体系结构中用 W/MIPS 或 A/MIPS 来衡量处理器的功耗与性能的关系。MSP430 系列单片机在活动模式时耗电一般为 200μA/MIPS 左右,最新的 FRAM 系列功耗可小于 100μA/MIPS;与之相比,传统的 MCS51 单片机为 5 ~ 10mA/MIPS。

其次,作为一个应用系统,功耗是指整个系统的功耗,而不仅仅是处理器的功耗。比如,在有多个输入信号的应用系统中,处理器输入端口的漏电流对系统的耗电影响较大。MSP430 系列单片机输入端口的最大漏电流为 50nA,远低于其他系列单片机(一般为 1 ~ 10μA)。

另外,处理器的功耗还要看它内部功能模块是否可以关闭,以及模块活动情况下的耗电,如低电压检测电路的耗电等。还要注意,有些单片机的某些参数指标中,虽然典型值很小,但最大值和典型值相差数十倍,而设计时要考虑到最坏情况,就应该关心参数标称的最大值,而不是典型值。总体而言,MSP430 系列单片机堪称世界上功耗最低的单片机,其应用系统可以做到一枚电池使用 10 年。

2)强大的处理能力

MSP430 系列单片机是 16 位单片机,采用了目前流行的、颇受学术界好评的精简指令集(RISC)结构,一个时钟周期可以执行一条指令(传统的 MCS51 单片机需 12 个时钟周期执行一条指令),使 MSP430 在 8MHz 晶振工作时,指令速度可达 8MIPS(注意,同样 8MIPS 的指令速度,16 位处理器比 8 位处理器在运算性能上高出远不止 2 倍)。

MSP430 系列单片机的某些型号,采用了一般只有 DSP 中才有的 16 位多功能硬件乘法器、硬件乘累加功能、DMA 等一系列先进的体系结构,大大增强了数据处理和运算能力,可以有效地实现一些数字信号处理的算法(如 FFT、DTMF 等)。

3)高性能模拟技术及丰富的片内外围模块

MSP430 系列单片机结合 TI 公司的高性能模拟技术,各系列都集成了较丰富的片内外设,分别是以下外设的功能组合:时钟系统、看门狗(WDT)、模拟比较器、16 位定时器、基本定时器、实时时钟、USCI(可实现 UART、I^2C 等功能)、USB 模块、USART、硬件乘法器、液晶驱动器、模数转换器(ADC)、数模转换器(DAC)、直接存储器访问(DMA)、通用输入/输出端口等。

其中，时钟系统可产生多种时钟供 CPU 和其他外设使用；看门狗可以使程序失控时迅速复位；模拟比较器进行模拟电压的比较，配合定时器可设计出高精度(10～14 位)的 A/D 转换器；16 位定时器(Timer_A、Timer_B、Timer_D)具有捕获/比较功能，可用于事件计数、时序发生、PWM 等；基本定时器可为液晶驱动模块提供时钟；实时时钟可提供日历时间；多功能串口(USCI)可实现 UART、LIN、IrDA、SPI、I^2C 通信，可方便地实现多机通信等应用；USB 模块可实现 USB 通信；USART 可实现异步和同步通信；硬件乘法器可方便地实现乘累加运算；具有较多的 I/O 端口，最多达 90 条 I/O 口线。I/O 输出时，不管是灌电流还是拉电流，每个端口的输出晶体管都能够限制输出电流(最大约 6mA)，保证系统安全，P1、P2 端口还能够接收外部上升沿或下降沿的中断输入；12 位 A/D 转换器有较高的转换速率，最高可达 200ksps，能够满足大多数数据采集应用；LCD 驱动模块能直接驱动液晶多达 160 段；12 位高速 DAC，可以实现直接数字波形合成等功能；DMA 功能可以提高数据传输速度，减轻 CPU 的负荷。

MSP430 系列单片机丰富的片内外设，在目前所有单片机系列产品中是非常突出的，为系统的单片解决方案提供了极大的方便。

4)系统工作稳定

上电复位后，首先由数字控制振荡器的 DCO_CLK 模块启动 CPU，以保证程序从正确的位置开始执行，保证其他晶体振荡器有足够的起振及稳定时间，然后通过软件设置来确定最后的系统时钟频率。如果晶体振荡器在用作 CPU 时钟 MCLK 时发生故障，DCO 会自动启动，以保证系统正常工作。这种结构和运行机制，在目前各系列单片机中是绝无仅有的。另外，MSP430 系列单片机均为工业级器件，运行环境温度为 -40～+125℃，运行稳定、可靠性高，所设计的产品适用于各种民用和工业环境。

5)方便高效的开发环境

目前，MSP430 系列单片机有 OTP(一次性可编程存储器)型、Flash(闪存或非易失性存储器)型、FRAM(铁电存储器)型、ROM(只读存储器)型、EPROM(电动程控只读存储器)型器件，这些器件的开发手段不同，对于 OPT 型和 ROM 型的器件是使用专用仿真器开发成功之后再烧写或掩膜芯片。

国内大量使用的是 Flash 型器件。Flash 型器件有十分方便的开发调试环境，器件片内有 JTAG 调试接口和可电擦写的 Flash 存储器，使用时可先通过 JTAG 接口下载程序到 Flash 内，再由 JTAG 接口调试控制程序运行、读取片内 CPU 状态以及存储器内容等信息供设计者调试，整个开发(编译、调试)都可以在同一个软件集成环境中进行。这种方式只需要一台 PC 机和一个 JTAG 调试器，而不需要专用仿真器和编程器。开发语言有汇编语言和 C 语言，目前较好的软件开发工具是 CCS5.3 和 IAR EW430。

这种以 Flash 技术、JTAG 调试、集成开发环境结合的开发方式，具有方便、廉价、实用等优点，在单片机开发中还较为罕见。其他系列单片机的开发一般都需要专用的仿真器或编程器。

1.2.2 MSP430 系列单片机的应用领域

以 MSP430 系列单片机为代表的超低功耗单片机以其卓越的性能和较高的性价比，在越来越多的行业与领域中得到了应用。目前，其应用范围主要集中在以下几个方面：

(1)工业控制领域。单片机以其控制的实时性和准确性等特点，在工业控制中应用广泛，如基于单片机可以构成一个小型数据采集或控制系统；作为大型控制系统的前级或外围处理控制核心,与其他电子器件一起构成协同处理器;又如工业现场采集终端,工厂流水线的智能化控制、各种报价系统等。

(2)计算机网络和通信领域。单片机基本都具有通信模块,有的甚至配备了 UART、SPI、I^2C、CAN 等多种流行的通信接口,为计算机网络和通信设备间的应用提供物理条件。目前通信设备大都实现了单片机智能控制,如移动手机通信设备、远程控制计算机网络等。

(3)智能仪器仪表领域。单片机技术在智能仪表的发展中起到了重要作用。采用单片机控制使得仪器仪表更为智能小巧,且易于扩展。MSP430 系列单片机具有体积小、功耗低、控制能力强、扩展灵活、微型化和使用方便等优点,特别适合嵌入到仪器仪表中,结合不同类型的传感器,可实现诸如电压、温度、湿度、速度、压力、频率、角度等物理参数的测量。

(4)家用电器领域。智能家电的兴起为单片机提供了更广的发展空间。目前,市场的家用电器基本上都基于单片机进行控制,从较大型家电(如彩电、洗衣机、电冰箱、空调机、壁挂炉)到小型电子设备(如电子秤、面包机等),所涉及范围极其广泛。MSP430 系列单片机更因为其优点显著,成为家电设计者和厂商的优先选择。

(5)医疗设备领域。医疗领域为一个特殊领域,其对单片机有着特殊的要求。单片机在医用设备中的使用范围不断扩大,如各种监护仪、特征分析仪、医用呼吸机、临床诊断设备及病床呼叫系统等。近年来,TI 公司针对行业应用特点,推出了基于人体医学监护的 MSP430FG42X 单片机,推动了电子医疗器件的发展。

(6)大型电器模块化领域。模块化领域需要专用功能的单片机。专用单片机一般设计用于实现特定功能,是单片机发展中一个重要分支,它摈弃了许多通用功能模块,集成了其他一些外围数字器件(如存储器、放大器、解码器等),专注于实现某个功能模块,设计者不需要了解其内部结构,只需根据功能需求进行模块设计即可。例如,在音乐集成单片机中,音乐信号以数字的形式存于存储器中,由微控制器读出,转化为模拟音乐电信号。

MSP430 系列单片机的应用体现了较高的性价比及可靠性,在上述领域都取得了不俗的成绩。目前,MSP430 系列单片机主要用于用户需要对模拟信号进行数字控制的领域及相关的纯数字领域。

1.2.3 MSP430 系列单片机的应用选型

应用 MSP430 系列单片机构建应用系统,应遵循以下原则:

(1)选择最容易实现设计目标且性价比又高的机型。

(2)在研制任务重、时间紧的情况下,选择熟悉的机型。

(3)预选的机型在市场上要有稳定、充足的货源。

MSP430 系列单片机产品丰富,各个系列的片内器件有明显的特征,器件概况如图 1-1 所示。

MSP430 系列的 Flash 型单片机在系统设计、开发调试及实际应用方面具有明显优势,使应用程序升级和代码改进更为方便,成为国内应用的主流机型。其存储器模块是目前业界所有内部集成 Flash 存储器产品中能耗最低的,消耗功率仅为其他闪速微控制器(Flash MCU)的 1/5 左右。Flash 的主要优点是结构简单、集成密度大、电可擦写、成本低。由于 Flash 可以局部擦除,且写入、擦除次数可达数万次以上,从而使开发微控制器不再需要昂贵的专用仿真器。

另外,FRAM 系列使开发人员可以将同一个存储器模块既用作程序存储器,也用作数据存

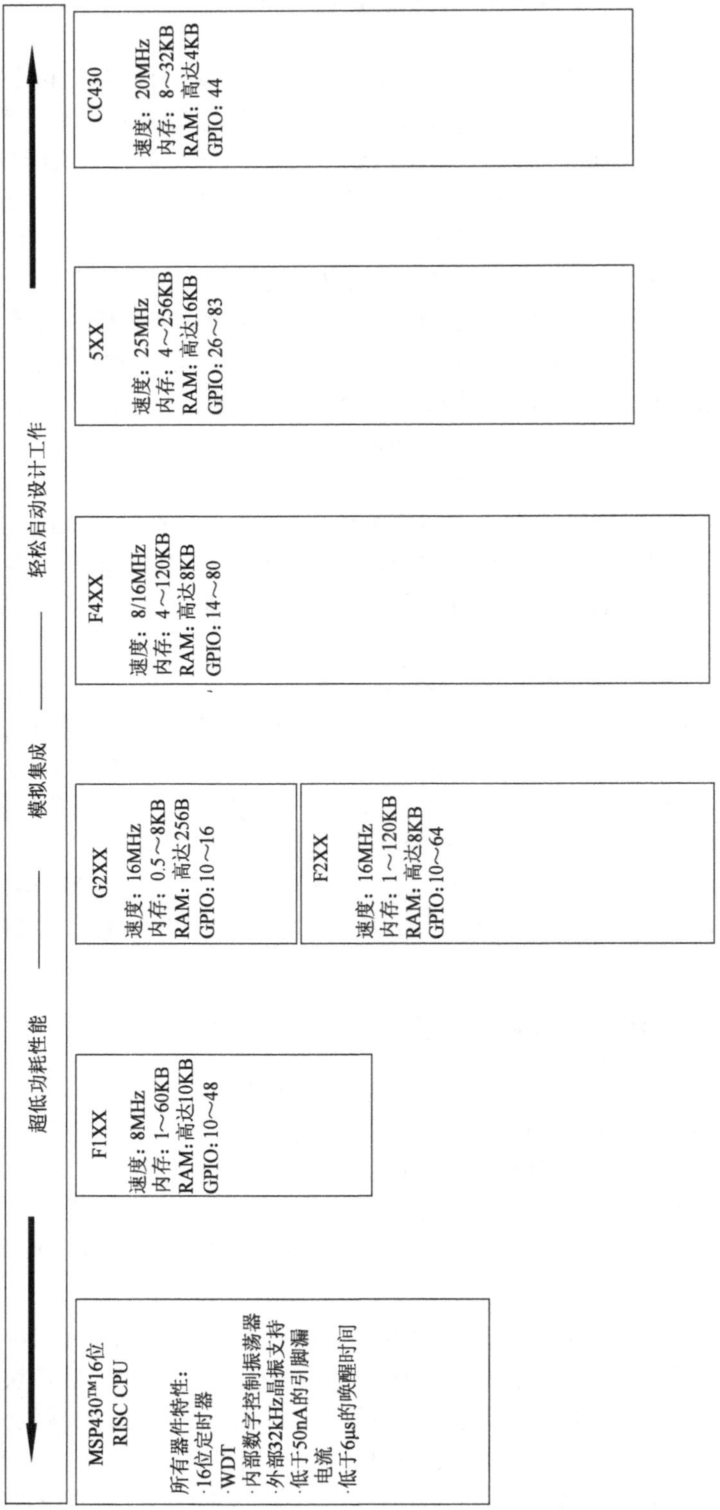

超低功耗性能 —— 模拟集成 —— 轻松启动设计工作

MSP430™16位
RISC CPU

所有器件特性：
·16位定时器
·WDT
·内部数字控制振荡器
·外部32kHz晶振支持
·低于50nA的引脚漏电流
·低于6μs的唤醒时间

F1XX
速度：8MHz
内存：1～60KB
RAM：高达10KB
GPIO：10～48

G2XX
速度：16MHz
内存：0.5～8KB
RAM：高达256B
GPIO：10～16

F2XX
速度：16MHz
内存：1～120KB
RAM：高达8KB
GPIO：10～64

F4XX
速度：8/16MHz
内存：4～120KB
RAM：高达8KB
GPIO：14～80

5XX
速度：25MHz
内存：4～256KB
RAM：高达16KB
GPIO：26～83

CC430
速度：20MHz
内存：8～32KB
RAM：高达4KB
GPIO：44

图1-1 MSP430系列单片机器件概况

储器。同时具备超低功耗读写能力，12KBps 速率读写的功率仅为 9μA（同样速率操作时，Flash 存储器的功耗为 2200μA），读写速度更是 Flash 存储器的 100 倍，可得到 1400Kb/s，而且擦写次数几乎是无限制的。由于 FRAM 是基于晶体而非电荷的，因此具有与生俱来的稳定性和抗辐射性。

MSP430 系列 16 位超低功耗单片机主要有以下几个系列：

1）MSP430F1XX

MSP430F1XX 为基于 Flash/ROM 的 MCU，CPU 的主频最高可达 8MHz，Flash 最大容量 60KB。该系列提供具有比较器的简单低功耗控制器的各种功能，完善了包含高性能数据转换器、接口和乘法器在内的片上系统。其基本配置及特征如下：

（1）工作电压：1.8～3.6V。

（2）超低功耗。

①掉电模式（RAM 保持）：0.1μA。

②待机模式：0.7～1.6μA。

③活动模式：160～280μA（1MHz，2.2V）。

（3）用于精确测量的高性能片上模拟外设。

①12 位或 10 位 ADC：大于 200ksps 的转换速率。

②双 12 位 ADC 同步转换。

③片内比较器。

④具有可编程电平检测的供电电压管理/监视器。

（4）丰富的片上数字外设。

①内置 3 通道 DMA。

②串行通信 USART0（UART 和 SPI、I^2C）接口、USART1（UART 和 SPI）接口。

③16 位定时器、定时器 A、定时器 B。

（5）具有 5 种省电模式。

（6）具有 16 位 RISC 结构，125ns 指令周期。

（7）从待机模式唤醒时间小于 6μs。

（8）具有引导装入程序（Bootstrap Loadr）。

（9）串行在线编程，无须外部编程电压，可编程的保密熔丝代码保护。

（10）封装类型多样。

2）MSP430F2XX

超低功耗 MSP430F2XX 系列的性能得到提升，比 MSP430F1XX 功耗更低，增强性能包括集成的 ±1% 片上极低功耗振荡器、软件可选内部上拉/下拉电阻，模拟输入数目增加，主频最高可达 16MIPS，Flash 最高可达 120KB，RAM 最高可达 8KB。其基本配置及特征如下：

（1）工作电压：1.8～3.6V。

（2）Flash 编程电压最低 2.2V，时间每字节 17μA，块删除 20ms。

（3）具有零功耗的掉电复位（BOR）。

（4）具有丰富的片上数字外设：

①具有模拟信号比较功能或单斜边 A/D 的片上比较器（仅 MSP430X20XX 有）。

②具有两个捕获/比较寄存器的 16 位定时器 Timer_A。

③支持 SPI 和 I^2C 的通用串行接口(仅 MSP430X20X2 有)。

④具有 WDT+(MSP430FE42X 的看门狗技术)。

(5)具有 5 种省电模式、欠电压检测器,从待机模式唤醒时间小于 6μs。

(6)具有 16 位 RISC 结构,晶振的最大频率 16MHz,指令周期可达 62.5ns。

(7)基本时钟模块配置如下:

①内部频率最高达 16MHz。

②内部低功耗 LF 振荡器。

③32kHz 晶振。

④外部时钟源。

(8)丰富的模拟片上外设。

①精密比较器的输入最多 8 个。

②具有内部参考电压,采样保持和自动扫描的 10 位、200ksps A/D 转换器(仅 MSP430X20XX 有)。

③具有差分 PGA 输入,内部参考电压是 16 位数模转换器(仅 MSP430X20XX 有)。

(9)串行在线编程,无须外部编程电压,可编程的保密熔丝代码保护。

(10)封装类型多样。

3)MSP430F4XX

超低功耗的 MSP430F4XX 器件,CPU 最高频率可达 16MIPS,Flash 最高可达 120KB,RAM 最高可达 8kB,使用 FLL(锁频环)+SVS(电源电压检测)电路,集成 LCD 控制器可用于低功耗计量和医疗应用。外设丰富,为流量和电量计量提供单芯片解决方案。其基本特征如下:

(1)工作电压:1.8~3.6V。

(2)超低功耗。

①掉电模式(RAM 保持):0.1μA。

②待机模式:0.7~1.1μA。

③活动模式:200~280μA(1MHz,2.2V)。

(3)5 种省电模式、从待机模式唤醒时间小于 6μs、16 位 RISC 结构、指令周期可达 25ms。

(4)12 位 A/D 转换器带有内部参考源、采样保持、自动扫描特征。

(5)带有 3 个捕获/比较寄存器的 16 位定时器、定时器 A、定时器 B。

(6)串行通信可选软件 UART/SPI 模式。

(7)片内比较器配合其他器件可构成单斜边 A/D 转换器。

(8)可编程电压测量,驱动液晶能力可达 160 段。

(9)串行在线编程,无须外部编程电压,可编程的保密熔丝代码保护。

(10)封装类型:100 引脚的塑料 100-PIN QFP 封装。

4)MSP430F5XX/6XX

新款基于闪存的产品系列,具有最低功耗,在操作电压 1.8~3.6V 范围内最高主频可达 25MIPS,Flash 最高可达 256KB,RAM 最高可达 18KB。其基本特征如下:

(1)具有电源管理功能。

①1.8~3.6V。

②PMM 电源管理模块,可配置内核电压。

③RTC 备用电源输入,自动切换。

(2)0.1μA RAM 保持模式、2.5μA 待机模式、165μA/MIPS 工作模式。

(3)从待机模式唤醒时间小于 5μs。

(4)丰富的数字、模拟外设。

①丰富的 16 位定时器 A、定时器 B、看门狗定时器、RTC。

②UART/I^{2}C/IRDA。

③DMA、电源电压测量电路 SVS、零功耗掉电复位电路 BOR。

④ADC10、ADC12、DAC12。

⑤其他集成外设:USB、模拟比较器、DMA、硬件乘法器、RTC、USCI。

(5)封装类型多样。

5)MSP430 Value Line 微控制器产品

此系列微控制器产品包括 MSP430 的 GXX 器件,性价比高,具有以下特征:

①Flash 容量扩展到 56KB,静态随机存储(SRAM)扩展到 4KB。

②支持无线 MBUS 及近场通信(NFC)等连接协议。

③整合更高的存储器资源和集成型电容式触摸 I/O,支持高级电容式触控功能。

④具有高频率晶体输入功能,支持设计添加高可靠高比特率串行通信功能。

⑤更多 GPIO、定时器以及串行端口。

第2章

IAR EW430 和 Proteus

2.1 IAR EW430 集成开发环境

2.1.1 IAR EW 概述

瑞典 IAR System 公司设计的嵌入式系统开发平台。IAR EW 能让用户有效地开发并管理嵌入式应用项目,其界面类似于Microsoft Visual C + +,可以在视窗(Windows)平台上运行,功能十分完善,包含源程序文件编辑器、项目管理器、源程序调试器,并且为 C/C + +编译器、汇编器、连续定位器等提供了灵活的开发环境。源级浏览器功能可以快速浏览文件,还提供了对第三方工具软件的接口,允许启动用户指定的应用程序。

IAR EW 适用于开发基于 8 位、16 位以及 32 位处理器的嵌入式系统,即具有同一界面,用户可以针对多种不同的目标处理器,在相同的集成开发环境中进行基于不同 CPU 嵌入式系统应用程序开发。另外,IAR 的链接定位器(XLINK)可以输出多种格式的目标文件,使用户可以采用第三方软件进行仿真调试。

IAR EW 适合维护用于建造应用程序的所有版本的源文件,允许设计者以树状体系组织项目,并能一目了然地显示文件之间的依赖关系。项目的树状结构如图 2-1 所示。

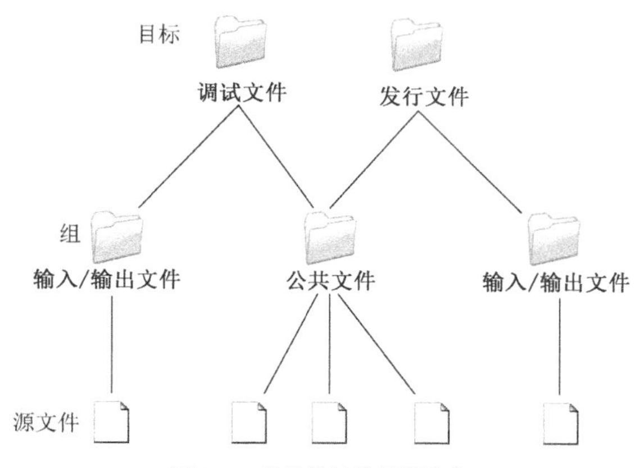

图 2-1 项目的树状组织结构

在树状结构中,目标位于最高层,它规定了设计者想要建立的应用程序的不同目标文件。用户针对目标系统硬件,在应用开发中创建了两个目标文件,即调试(Debug)文件与发行(Release)文件,其包括以下组文件:

(1)两个版本所共有的,包含核心源文件的公共(Common)文件。

(2)只隶属于 Release 文件的发行代码的输入/输出程序(I/O routines)文件。

(3)只隶属于 Debug 文件的输入/输出程序(I/O stubs),供 C-SPY 调试。

IAR C-SPY 调试器完全内嵌于 IAR EW 集成环境,它是一个功能强大的高级语言交互调试器,共有三种工作方式:

(1)硬件仿真调试(Flash Emulation Tool)。仿真方式是通过 JTAG 仿真头与目标硬件系统连接,在目标硬件系统的真实环境中调试,除了验证程序,还可以检验目标系统的硬件设计。

(2)软件模拟调试(Simulator)。在模拟方式下,目标系统的运行是在调试主机上以软件模拟实现的,用户可以在目标硬件系统产生之前验证程序的设计思想和逻辑结构。

(3)ROM 监控(ROM Monitor)。调试主机与目标系统经 RS232 接口联机,调试程序暂存于 RAM 中。

2.1.2 IAR EW430 集成开发环境组成

IAR Embedded Workbench IDE for MSP430 5.50.2(IAR EW430)是用于开发 MSP430 处理器系列项目的集成开发平台,其具有上述所有 IAR 软件共有的功能,还包括所有 MSP430 及 MSP430X 设备的配置文档。C-SPY 调试器支持 FET 驱动,并支持实用操作系统相关信息的调试,还提供 MSP430 的项目实例以及相关的代码模板等。

IAR EW430 可以在 IAR 官网(www.iar.com)上免费下载试用版,在安装完成后,选择 IAR Systems→IAR Embedded Workbench for MSP430→IAR Embedded Workbench,进入 IAR EW430 集成开发环境,此时用户就可以对工程进行建立(或打开)、编辑、运行、调试和仿真。其集成开发环境如图 2-2 所示。

和大部分开发工具一样,IAR EW430 也采用了 VC++风格的界面。位于主界面左侧的是工程管理窗口,负责工程内文件的管理、添加、删除和查看等功能;主界面右侧是编辑窗口,用户主要在里面编写工程的程序代码;主界面下方是信息窗口,主要显示编译产生的程序错误、程序警告等相关信息。此外,软件界面中还有许多快捷工具,例如新建、保存、撤销、搜索、书签、调试等等,见表 2-1 ~ 表 2-7。

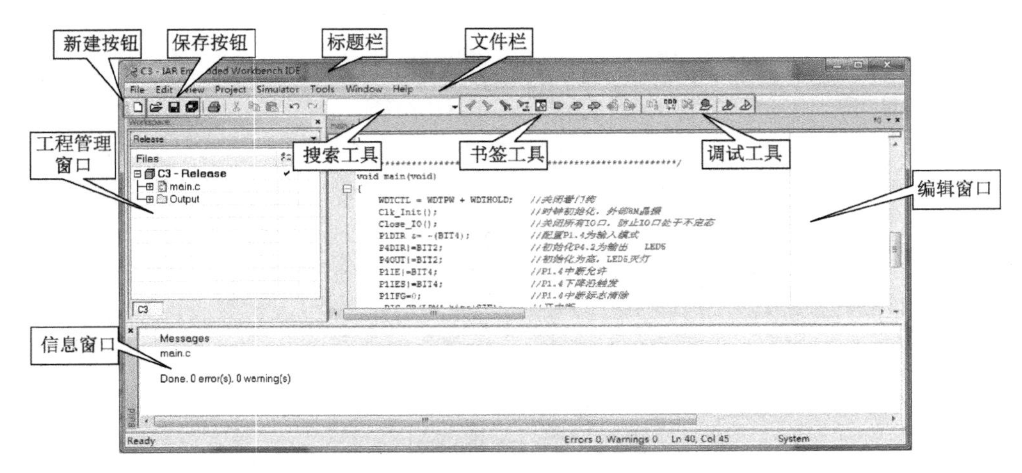

图 2-2　集成开发环境组成

界面与描述 1　　　　表 2-1

单击 File	描　　述
File Edit View Project Tools Win New Open Close Save Workspace Close Workspace Save　Ctrl+S Save As... Save All Page Setup... Print...　Ctrl+P Recent Files Recent Workspaces Exit	New:新建; Open:打开; Close:关闭; Save Workspace:保存工作空间; Close Workspace:关闭工作空间; Save:保存; SaveAs...:另存为; SaveAll:全部保存; Page Setup...:页面设置; Print...:打印; Recent Files:最近文件; Recent Workspaces:最近工作空间; Exit:退出

界面与描述 2　　　　表 2-2

单击 Edit	描　　述
Edit View Project Tools Window Help Undo　Ctrl+Z Redo　Ctrl+Y Cut　Ctrl+X Copy　Ctrl+C Paste　Ctrl+V Select All　Ctrl+A Find and Replace Navigate Code Templates Next Error/Tag　F4 Previous Error/Tag　Shift+F4 Complete Word　Ctrl+Alt+Space Complete Code　Ctrl+Space Parameter Hint　Ctrl+Shift+Space Match Brackets Auto Indent　Ctrl+T Block Comment　Ctrl+K Block Uncomment　Ctrl+Shift+K	Undo:撤销; Redo:恢复; Cut:剪切; Copy:复制; Paste:粘贴; Select All:选择全部; Find and Replace:查找和替换; Navigate:定位; Code Templates:代码模板; Next Error/Tag:下一个错误/标签; Previous Error/Tag:上一个错误/标签; Complete Word:配置补全内容; Complete Code:完整代码; Parameter Hint:参数提示; Match Brackets:匹配括号; Auto Indent:自动缩进; Block Comment:块注释; Block Uncomment:取消块注释

界面与描述 3 表 2-3

单击 View	描 述
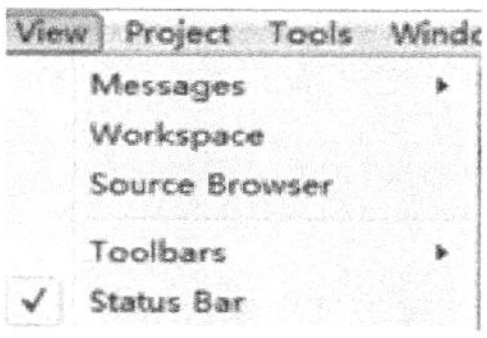 View Project Tools Windc Messages Workspace Source Browser Toolbars ✓ Status Bar	Messages:消息; Workspace:工作空间; Source Browser:代码浏览器; Toolbars:工具栏; Status Bar:状态栏

界面与描述 4 表 2-4

单击 Project	描 述
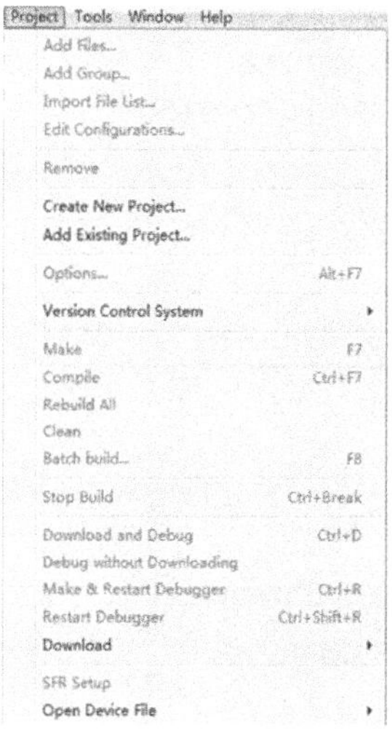 Project Tools Window Help Add Files... Add Group... Import File List... Edit Configurations... Remove Create New Project... Add Existing Project... Options... Alt+F7 Version Control System Make F7 Compile Ctrl+F7 Rebuild All Clean Batch build... F8 Stop Build Ctrl+Break Download and Debug Ctrl+D Debug without Downloading Make & Restart Debugger Ctrl+R Restart Debugger Ctrl+Shift+R Download SFR Setup Open Device File	Add Files...:添加文件; Add Group...:添加组; Import File List...:导入文件列表; Edit Configuration...:编辑配置; Remove:移除; Create New Project...:创建新工程; Add Existing Project...:增加现存工程; Options...:选择项; Version Control System:版本控制系统; Make:生成; Compile:编译; Rebuild All:全部重新编译; Clean:清除; Batch Build...:批处理; Stop Build:停止编译; Download and Debug:下载和调试; Debug without Downloading:无下载调试; Make &Restart Debugger:生成 & 重启调试器; Restart Debugger:重新调试; Download:下载; SFR Setup:特殊功能寄存器设置; Open Device File:打开设备文件

界面与描述 5 表 2-5

单击 Tools	描 述
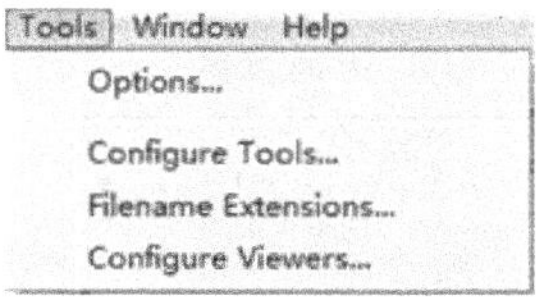 Tools Window Help Options... Configure Tools... Filename Extensions... Configure Viewers...	Options...:选择项; Configure Tools...:配置工具; Filename Extensions...:文件名扩展; Configure Viewers...:配置浏览器

界面与描述 6 表 2-6

单击 Window	描 述
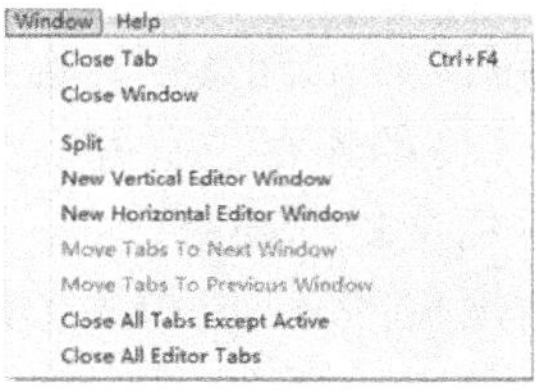 Window Help Close Tab Ctrl+F4 Close Window Split New Vertical Editor Window New Horizontal Editor Window Move Tabs To Next Window Move Tabs To Previous Window Close All Tabs Except Active Close All Editor Tabs	Close Tab:关闭标签; Close Window:关闭窗口; Split:分解; New Vertical Editor Window:建立垂直编辑窗口; New Horizontal Editor Window:建立水平编辑窗口; Move Tabs To Next Window:移动标签到下一个窗口; Move Tabs To Previous Window:移动标签到上一个窗口; Close All Tabs Except Active:关闭除当前外的所有标签; Close All Editor Tabs:关闭所有编辑标签

界面与描述 7 表 2-7

单击 Help	描　述
	Content...:内容; Index...:索引; Search...:寻找; Release notes:版本注释; IDE Project Management and Building Guide:IDE 工程管理和建立指南; C-SPY Debugging Guide:C-SPY 排除故障指南; C/C + + Compiler Reference Guide:C/C + +编译器参数指南; Assembler Reference Guide:汇编程序参考指南; Migration Guide:迁移指南; MISRA-C:1998 Reference Guide:MISRA-C:1998 参考指南; MISRA-C:2004 Reference Guide:MISRA-C:2004 参考指南; IAR Linker and Library Reference Guide:IAR 链接器和库参考指南; Product updates:产品更新; IAR on the Web:IAR 在线; Information Center:信息中心; License Manager...:许可证管理; About:关于

2.1.3 IAR EW430 操作流程

运行嵌入式工作平台 IAR EW430,显示界面见图 2-3。

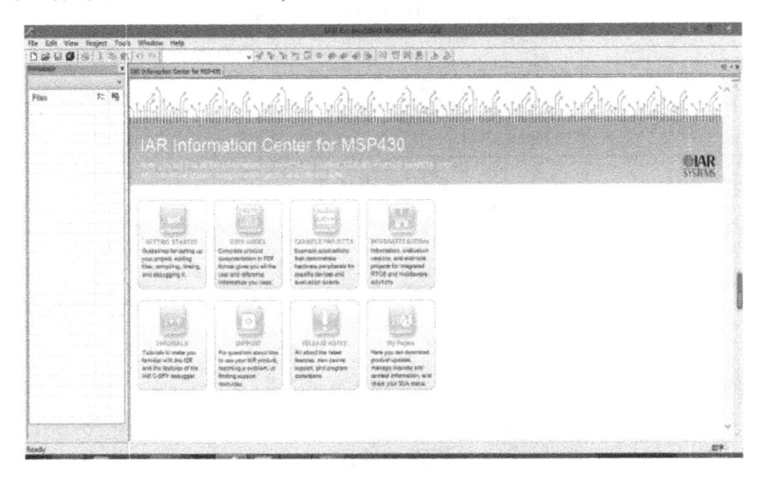

图 2-3　IAR EW430 工作界面

1)创建新项目

(1)创建一个新的项目,选择 Project→Create New Project,会弹出图 2-4 的配置框。选择项目模板 Empty project 后,会出现另存为对话框,如图 2-5 所示。选择文件的保存位置并在文件名一栏输入项目名字,单击 OK 即可。这样将建立一个空的不包含任何文件的项目。

(2)也可以选择最后一行,单击 C 旁边的加号图标,选中下面新出现的 main,单击 OK 按钮后新建一个带有 main. c 源文件的项目。单击 OK 后同样会出现图 2-5 的画面,进行类似操作保存即可。

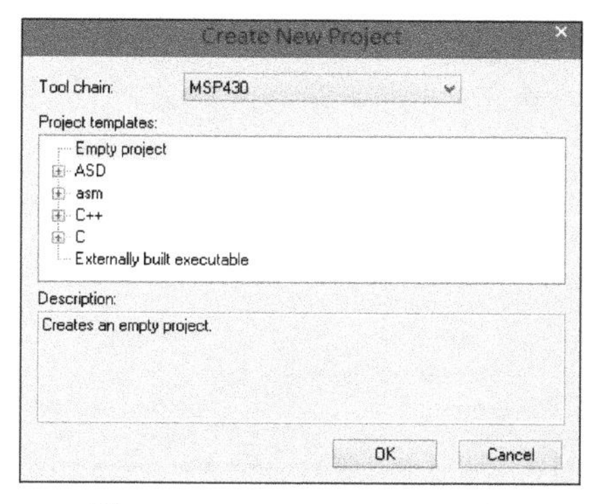

图 2-4　Create New Project 配置框

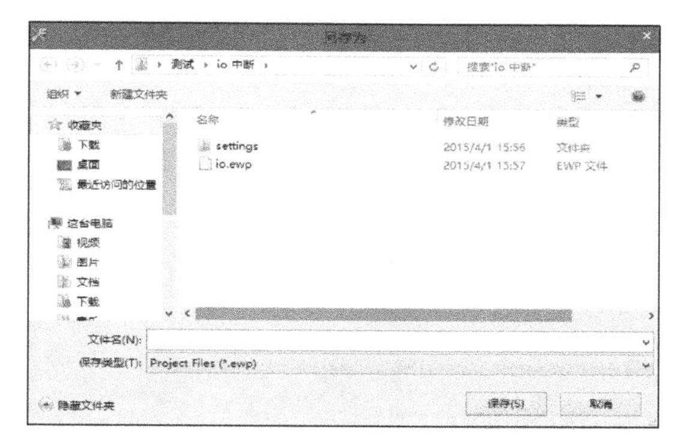

图 2-5　Empty project 对话框

（3）选择 File→Save Workspace，将当前的工作空间（Workspace）保存，见图 2-6。系统会为每个 Workspace 单独保存一套配置信息，所以不同项目的设置可以保留而不会相互冲突，因此建议用户每次建立一个项目都单独存储一个 Workspace 文件。

2）创建或加载源文件

（1）如果用户需要手动输入源文件，则选择 File→New→File（图 2-7）或者是工具栏左侧的图标按钮将新建一个文本文件，用户可在其中输入自己的源程序，然后选择 File→Save 保存输入的文件即可。

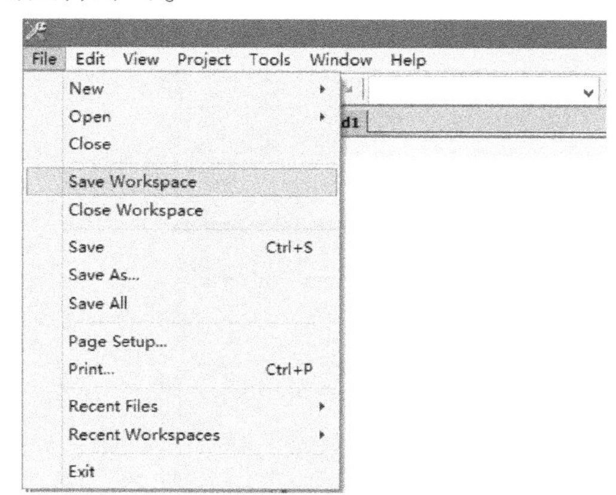

图 2-6　保存当前的工作空间

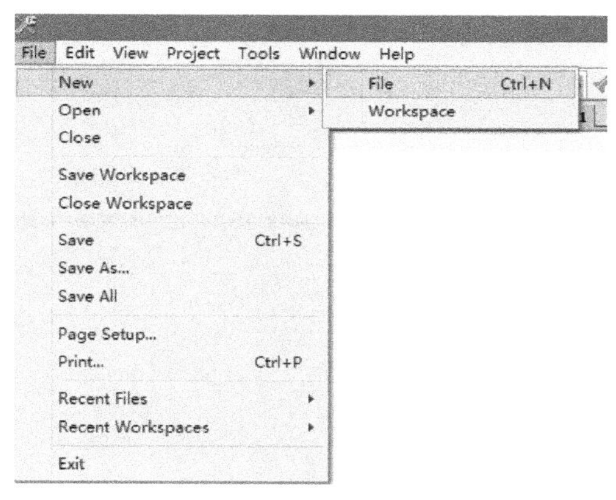

图 2-7　新建文件

（2）如果用户已经编辑好了源文件，则选择 File→Open→Workspace，弹出文件路径选择对话框，如图 2-8 所示。选择一个已建有的工作空间 * . eww，如图 2-9 所示。打开后，可以阅读编辑其中的文件，如图 2-10 所示。

3）选项设置

所有的源文件都输入完毕以后，需要设置项目选项（Project Options）。选择 Project→Options或者将鼠标放在窗口左边的 Workspace 窗口的项目名字上单击右键选择 Options，可以看到一个对话框，如图 2-11 所示。

（1）单击 Category 下面的 General Options，看到图 2-12 的画面。

（2）单击 Device 下方文本框右侧的图标按钮，可以看到图 2-13 的画面。当用户将鼠标移动到不同的行时，此行后面的黑色三角箭头会自动展开显示这个系列中所有的 MSP430 单片机型号，用户可以通过单击具体的型号选择要使用的单片机。

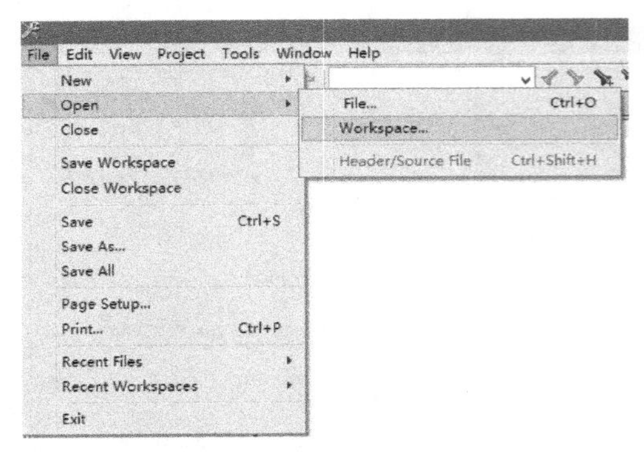

图 2-8　选择文件路径

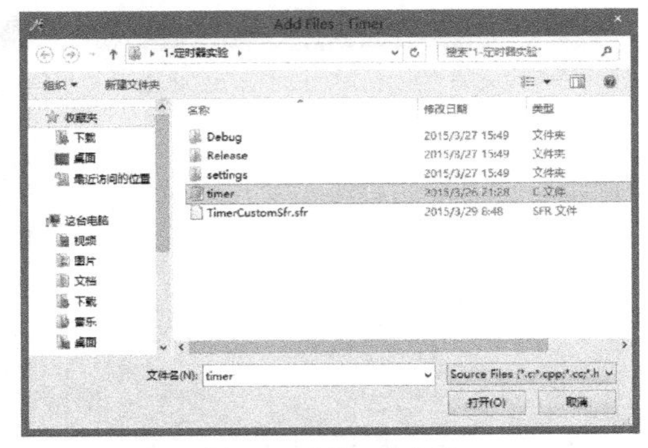

图 2-9　选择工作空间

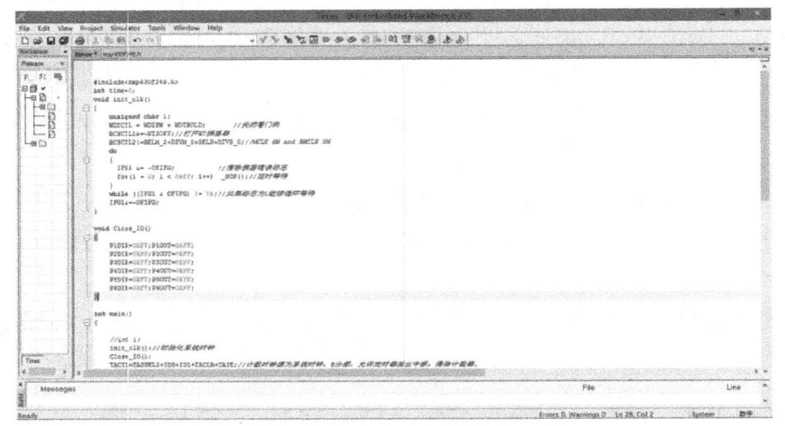

图 2-10　编辑工作空间

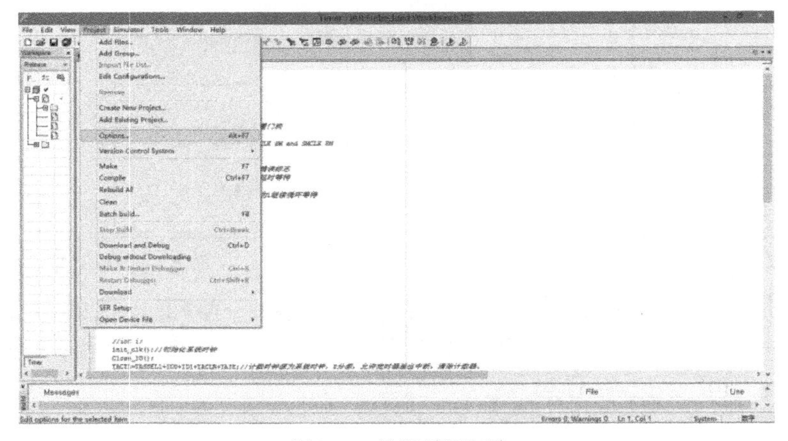

图 2-11　设置项目选项

4）编译及链接

编译将编写的 C 语言程序生成目标文件（＊. txt，＊. hex 等）。IAR EW430 集成了编译器，只需单击软件界面上的相应按钮就可以实现编译和链接。

（1）编译：选中项目中的一个源文件（＊. c，＊. cpp，＊. cc，＊. s，＊. asm，＊. msa），选择 Project→Compile 或者单击工具栏中的图标按钮，对源文件进行编译。用户可以根据编译提示信息，对程序进行修改再编译。

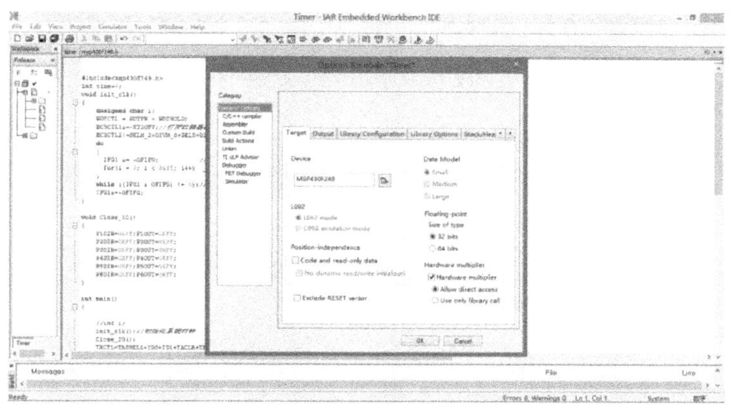

图 2-12　General Options 对话框

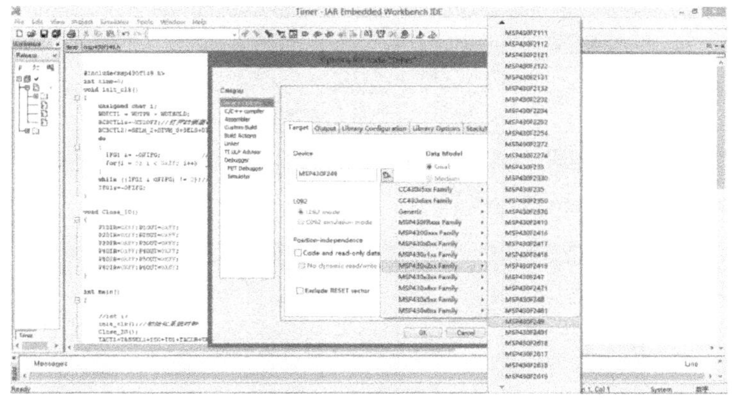

图 2-13　Device 对话框

（2）链接：所有的源文件都编译通过后，选择 Project→Make 或者单击工具栏中的图标按钮，对源文件进行创建链接。用户可以根据链接提示信息，进行修改再链接。

5）调试

单击 Category 下面的 Debugger，如图 2-14 所示。单击 Driver 下面文本框右侧的黑色下拉箭头，有两个选项：Simulator 和 FET Debugger。选择 Simulator 可以用软件模拟硬件时序，实现对程序运行的仿真观察；选择 FET Debugger 后，则需要将通过仿真器将 PC 上的软件与开发板上的 MCU 进行连接，然后就可以进行硬件仿真。

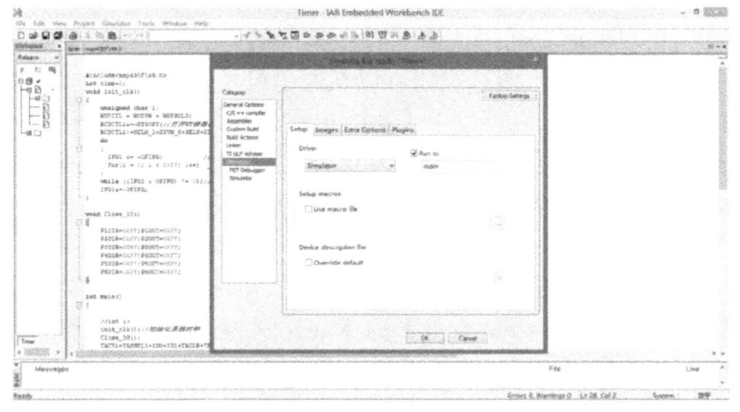

图 2-14　Debugger 对话框

如果用户只想进行软件仿真，选择 Simulator 后单击右下角的 OK 按钮，完成设置。如果用户需要进行硬件仿真，选择 FET Debugger 后，单击 Category 下面的 Debugger。之后单击 FET Debugger，如图 2-15 所示。

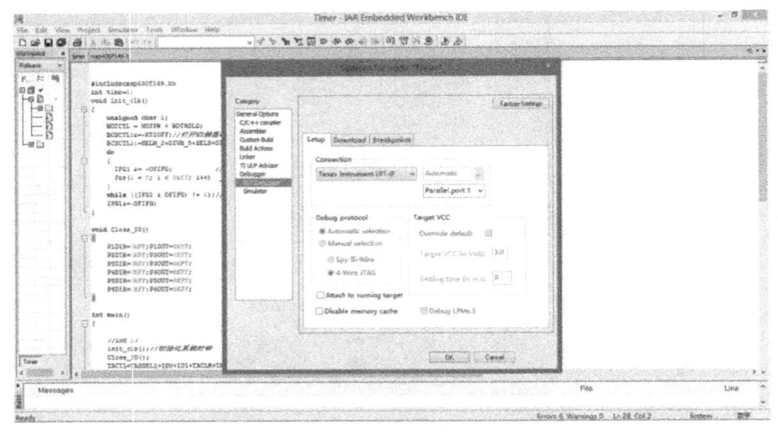

图 2-15　选择仿真类型

设置完成后，进入调试阶段。选择 Project→Download and Debug 或者单击工具栏中的图标按钮进入调试界面，如图 2-16 所示。

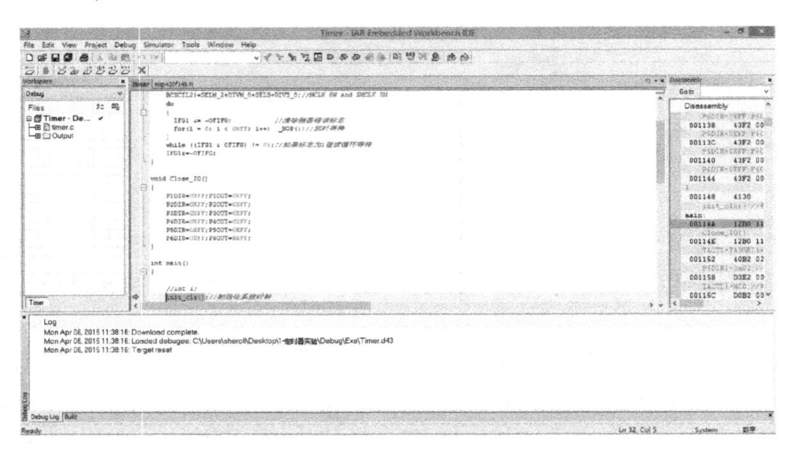

图 2-16　调试界面

（1）在调试界面，用户可以看到绿色箭头选中某一行，这表示程序计数器指向此行程序。将鼠标放在程序中的某一行，单击图标按钮可以在这里设置一个断点，当程序运行到此时会自动停止，用户可以观察某些变量，也可以单击图标按钮，程序将自动运行到当前光标闪烁处后停止。此外，在工具栏中还有复位图标按钮、单步跳过图标按钮、跳入图标按钮、跳出图标按钮、全速运行图标按钮等快捷方式，可以极大地提高调试效率。

（2）如果用户想查看 CPU 某个寄存器内的数值，可以选择 View 菜单下的 Register 项，弹出如图 2-17 所示的寄存器对话框，通过黑色下拉三角按钮选择不同的寄存器。如果用户想查看程序中某个变量的数值，选择 View 菜单下的 Watch 一项，如图 2-18 所示，在虚线框中输入要查看的变量名即可。此外，在 View 菜单下还有其他的查看方式，用户可以查看帮助中的使用说明。

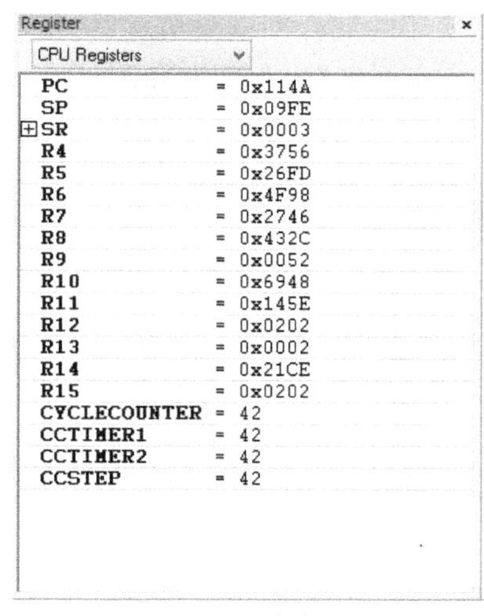

图 2-17 Register 寄存器对话框

图 2-18 Watch 对话框

(3)如果用户在调试模式下修改了程序,想在编译、创建之后直接回到调试模式,单击工具栏右上角的图标按钮就可以一步完成。如果在编译、创建中出错,系统会自动停在编辑界面等待用户更正错误。如果用户想退出调试窗口,则直接单击工具栏中图标按钮。

2.2 Proteus 硬件仿真环境

Proteus 软件是英国 Labcenter Electronics 公司出品的 EDA 工具软件。它不仅具有其他 EDA 工具软件的仿真功能,而且还能仿真单片机及外围器件。是目前比较好的仿真单片机及外围器件的工具,是目前世界上唯一将电路仿真软件、PCB 设计软件和虚拟模型仿真软件三合一的设计平台,其处理器模型支持 8051、HC11、PIC10/12/16/18/24/30/DsPIC33、AVR、ARM、8086 和 MSP430 等,2010 年又增加了 Cortex 和 DSP 系列处理器,并持续增加其他系列处理器模型。在编译方面,它也支持 IAR、Keil 和 MATLAB 等多种编译器。

2.2.1 Proteus 概述

Proteus 是一个基于 ProSPICE 混合模型仿真器的、完整的嵌入式系统软、硬件设计仿真平台。软件主要由 ISIS 和 ARES 两大部分构成,其中 ISIS 是一款便捷的电子系统仿真平台,ARES 是一款电路板布线编辑软件。软件支持原理图设计、代码调试到单片机与外围电路协同仿真,同时能一键切换到 PCB 设计,真正实现了从概念到产品的完整设计。图 2-19 所示为 Proteus 功能组成结构图。

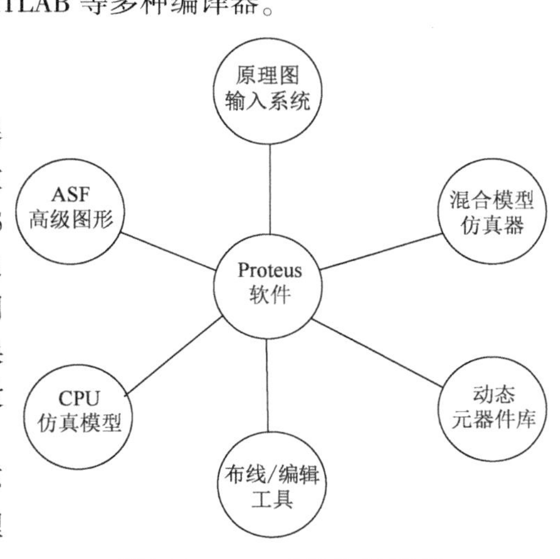

图 2-19 Proteus 功能组成结构图

原理图输入系统是 Proteus 系统的中心,它不仅仅是一个图表库,更是一个超强的电路控制原理图的设计和仿真环境。

混合模型仿真器是结合 ISIS 原理图设计环境使用的混合型电路仿真器,其基于工业标准 SPICE3F5 的模拟内核,加上混合型仿真的扩展以及交互电路,为开发和测试设计提供强大的交互式环境。

动态元器件库是 Proteus 的一大特色,其中包含有大量的动态模型元器件,这些动态元器件通过动画形式来实现 Proteus 中交互式的动态仿真效果。

布线/编辑工具是一款专业 PCB 布线/编辑工具,支持元件自动布局和自动布线等功能,同时也支持手动布线和高效的撤销功能,系统限制相对较少。

CPU 仿真模型为 PROTEUS VSM 虚拟系统模型,支持 ARM7、PIC、AVR、HC11 以及 8051 系列的多种微处理器 CPU 模型,同时支持两个及以上 CPU 协同仿真。

ASF 高级图形提供高级仿真选件,利用高级图形仿真可以采用全图形化的分析界面形式来扩展基础仿真器的功能。

2.2.2 Proteus ISIS 集成开发环境组成

Proteus ISIS 的工作界面是一种标准的 Windows 界面,如图 2-20 所示,主要包括标题栏、菜单栏、工具栏(包括命令工具栏和模式选择工具栏)、状态栏、原理图编辑窗口、预览窗口等。

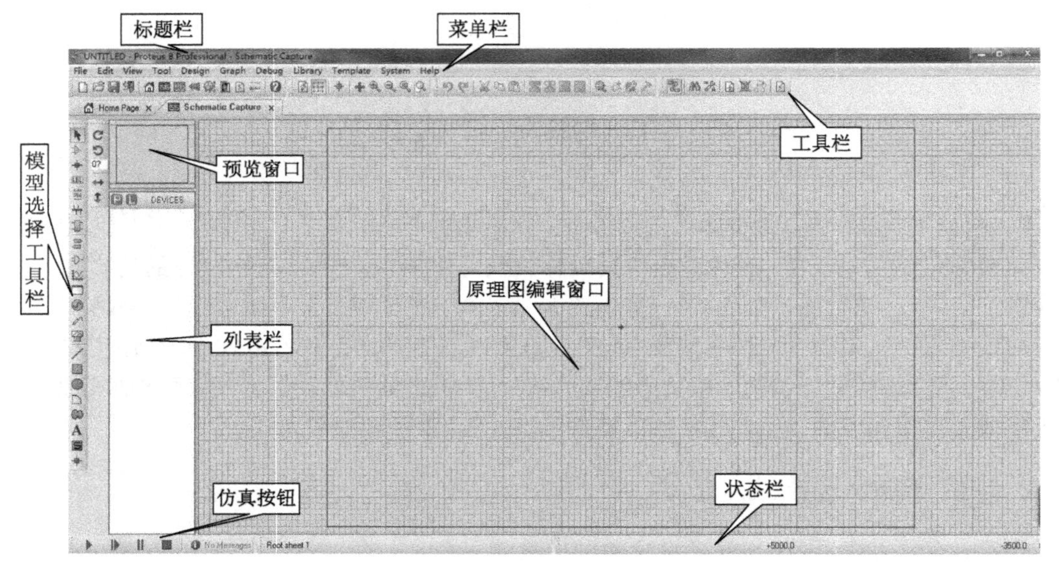

图 2-20 ISIS 编辑环境界面图

其中,标题栏用于指示当前设计的文件名;状态栏用于指示当前鼠标的坐标值;原理图编辑窗口用于放置元器件,进行连线,绘制原理图;预览窗口用于预览选中对象,或用来快速实现以原理图中某点为中心显示整个原理图。

ISIS 中大部分操作与 Windows 的操作类似。本节主要介绍 ISIS 命令工具栏、原理图编辑窗口、预览窗口、对象选择窗口、模型选择工具栏、仿真控制按钮和旋转、镜像控制按钮。

1)原理图编辑窗口

原理图编辑窗口主要用于元器件放置、连线和原理图绘制,同时还可以观察仿真结果。原理图编辑窗口的边框表示当前原理图的边界。边框的大小是由图纸尺寸决定的,图纸尺寸可以通过系统菜单的图纸尺寸设置选项进行设置。

2)模型选择工具栏

模型选择工具栏用于选择工具箱中的各种模型,根据不同的需要选择不同的图标按钮,模型选择工具栏右上角处的预览窗口能预览选择的模型外观。模型选择工具栏主要包括以下几种模型:

(1)主要模型

:选择模式(Selection Model)。

:选择元器件(Components)。Proteus中提供了丰富的元器件库,用户可根据需要将库中元器件添加到列表栏中,单击此按钮后,单击列表栏左上角的按钮,就可进行元器件选择。

:放置节点(Junction dot)。此按钮适用于节点的连线,可方便地在节点之间或者节点到电路中任意点或线之间连线。

LBL:标注网络标号(Wire label)。网络标号具有实际的电气连接意义,具有相同网络标号的导线,不管图上是否连接在一起,都被视为同一条导线。在绘制电路图时使用网络标号,可以使连线简单化。通常在以下三种场合使用网络标号:

①为了简化电路图,在连接线路较远、电路复杂或走线比较困难时,利用网络标号代替实际走线可简化电路图。

②总线连接时在总线分支处必须标上相应的网络标号,才能达到各导线之间的电气连接关系和目的。

③层次式电路或多重式电路中各个模块电路之间的电气连接。

:设置文本(Text script)。文本主要用于文字标示和注释。

:绘制总线。总线在电路图上表现出来的是一条粗线,表示若干导线的集合。使用总线时,必须有总线进出口和对应的网络标号,表示导线连接关系。

:绘制子电路块。

(2)配件模型

:选择端子。在绘制电路图过程中,用于放置电源、地、输入和输出等各种端子。

:选择图表工具。单击该按钮后,可在列表栏中选择各种图表工具来分析电路的工作状态或者进行细节测量,如频率分析、噪声分析和音频分析等。

:选择录音机。

:选择信号源。选择各种激励源,如正弦、脉冲和指数激励源等,类似实际中的信号发生器设备。

:选择电压/电流探针。在原理图中可以放置电压/电流探针。进行电路仿真时,电压/电流探针可以显示各测试点处的电压/电流。

:选择虚拟仪器。为了方便对电路进行调试,可以选择多种虚拟仪器,如示波器、逻辑分析仪和模式发生器等。

(3)图形模型

:画线工具。可用于绘制各种类型的线。点击该按钮后,列表栏中列出了各种线的类型,如元器件边框线、引脚线和端口线等。

:绘制方块工具。用于绘制矩形边框,如元器件的外围边框等。

:画圆工具。用于绘制各种圆形。

:画弧工具。用于绘制各种弧形。

:画曲线工具。用于绘制各种曲线图形。

A:放置文本工具。用于放置各种文字标识。

:符号工具。用于绘制各种符号图形。

:原点工具。用于绘制坐标原点。

3)菜单栏、工具栏

菜单栏、工具栏位于屏幕的上端,通过菜单栏、工具栏可以完成ISIS的所有功能。主要菜单如下:

(1)File菜单主要包括工程的新建、存储、导入、导出、打印和退出等功能。

(2)View菜单用于设置原理图编辑窗口的定位、栅格的调整和图形的缩放比等。

(3)Edit菜单完成基本的编辑操作功能,如复制、粘贴等。

(4)Tool菜单主要包括实时注释、实时捕捉网络、自动画线、导入文件数据等功能。

(5)Design菜单包含编辑设计属性、编辑原理图属性、配置电源、新建原理图等功能。

(6)Graph菜单包含编辑仿真图形、增加跟踪曲线、仿真图形等功能。

(7)Debug菜单主要用于程序调试,如单步运行、断点调试等。

(8)Library菜单主要包含元器件和符号选择,以及库管理和分解元器件等功能。

(9)Template菜单用于设置模板功能,如图形、颜色、字体和连线等功能。

(10)System菜单具有设置系统环境、设置路径等功能。

(11)Help菜单用来阅读帮助文件,为用户提供帮助功能。

2.2.3 Proteus ISIS 元器件库

元器件目录及常用元器件名称中英文对照,见表2-8。

元器件目录及常用元器件名称中英文对照 表2-8

元器件目录名称		常用元器件名称	
Analog ICs	模拟集成芯片	AMMETER	电流计
Capacitors	电容	Voltmeter	电压计
CMOS 4000 Series	CMOS 4000 系列	Battery	电池(电池组)
Connectors	连接器(座)	Capacitor	电容器
Data Converters	数据转换器	Clock	时钟

续上表

元器件目录名称		常用元器件名称	
Debugging Tools	调试工具	Crystal	晶振
Diodes	二极管	D-FlipFlop	D 触发器
ECL 10000 Series	ECL 10000 系列	Fuse	熔断丝
Electormechanical	电机类	Ground	地
Inductors	电感器(变压器)	Optocoupler	光耦
Laplace Primitives	拉普拉斯变换	LED	发光二极管
Memory ICS	存储芯片	LCD	液晶显示屏
Microprocessor ICs	微处理器	Motor	电机
Miscellaneous	其他类	Stepper Motor	步进电机
Modelling Primitives	模块原型	POWER	电源
Operational Amplifiers	运算放大器	Resistor	电阻器
Optoelectronics	光电类	Inductor	电感
PLDs & FPGAs	PLDs 和 FPGAs 类	Switch	手动按钮开关
Resistors	电阻类	Virtual Terminal	虚拟终端
Simulator Primitives	仿真器原型类	PROBE	探针
Speakers & Sounders	声音类	Sensors	传感器
Switching Devices	电子开关器件	Decorder	解(译)码器
Switches & Relays	机械开关,继电器类	Encorder	编码器
Thermionic Valves	真空管	Filter	滤波器
Transistors	晶体管	Serial port	串行口
Transducers	传感器	Parallel port	并行口
Mechanics	机械	TTL 74HC series	TTL 74HC 系列
TTL 74 series	TTL 74 系列	TTL 74HCT series	TTL 74HTC 系列
TTL 74ALS series	TTL 74ALS 系列	TTL 74LS series	TTL 74LS 系列
TTL 74AS series	TTL 74AS 系列	TTL 74S series	TTL 74S 系列
TTL 74F series	TTL 74F 系列		

2.2.4 Proteus ISIS 原理图绘制

原理图设计的好坏会直接影响到整个系统的工作,电路原理图的设计是 Proteus VSM 和印制电路板设计中非常重要的一步。首先,原理图的正确性是最基本的要求,因为在一个错误的基础上进行的工作是没有意义的;其次,原理图布局应该是合理的,以便于读者查找和纠正错误;最后,原理图要力求美观。

原理图设计方法和步骤(图 2-21)如下。

(1)新建设计文件并设置图纸参数和相关信息。

(2)放置元器件。

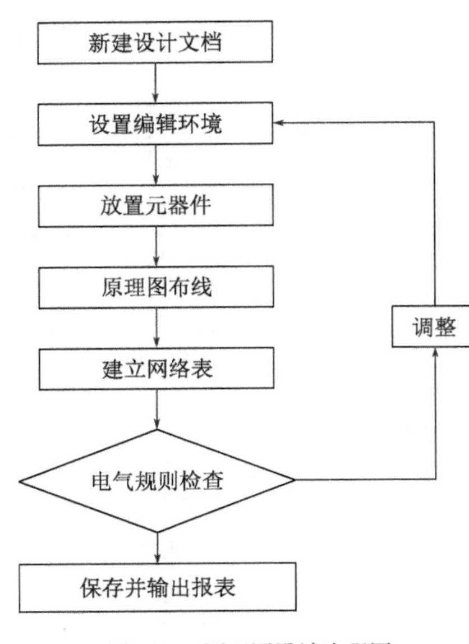

图 2-21　原理图设计流程图

(3)对原理图进行布线。

(4)调整、检查和修改。利用 ISIS 提供的电气规则检查命令对前面所绘制的原理图进行检查,并根据系统提供的错误报告修改原理图,调整原理图布局,以同时保证原理图的正确和美观。最后视实际需要,决定是否生成网络表文件。

(5)存盘和输出。

ISIS 鼠标使用规则:

在 ISIS 中,鼠标操作与传统的方式不同,右键选取、左键编辑和移动。

右键单击:选中对象,此时对象呈红色;再次右击已选中的对象,即可删除该对象。

右键拖拽:框选一个块的对象。

左键单击:放置对象或对选中的对象编辑对象属性。

左键拖拽:移动对象。

2.3　IAR EW430 和 Proteus 联动使用

联动的好处:MSP430 软件工具 IAR EW,低成本的学习。将 IAR EW 和 Proteus 两者联动起来,不仅可以实现 IAR EW 程序代码的编写、编译、调试等功能,而且可以利用 Proteus 实现所编写程序的电路设计及仿真,相互融合、简单灵活、操作方便,而且利用 IAR EW 编写的 MSP430 系列单片机的程序可以保留,从而方便为以后的硬件实物运行提供程序基础,一举两得。

IAR EW430 开发平台在 MSP430 系列单片机程序的编写、编译、调试等方面提供了基础性的工具,在 MSP430 系列单片机的实践学习以及基于 MSP430 系列单片机的项目开发方面都发挥了重要作用。

Proteus 仿真平台功能强大、使用方便、效率高效,可以搭建各种实际应用原理图,所用器件具有与实际电子元器件相同的属性,实时性、模仿性较好。而且利用 Proteus 仿真平台还可以设计研发项目所需开发板,因此应用广泛。

因此,将 IAR EW430 和 Proteus 两者联合起来,不仅可以实现 IAR EW430 程序代码的编写、编译、调试等功能,而且可以利用 Proteus 实现 IAR EW430 所编程序的电路设计及仿真,相互融合、简单灵活、操作性强。同时,利用 IAR EW430 编写的 MSP430 系列单片机的程序可以保留,方便为以后的硬件开发板实物运行提供程序基础。

(1)配置 IAR EW 生成 *.hex 文件

在 IAR EW 开发环境中编写所需要的程序代码,或直接打开已经存在的工程,接下来对运行环境进行设置,鼠标单击 Project 菜单项,选择 Option 菜单命令,出现如图 2-22 所示的通用设置对话框。

单击左边的 General Options,在 Device 中选择 MSP430F249,其余按照要求进行设置,如

图 2-23所示。

然后单击左边的 Linker,在 Extra Output 中将 Generate extra output file 以及 Override default 前面方框选中,将 Override default 下的 *.a43 改为 *.hex扩展名,单击 OK 保存设置,如图 2-24 所示。

返回工程主界面,点击链接按钮,即可生成 *.hex 文件。

(2)配置 Proteus 添加 *.hex 文件

在 Proteus ISIS 中按照程序实现的功能选择正确的芯片及元器件,进行电路设计及连接。鼠标左键双击芯片,弹出 Edit Component 对话框,单击 Program File 右边的图标导入 IAR EW 生成的 *.hex 文件,同时,在 Advanced Properties 中设置正确的时钟,如图 2-25 所示,单击 OK 即可。

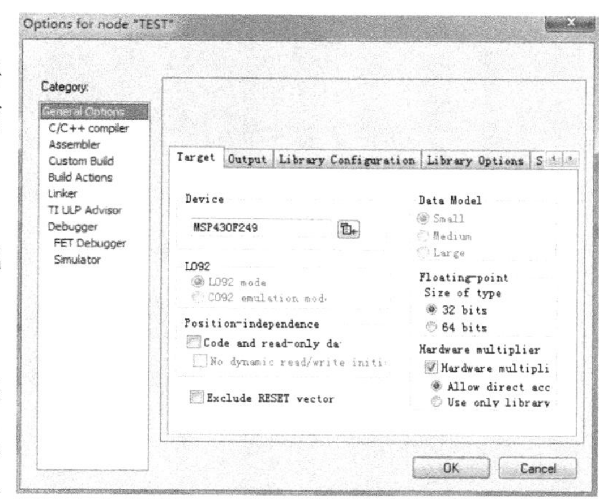

图 2-22　通用设置对话框

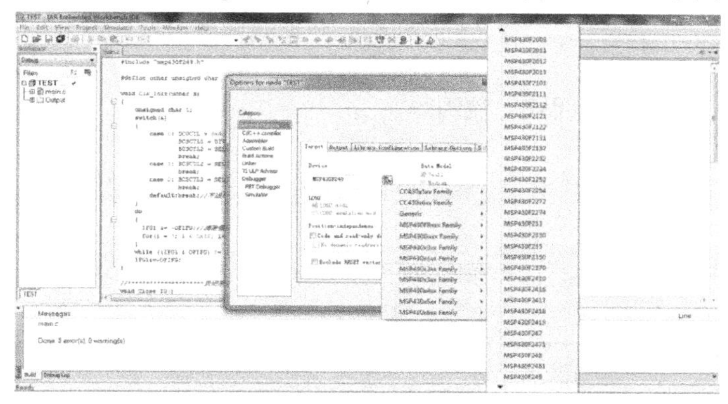
图 2-23　选择单片机型号

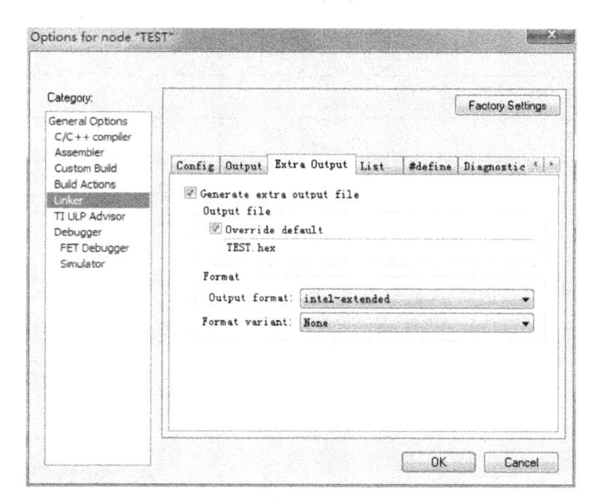

图 2-24　设置生成 hex 文件

(3)Proteus 仿真

单击按键 ▶ 启动仿真,进行实时的仿真;若要终止仿真,单击按键 ■ (停止)即可。在仿真的过程中可以单击按键 ‖ 暂停,单击按键 ▶ 继续。

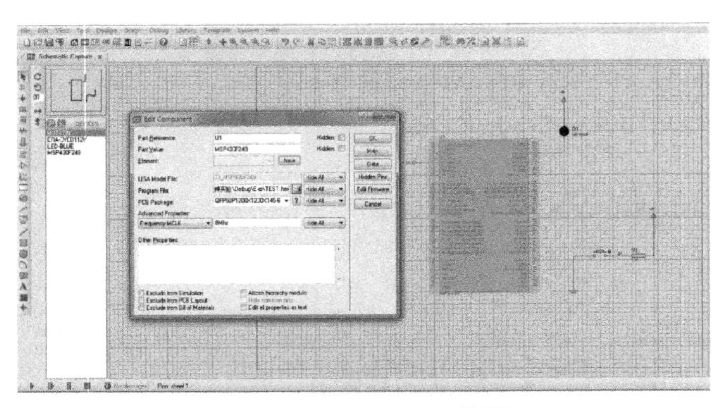

图 2-25　Edit Component 对话框

2.4　“LED 灯实验”的 Proteus 设计与仿真

(1)实验内容

实现 6 个 LED 灯以 1s 的间隔轮流闪烁。

(2)必备知识

掌握 Proteus、IAR 软件操作方法,熟悉两款软件的联合仿真使用方法。

(3)电路设计

①从 Proteus 库中选取元器件,本实训项目用到的元器件如表 2-9 所示。

元 器 件 列 表　　　表 2-9

器 件 名 称	数　　量
MSP430F249 芯片	1 个
LED 灯	6 个
电阻	6 个
电源端	1 个
接地端	1 个

②参考图 2-21 流程,放置元器件、电源,连线,设置元器件属性,电气检测。放置元器件系统界面及仿真原理图如图 2-26、二维码 2-1 所示。

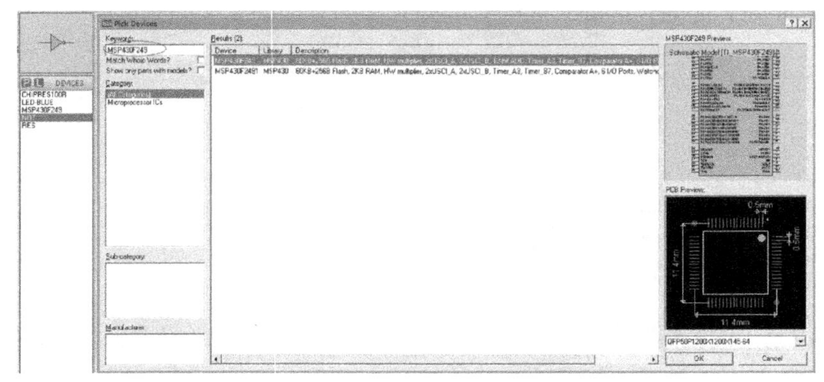

图 2-26　放置元器件

二维码 2-1

仿真原理图

(4)程序设计

通过 IAR 建立工程,然后再建立源程序文件“LED. c”,程序具体操作步骤如图 2-27 所示。

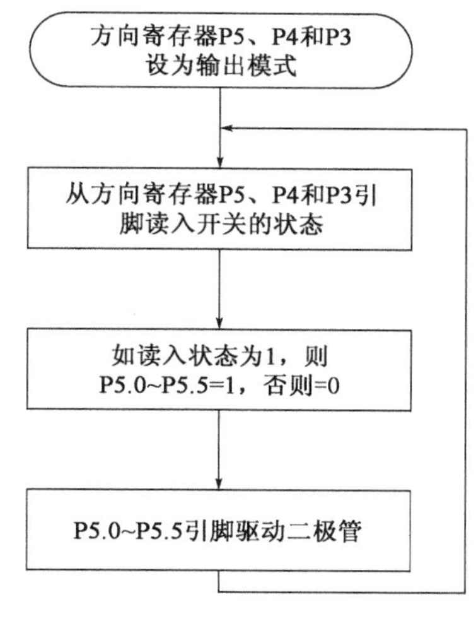

图 2-27 程序运行步骤图

程序代码:

```
#include <msp430x24x.h>
Long int i = 0;
/**************************** 时钟初始化 **************************/
void Clk_Init()
{
    BCSCTL1&= ~XT2OFF;                     //打开 XT 振荡器
    BCSCTL2| =SELM_2 +SELS;                //MCLK 8M and SMCLK 8M
    do
    {
      IFG1 &= ~OFIFG;                      //清除振荡错误标志
      for(i = 0; i < 0xff; i++)   _NOP(); //延时等待
    }
    while ((IFG1 & OFIFG) ! = 0);          //如果标志为 1 继续循环等待
}
/**************************** 关闭所有 I/O 口 **************************/
void Close_IO()
{
    /*下面六行程序关闭所有的 I/O 口*/
    P1DIR = 0XFF;P1OUT = 0XFF;
    P2DIR = 0XFF;P2OUT = 0XFF;
    P3DIR = 0XFF;P3OUT = 0XFF;
    P4DIR = 0XFF;P4OUT = 0XFF;
    P5DIR = 0XFF;P5OUT = 0XFF;
```

```
    P6DIR = 0XFF;P6OUT = 0XFF;
}

/************************** 主函数 *****************************/
void main(void)
{
  WDTCTL = WDTPW + WDTHOLD;           //关闭看门狗
  Clk_Init();                         //时钟初始化
  Close_IO();                         //关闭所有 IO 口,防止 IO 口处于不定态
  P5DIR| = BIT1 + BIT2 + BIT3;        //(LED2、3、4)方向寄存器 P5DIR,0 表示输入模式;1 表
                                        示输出模式
  P4DIR| = BIT2;                      //(LED5)方向寄存器 P4DIR,0 表示输入模式;1 表示输
                                        出模式
  P3DIR| = BIT6 + BIT7;               //(LED6、7)方向寄存器 P5DIR,0 表示输入模式;1 表示
                                        输出模式

  while(1)
  {
P5OUT& = ~BIT0;                       //LED1 亮起
        for(i =0;i <0xffff;i + +)   _NOP(); //延时等待
P5OUT| =BIT0;                         //LED1 关闭

    P5OUT& = ~BIT1;                   //LED2 亮起
    for(i = 0; i < 0xffff; i + +)   _NOP(); //延时等待
    P5OUT| =BIT1;                     //LED2 关闭

    P5OUT& = ~BIT2;                   //LED3 亮起
    for(i = 0; i < 0xffff; i + +)   _NOP(); //延时等待
    P5OUT| =BIT2;                     //LED3 关闭

    P5OUT& = ~BIT3;                   //LED4 亮起
    for(i = 0; i < 0xffff; i + +)   _NOP(); //延时等待
    P5OUT| =BIT3;                     //LED4 关闭

    P5OUT& = ~BIT4;                   //LED5 亮起
    for(i = 0; i < 0xffff; i + +)   _NOP(); //延时等待
    P5OUT| =BIT4;                     //输出寄存器 P4OUT

    P5OUT& = ~BIT5;                   //LED6 亮起
    for(i = 0; i < 0xffff; i + +)   _NOP(); //延时等待
    P5OUT| =BIT5;                     //LED6 关闭
  }
}
```

单击快捷按钮 来编译上述的源程序,然后单击快捷按钮 进行链接。生成目标代码文件“LED. hex”。若编译失败,对程序修改调试直至编译成功。

(5)Proteus 仿真

①加载目标代码

单击鼠标右键选中 ISIS 编辑区中单片机 MSP430F249,再单击打开其属性窗口,在“Program File”右侧框中输入目标代码文件名,再在 Advanced Properties 栏中设置时钟为 8MHz。

②仿真

单击仿真按钮 运行仿真,仿真效果见二维码 2-2,6 个 LED 灯以 1s 的间隔轮流闪烁。

二维码 2-2
仿真效果图

第 3 章

MSP430 内部结构

下文以 MSP430F249 为例对 MSP430 系列单片机的内部结构进行说明。

MSP430F249 的内部结构如图 3-1 所示，主要包含以下功能部件：

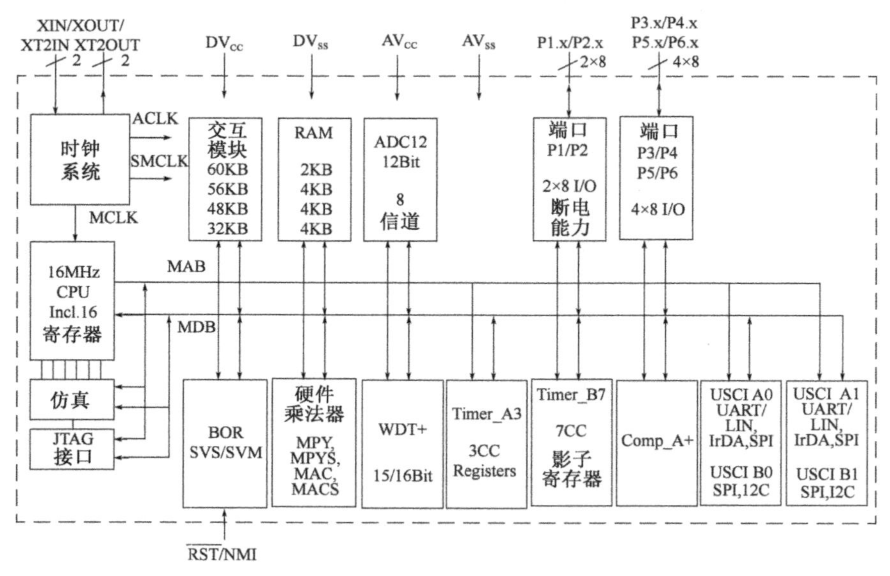

图 3-1　MSP430F249 的内部结构图

1) CPU

MSP430 系列单片机的 CPU 和通用微处理器基本相同,只是在设计上采用了面向控制的结构和指令。MSP430 的内核 CPU 结构是按照精简指令集和高透明的宗旨设计的,使用的指令有硬件执行的内核指令和基于现有硬件结构的仿真指令,这样可以提高指令执行速度和效率,增强 MSP430 的实时处理能力。

2) 存储器

存储器用于存储程序、数据以及外围模块的运行控制信息,分为程序存储器和数据存储器。对程序存储器访问总是以字的形式获取代码,而对数据存储器可以用字或字节的方式进行访问。

3) 外围模块

经过 MAB、MDB、中断服务及请求线与 CPU 相连,MSP430F249 包含的外围模块主要有:基础时钟、看门狗时钟、Timer_A、Timer_B、6 个 8 位并行端口、模拟比较器、12 位 A/D 转换器、1 个硬件乘法器、电源电压监控(SVS)等。

MSP430F249 引脚与引脚说明,见图 3-2、表 3-1。

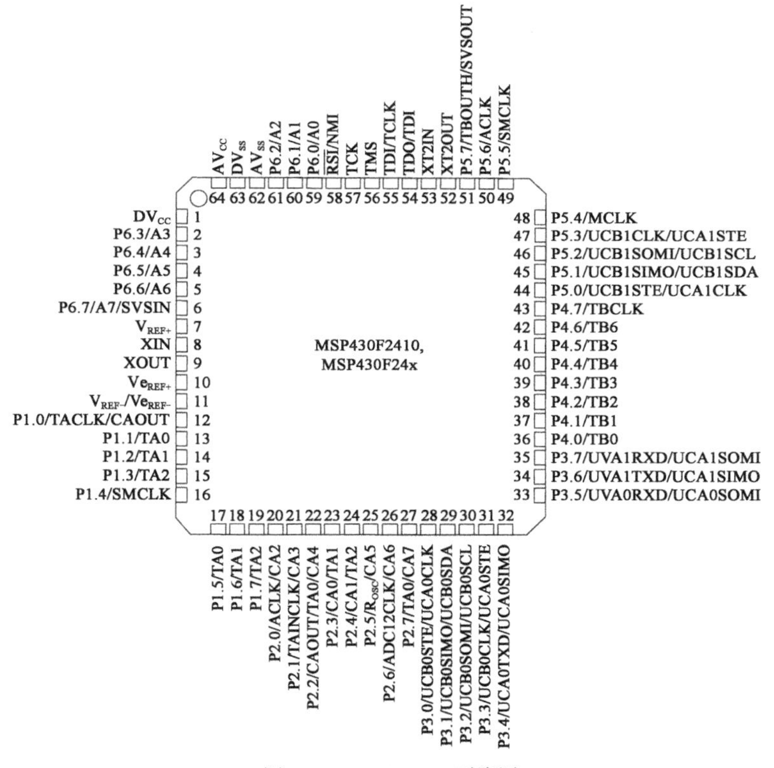

图 3-2 MSP430F249 引脚图

MSP430F249 引脚说明 表 3-1

引脚名称	引脚编号	I/O	功能说明
AV_{CC}	64		模拟电源电压,正端,仅提供 ADC12 的模拟部分
AV_{SS}	62		模拟电源电压,负端,仅提供 ADC12 的模拟部分
DV_{CC}	1		数字电源电压,正端,提供所有数字部分
DV_{SS}	63		数字电源电压,负端,提供所有数字部分

续上表

引脚名称	引脚编号	I/O	功能说明
P1.0/TACLK/CAOUT	12	I/O	通用数字I/O引脚/Timer_A,时钟信号TACLK输入/比较器_A输出
P1.1/TA0	13	I/O	通用数字I/O引脚/Timer_A,捕获:CCI0A输入,比较:Out0输出/BSL传输
P1.2/TA1	14	I/O	通用数字I/O引脚/Timer_A,捕获:CCI1A输入,比较:Out1输出
P1.3/TA2	15	I/O	通用数字I/O引脚/Timer_A,捕获:CCI2A输入,比较:Out2输出
P1.4/SMCLK	16	I/O	通用数字I/O引脚/SMCLK信号输出
P1.5/TA0	17	I/O	通用数字I/O引脚/Timer_A,比较:Out0输出
P1.6/TA1	18	I/O	通用数字I/O引脚/Timer_A,比较:Out1输出
P1.7/TA2	19	I/O	通用数字I/O引脚/Timer_A,比较:Out2输出
P2.0/ACLK/CA2	20	I/O	通用数字I/O引脚/ACLK输出/比较器_A输入
P2.1/TAINCLK/CA3	21	I/O	通用数字I/O引脚/Timer_A,时钟信号INCLK
P2.2/CAOUT/TA0/CA4	22	I/O	通用数字I/O引脚/Timer_A,捕获:CCI0B输入/比较器_A输出/BSL接收/比较器_A输入
P2.3/CA0/TA1	23	I/O	通用数字I/O引脚/Timer_A,比较:Out1输出/比较器_A输入
P2.4/CA1/TA2	24	I/O	通用数字I/O引脚/Timer_A,比较:Out2输出/比较器_A输入
P2.5/R_{OSC}/CA5	25	I/O	通用数字I/O引脚/输入适合的外部电阻来定义DCO额定频率/比较器_A输入
P2.6/ADC12CLK+/CA6	26	I/O	通用数字I/O引脚/转换时钟—12位ADC/比较器_A输入
P2.7/TA0/CA7	27	I/O	通用数字I/O引脚/Timer_A,比较:Out0输出/比较器_A输入
P3.0/UCB0STE/UCA0CLK	28	I/O	通用数字I/O引脚/USCI B0从机传输使能/USCIA0时钟输入/输出
P3.1/UCB0SIMO/UCB0SDA	29	I/O	通用数字I/O引脚/USCI B0在SPI模式从机输入/主机输出,在I^2C模式SDA I^2C数据
P3.2/UCB0SOMI/UCB0SCL	30	I/O	通用数字I/O引脚/USCI B0在SPI模式从机输出/主机输入,在I^2C模式SCL I^2C时钟
P3.3/UCB0CLK/UCA0STE	31	I/O	通用数字I/O引脚/USCI B0时钟输入/输出,USCI A0从机传输使能
P3.4/UCA0TXD/UCA0SIMO	32	I/O	通用数字I/O引脚/USCIA在UART模式传输数据输出,在SPI模式从机数据输入/主机输出
P3.5/UCA0RXD/UCA0SOMI	33	I/O	通用数字I/O引脚USCIA0在UART模式接收数据输入,在SPI模式从机数据输出/主机输入
P3.6/UCA1TXD/UCA1SIMO	34	I/O	通用数字I/O引脚/USCIA1在UART模式传输数据输出,在SPI模式从机数据输入/主机输出
P3.7/UCA1RXD/UCA1SOMI	35	I/O	通用数字I/O引脚/USCIA1在UART模式接收数据输入,在SPI模式从机数据输出/主机输入
P4.0/TB0	36	I/O	通用数字I/O引脚/Timer_B,捕获:CCI0A/B输入,比较:Out0输出
P4.1/TB1	37	I/O	通用数字I/O引脚/Timer_B,捕获:CCI1A/B输入,比较:Out1输出
P4.2/TB2	38	I/O	通用数字I/O引脚/Timer_B,捕获:CCI2A/B输入,比较:Out2输出
P4.3/TB3	39	I/O	通用数字I/O引脚/Timer_B,捕获:CCI3A/B输入,比较:Out3输出

续上表

引脚名称	引脚编号	I/O	功能说明
P4.4/TB4	40	I/O	通用数字 I/O 引脚/Timer_B，捕获：CCI4A/B 输入，比较：Out4 输出
P4.5/TB5	41	I/O	通用数字 I/O 引脚/Timer_B，捕获：CCI5A/B 输入，比较：Out5 输出
P4.6/TB6	42	I/O	通用数字 I/O 引脚/Timer_B，捕获：CCI5A 输入，比较：Out6 输出
P4.7/TBCLK	43	I/O	通用数字 I/O 引脚/Timer_B，时钟信号 TBCLK 输入
P5.0/UCB1STE/UCA1CLK	44	I/O	通用数字 I/O 引脚/USCIB1 从机传输使能/USCIA1 时钟输入/输出
P5.1/UCB1SIMO/UCB1SDA	45	I/O	通用数字 I/O 引脚/USCIB1 在 SPI 模式从机输入/主机输出，在 I^2C 模式 SDA I^2C 数据
P5.2/UCB1SOMI/UCB1SCL	46	I/O	通用数字 I/O 引脚/USCIB1 在 SPI 模式从机输出/主机输入，在 I^2C 模式 SCL I^2C 时钟
P5.3/UCB1CLK/UCA1STE	47	I/O	通用数字 I/O 引脚/USCIB1 时钟输入/输出，USCIA1 从机传输使能
P5.4/MCLK	48	I/O	通用数字 I/O 引脚/主系统时钟 MCLK 输出
P5.5/SMCLK	49	I/O	通用数字 I/O 引脚/子系统时钟 MCLK 输出
P5.6/ACLK	50	I/O	通用数字 I/O 引脚/辅助时钟 ACLK 输出
P5.7/TBOUTH/SVSOUT	51	I/O	通用数字 I/O 引脚/转换所有 PWM 数字输出端到高阻抗—Timer_B TB0 到 TB6/SVS 比较器输出
P6.0/A0	59	I/O	通用数字 I/O 引脚/模拟输入 A0—12 位 ADC
P6.1/A1	60	I/O	通用数字 I/O 引脚/模拟输入 A1—12 位 ADC
P6.2/A2	61	I/O	通用数字 I/O 引脚/模拟输入 A2—12 位 ADC
P6.3/A3	2	I/O	通用数字 I/O 引脚/模拟输入 A3—12 位 ADC
P6.4/A4	3	I/O	通用数字 I/O 引脚/模拟输入 A4—12 位 ADC
P6.5/A5	4	I/O	通用数字 I/O 引脚/模拟输入 A5—12 位 ADC
P6.6/A6	5	I/O	通用数字 I/O 引脚/模拟输入 A6—12 位 ADC
P6.7/A7/SVSIN	6	I/O	通用数字 I/O 引脚/模拟输入 A7—12 位 ADC/SVS 输入
XT2OUT	52	O	晶体振荡器 XT2 的输出端
XT2IN	53	I	晶体振荡器 XT2 的输入端
RST/NMI	58	I	复位输入口，非屏蔽中断输入口或 bootstrap 装载器启动（在 FLASH 器件中）
TCK	57	I	测试时钟（JTAG），是用于器件编程测试和 bootstrap 装载器启动的时钟输入端口
TDI/TCLK	55	I	测试数据输入或测试时钟输入，器件的保护熔丝被连接到 TDI/TCLK
TDO/TDI	54	I/O	测试数据输出口，TDO/TDI 数据输出或编程数据输入端
TMS	56	I	测试模式选择，常用作器件编程和测试的输入端口
V_{eREF+}	10	I	外部参考电压输入端
V_{REF+}	7	O	ADC12 的参考电压输出正端
V_{REF-}/V_{eREF-}	11	I	所有源的参考电压负端，内部参考电压，或外部应用参考电压
XIN	8	I	晶体振荡器 XT1 的输入端，可以连接标准晶体或手表晶体
XOUT	9	O	晶体振荡器 XT1 的输出端，可以连接标准晶体或手表晶体

3.1 CPU 结构

3.1.1 CPU 的主要特性

中央处理器 CPU 是单片机的核心部件,它的性能直接关系到单片机器件的处理能力。MSP430 系列单片机的 CPU 采用 16 位精简指令系统,集成有 16 位寄存器和常数发生器,能够发挥代码的最高效率。外围模块通过数据、地址和控制总线与 CPU 相连,CPU 可以很方便地通过存储器指令对外围模块进行控制。

MSP430CPU 的主要特性如下:

(1)RISC 指令集,27 条内核指令和 7 种寻址模式。

(2)寄存器资源丰富。

(3)单周期寄存器操作指令。

(4)16 位地址总线。

(5)常数发生器。

(6)直接的存储器到存储器访问。

(7)位、字和字节的操作方式。

MSP430 单片机内部由一个 16 位的 ALU(算术逻辑单元)、16 个寄存器和一个指令控制单元构成,如图 3-3 所示。16 个寄存器中有 4 个为特殊用途,它们分别是:程序计数器、堆栈指针、状态寄存器和常数发生器。程序流程通过程序计数器控制,而程序执行的现场状态体现在程序状态字中。表 3-2 对 16 个寄存器做了简要说明。

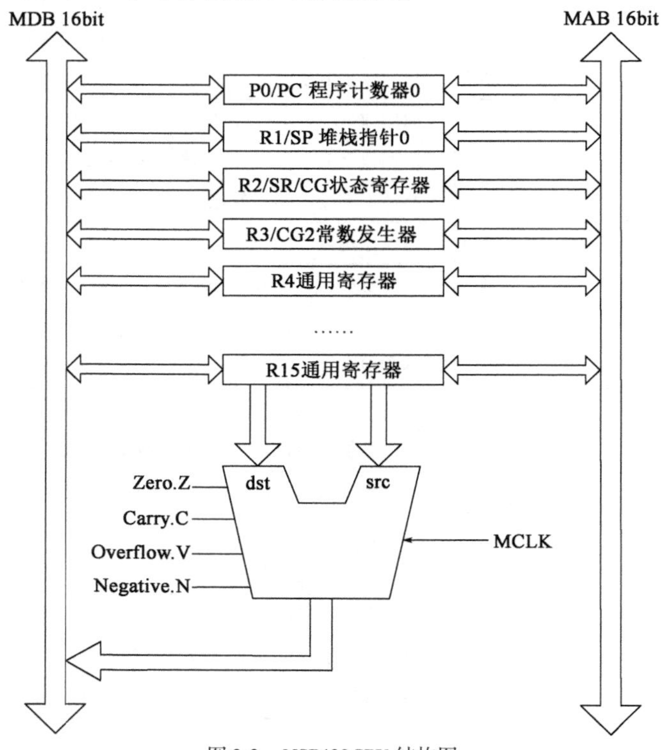

图 3-3 MSP430CPU 结构图

MSP430CPU 的寄存器　　表 3-2

简　写	功　能
R0	程序计数器 PC,指示下一条指令将要执行的指令地址
R1	堆栈指针 SP,指向堆栈栈顶
R2	状态寄存器 SR/常数发生器 CG1
R3	常数发生器 CG2
R4	通用寄存器
……	……
R15	通用寄存器

3.1.2　CPU 的寄存器

(1)程序计数器(PC 指针)也就是 CPU 专用寄存器 R0,PC 指针是一个 16 位寄存器,可以寻址 64KB 的空间。MSP430 单片机的指令长度以字(16 位)为最小单位,而程序存储器单元以字节(8 位)为单位,所以 PC 的值总是偶数。

(2)堆栈指针 SP 为 CPU 专用寄存器 R1,SP 指针为 16 位寄存器,也是偶数的。堆栈是在片内 RAM 中实现的,通常将堆栈指针设置为片内 RAM 的最高地址加 1。使用 C 语言编程时,集成编译软件 IAR 会自动设置堆栈指针初始值。对程序员来说不需要关心细节,编译结束后在信息窗口提示结果会给出 RAM 使用量的大小,只要不超过 RAM 区实际容量并稍有余量给堆栈即可。使用汇编语言编程时必须注意堆栈指针的正确设置,否则堆栈将会覆盖变量区,导致程序出错。

(3)状态寄存器 SR(表 3-3)和常数发生器 CG1、CG2(见数据手册)。

状态寄存器 SR　　表 3-3

15 ~ 9	8	7	6	5	4	3	2	1	0
保留	V	SCG1	SCG0	OSCOFF	CPUOFF	GIE	N	Z	C

注:V:溢出标志位,当运算结果超出有符号数范围时置位。
SCG1:系统时钟控制位 1,该位置位时关闭 SMCLK。
SCG0:系统时钟控制位 0,如果 DCO 未用作 MCLK 或 SMCLK,该位置位时关闭 DCO。
OSCOFF:晶振控制位,如果 LFXT1 未用作 MCLK 或 SMCLK,该位置位时关闭 LFXT1。
CPUOFF:CPU 控制位,该位置位时关闭 CPU。
GIE:中断允许位,该位置位时允许可屏蔽中断;复位时禁止所有的可屏蔽中断。
N:负数标志位,当运算结果为负时置位;否则复位。
Z:零标志位,当运算结果为零时置位;否则复位。
C:进位标志位,当运算结果产生进位时置位;否则复位。

3.2　复位和工作模式

3.2.1　复位和初始化

复位电路如图 3-4 所示,上电复位(POR)与上电清除(PUC)信号可以使 MSP430 系列单片机系统复位。不同的事件可以触发产生这些复位信号,而不同的复位信号会产生不同的初始状态。

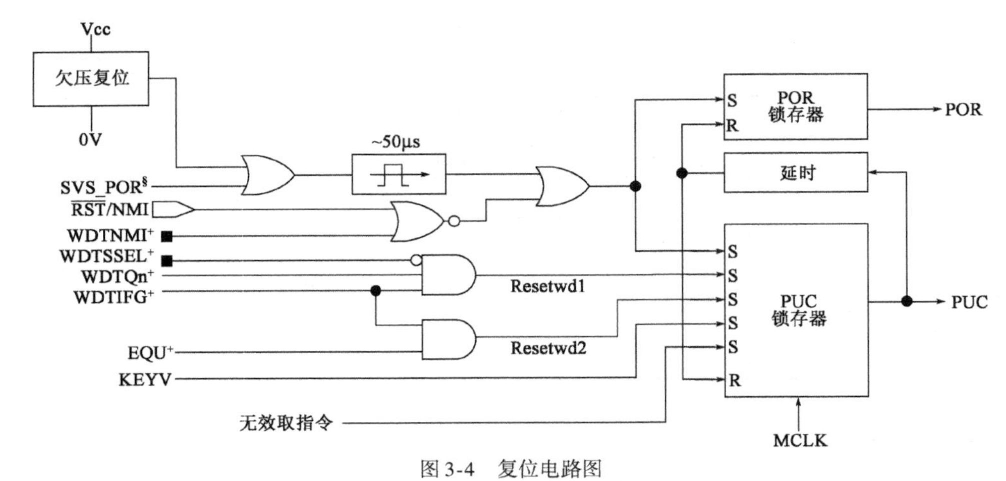

图3-4　复位电路图

POR信号是器件的复位信号,此信号只有在以下3种事件发生时才会产生。

(1)器件上电。

(2)复位模式下,$\overline{\text{RST}}$/NMI引脚上出现低电平信号。

(3)当PORON=1时,SVS处于低电平状态。

当POR信号产生时,必会产生PUC信号;而PUC信号产生时不会产生POR信号。PUC信号由以下事件产生:

(1)POR信号发生。

(2)看门狗模式下,看门狗定时器计满。

(3)看门狗控制寄存器的安全键值错误。

(4)FLASH安全键值错误。

(5)CPU从地址范围0000H~01FFH取指令。

POR和PUC两者的关系:POR信号的产生会导致系统复位并产生PUC信号,而PUC信号不会引起POR信号的产生。无论是POR信号还是PUC信号触发复位,都会使MSP430从地址0FFFEH处读取复位中断向量,程序从中断向量所指的地址开始执行。触发PUC信号的条件中,除了POR产生触发PUC信号外,其他的都可以通过读取相应的中断向量来判断是何种原因引起的PUC信号,以便作出相应处理。

当PUC信号引起设备复位后,系统的初始状态如下:

(1)$\overline{\text{RST}}$/NMI引脚被设置为复位模式。

(2)I/O引脚被转换成输入模式。

(3)其他外围设备模块将被初始化。

(4)状态寄存器复位。

(5)看门狗定时器进入看门狗模式。

(6)程序计数器PC装入复位向量地址(0FFFEH)。

POR信号和PUC信号产生之后,系统会进入一系列初始化状态,在后续系统设计应用中,应根据设计要求加以利用或者避免。例如,POR之后,看门狗自动工作于看门狗模式,此时系统不使用看门狗模式,应将看门狗关闭,否则,看门狗定时时间到之后,会再次引发PUC时间,影响到系统的正常运行。

在POR复位后,用户必须通过软件对一些寄存器进行如下设置:

(1)初始化SP指针,指向RAM的最顶部。

(2)根据系统要求初始化看门狗。

(3)根据应用的要求配置外围模块寄存器。

3.2.2 工作模式及功耗

(1)工作模式

MSP430 系列单片机主要应用于低功耗系统,其操作模式配合低功耗特征而设计。操作模式的设置主要是基于低功耗应用、速度和数据处理要求以及最小电流消耗这 3 个因素考虑的,系统根据预定设置进入不同的模式,当系统进入低功耗模式后,会出现以下情况:

①系统时钟甚至主系统时钟会停止,相应的片上外设会停止工作直至再次进入活动模式。

②系统功耗为微安级。

③所有 I/O 端口、RAM 和寄存器的内容都不会发生改变。

④外部中断可以在 6μs 内唤醒系统,重新进入活动模式。所有允许的中断都可将系统从低功耗模式唤醒,并进入中断服务程序进行相应处理。

MSP430 有 1 种活动模式(AM)和 5 种低功耗模式(LMP0、LMP1、LMP2、LMP3、LMP4),而不同的工作模式是通过设置状态寄存器 SR 的 SCG1、SCG0、CPUOFF、OSCOFF 等位来设置的。各个模式的转化如图 3-5 所示。

图 3-5 MSP430 各个工作模式转化示意图

如图3-5所示，系统根据SCG1、SCG0、CPUOFF、OSCOFF等控制位的值进行模式切换。当CPU响应中断时，SR会被压入堆栈保护，中断处理完成后，SR出栈可以恢复先前的工作方式。当需要改变中断后的运行状态时，只要在中断服务程序中改变栈中的SR值，即可以通过间接访问堆栈数据来操作这些控制位，则在中断返回后，MCU可以切换到另一种功耗方式运行。

可以通过软件将控制位SCG1、SCG0、CPUOFF、OSCOFF配置六种不同的工作模式，具体如表3-4所示。

工作模式、控制位及相应的时钟状态 表3-4

工 作 模 式	控 制 位	CPU、振荡器及时钟状态
AM	SCG1 = 0 SCG0 = 0 OSCOFF = 0 CPUOFF = 0	CPU、MCLK、SMLCK、ACLK 均处于活动状态
LMP0	SCG1 = 0 SCG0 = 0 OSCOFF = 0 CPUOFF = 1	CPU、MCLK 禁止，SMLCK、ACLK 活动
LMP1	SCG1 = 0 SCG0 = 1 OSCOFF = 0 CPUOFF = 1	CPU 禁止，如果 DCO 未用作 MCLK 或 SMLCK，直流发生器被禁止，否则保持工作；SMCLK、ACLK 活动
LMP2	SCG1 = 1 SCG0 = 0 OSCOFF = 0 CPUOFF = 1	CPU、MCLK、SMLCK、DCO 禁止 如果 DCO 未用作 MCLK 或 SMLCK，则自动禁止直流发生器保持工作；ACLK 活动
LMP3	SCG1 = 1 SCG0 = 1 OSCOFF = 0 CPUOFF = 1	CPU、MCLK、SMLCK、DCO 禁止 直流发生器禁止 ACLK 活动
LMP4	SCG1 = 1 SCG0 = 1 OSCOFF = 1 CPUOFF = 1	CPU 和所有的时钟被禁止

(2)模式及功耗

在各个模式下，MSP430单片机功率消耗与工作模式、供电电压、振荡频率等有关。图3-6给出了在1MHz振荡频率时，不同供电电压下各模式功耗情况。

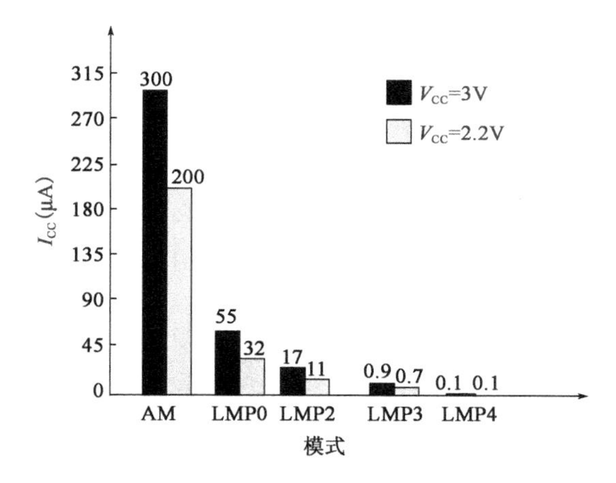

图 3-6 MSP430 各个工作模式下的耗电情况(1MHz)

3.3 存储器组织与 Flash 操作

3.3.1 存储器组织结构

MSP430 单片机采用冯·诺依曼结构,程序存储器 Flash、数据存储器 RAM、特殊功能寄存器以及中断向量全部映射到 64KB 内部地址空间。MSP430 不同型号单片机地址空间略有不同,MSP430F249 的存储器结构如表 3-5 所示。

MSP430F249 存储器结构 表 3-5

名　称	地址范围	大　小
中断向量	0xFFFF ~ 0xFFC0	64B
程序存储区 Flash	0xFFC0 ~ 0x1100	约 60KB
信息存储区	0x10FF ~ 0x1000	256B
引导区	0x0FFF ~ 0x0C00	1KB
数据存储区 RAM	0x09FF ~ 0x0200	2KB
16 位外围模块	0x01FF ~ 0x0100	256B
8 位外围模块	0x00FF ~ 0x0010	240B
特殊寄存器	0x000F ~ 0x0000	16B

(1)数据存储区:MSP430F249 的数据存储区 RAM 有 2KB,地址范围 0x0200 ~ 0x09FF。RAM 为堆栈、全局变量和局部变量提供空间。使用 C 语言来开发项目,注意观察编译结束后在信息窗口提示的 RAM 使用量大小,只要不超过 RAM 区的实际容量并稍有余量即可。

(2)引导区:引导区使得用户可以通过 UART 串口对 MSP430 单片机的程序存储器 Flash 或 RAM 区实现程序代码的写操作。

(3)信息存储区:MSP430F249 单片机有 256B 的信息存储区,它分为两段,每段 128B。信息存储区用来存放那些掉电后需要保存的变量,一般用来保存项目的设定值或量程转换参数。

Flash 信息存储区只允许块擦除或写入操作，且有擦除次数限制。需要频繁(几秒一次)擦除写入的变量，这些变量不能存放在信息存储器，这时可以外接铁电存储器 EEPROM 器件来保存这些变量。

(4)程序存储区：MSP430F249 单片机的程序存储器位于 0x1100 ~ 0xFFC0，约 60KB，程序存储区用于存放用户程序、常数以及表格等。程序存储区可以通过 JTAG、BSL 和 ISP 方式下载用户程序。

3.3.2 Flash 存储器结构

MSP430F249 单片机有嵌入 Flash 存储器，是电可擦除的可编程存储器，可以按位、字节和字访问，并且可进行编程和擦除，其主要特点如下：

(1)可进行位、字节和字编程操作。

(2)产生内部编程电压。

(3)超低功耗操作。

(4)可通过 JTAG、BSL 和 ISP 编程。

(5)保密熔丝烧断后不能再用 JTAG 进行任何访问。

(6)1.8 ~ 3.6V 工作电压，2.7 ~ 3.6V 编程电压。

(7)可擦/编程次数达 10 万次，数据保持时间从 10 ~ 100 年不等。

(8)60KB 空间编程时间小于 5s。

(9)支持段擦除和多段模块擦除。

Flash 模块集成一个控制器来控制编程和擦除，该控制器包含了 3 个寄存器(FCTL1、FCTL2 和 FCTL3)，用来产生编程和擦除的时序。它还包含了一个电压发生器，可用来提供编程和擦除电压。Flash 模块结构如图 3-7 所示。

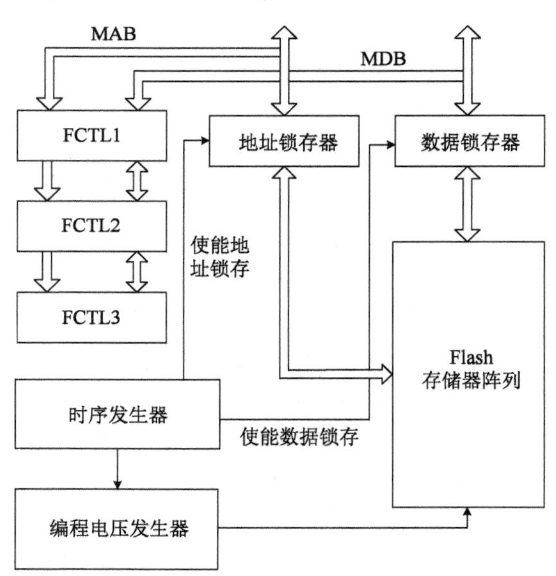

图 3-7　Flash 模块结构图

如图 3-7 所示，地址数据锁存器在 Flash 编程与擦除时执行锁存操作；时序发生器产生 Flash 编程与擦除所有的时序控制信号。时序产生器结构如图 3-8 所示。

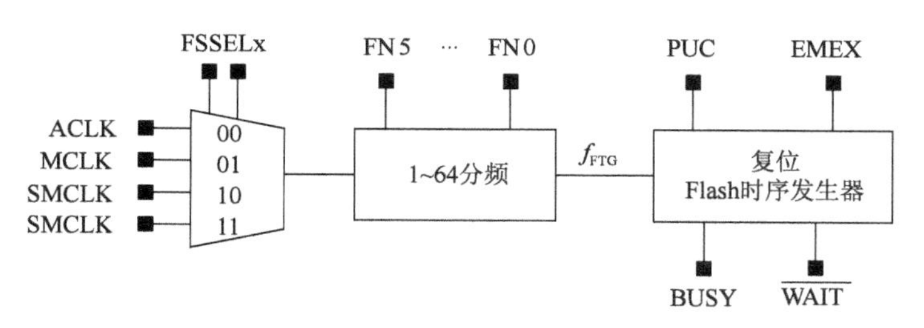

图 3-8 时序发生结构

时序发生器的读/写频率 f_{FTG} 为 257 ~ 476kHz，发生器时钟来自 ACLK、MCLK 和 SMCLK，经过分频器处理得到合适时钟，产生 f_X 信号，即 f_{FTG} 信号，它是时序发生器的真正时钟源。时序发生器产生的信号包括 Flash 存储器阵列地址锁存和数据锁存信号、编程电压发生器所需信号等。如图 3-8 所示，BUSY 信号表示锁存器状态，WAIT 信号表示 Flash 操作的状态，EMEX 位可实现 Flash 操作的紧急退出。

MSP430 Flash 存储器分为多个段，可以对其进行单个位/字节/字的写入，但是当擦除时，只能以段作为最小的擦除单位。

Flash 存储器可分为主存储器和信息存储器两部分，两者在操作上没有区别，程序代码和数据可以存储在任意一部分。两者的主要区别是段大小和物理地址不同。主存储器有两个或更多的 512B 的段，信息存储器有两个 128B 的段。每一段又进一步分为长度为 64B 的块，块的起始地址为 0xx00H、0xx40H、0xx80H、0xxC0H，结束地址为 0xx3FH、0xx7FH、0xxBFH、0xxFFH。图 3-9 是以 4KB Flash 存储器为例的分段示意图。

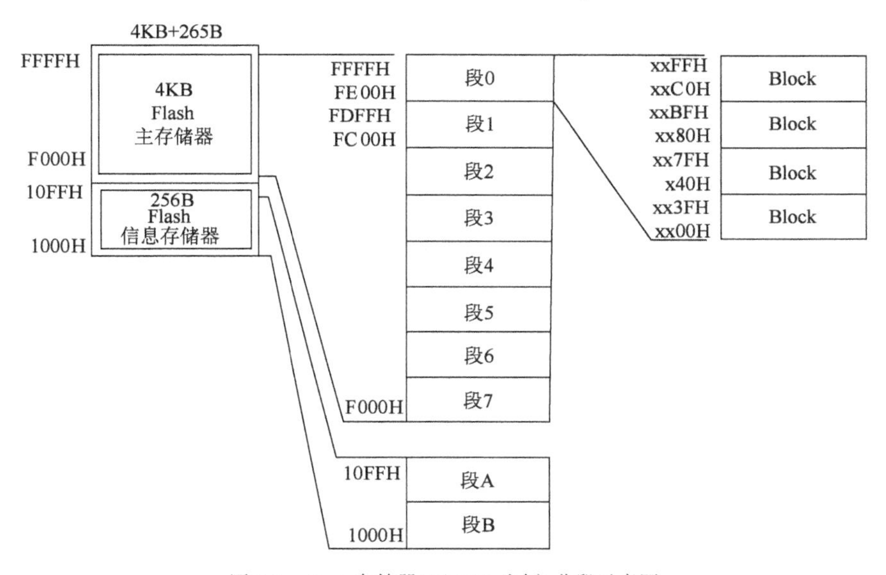

图 3-9 Flash 存储器（以 4KB 为例）分段示意图

3.3.3 Flash 操作

由于 Flash 存储器由很多相对独立的段组成，因此可在一个段中运行程序，而对另一个段进行擦除或写入数据等操作。如果程序的运行和擦除或编程的段为同一段，则设置标志位 BUSY = 1，使得 CPU 挂起，直至编程周期结束，标志位 BUSY = 0 时为止，这时才能继续 CPU 的运行,执行下一条指令。正在执行编程或擦除等操作的 Flash 段是不能被访问的,因为这时该段是与片内地址数据总线暂时断开的。

对 Flash 模块的操作可分为 3 类:擦除、写入及读出,而擦除又可分为单段擦除和整个模块擦除;写入可分为字写入、字节写入、字连续写入和字节连续写入,同时也可分为经过 JTAG 接口的访问与用户程序的访问。

(1)擦除操作

对 Flash 写入数据,必须先擦除相应的段。对 Flash 存储器的擦除必须是整段地进行,可以一段一段地擦除,也可以多段一起擦除,但不能一个字节或一个字地擦除,擦除之后各位为 1。写入和读出是按字或字节进行操作的。同时,对 Flash 存储器进行擦除或写入时不能对其进行访问。

擦除操作的顺序如下:

①选择适当的时钟源和分频因子,为时序发生器提供正确时钟输入。

②如果 LOCK = 1,则将它复位。

③监视 BUSY 标志位,只有当 BUSY = 0 时才可以执行下一步,否则一直监视 BUSY。

④如果擦除一段,则设置 ERASE = 1。

⑤如果擦除多段,则设置 MERAS = 1。

⑥如果整个 Flash 全擦除,则设置 ERASE = 1,同时 MERAS = 1。

⑦对擦除的地址范围内任意位置做一次空写入,用以启动擦除操作。如果空写的地址不在执行擦除操作的段地址范围内,则写入操作不起作用。

擦除操作在满足下列条件时才能正确完成:

①在擦除周期,选择的时钟源始终有效。

②在擦除周期,不修改分频因子,如果时钟源或分频因子改变,容易引起 Flash 擦除时序的失控。

③在 BUSY = 1 期间不访问所操作的段,否则 KEYV 置位,并产生 NMI 中断,在中断服务程序中做相应的处理。

④电源电压应符合芯片的相应要求,只允许有较小的容差。电压的跌落容易使电压超出正常的范围,而不能完成操作。

对 Flash 的擦除需要做 4 件事情:

①对 Flash 控制寄存器写入适当的控制位。

②监视 BUSY 位。

③空写一次。

④等待。

擦除周期如图 3-10 所示。

擦除开始时,Flash 模块需要产生适当的时序信号和正确的编程电压,然后由时序发生器控制整个擦除过程,擦除完毕时编程电压撤销。

(2)Flash 编程操作

Flash 存储器主要用于保存用户程序或重要的数据、信息等一些掉电后不丢失的数据,只有通过对 Flash 的编程操作,才能将这些数据写入 Flash 存储器。有两种方式可以对 Flash 编程:单个字或字节写入、多个字或字节顺序写入或块写入。

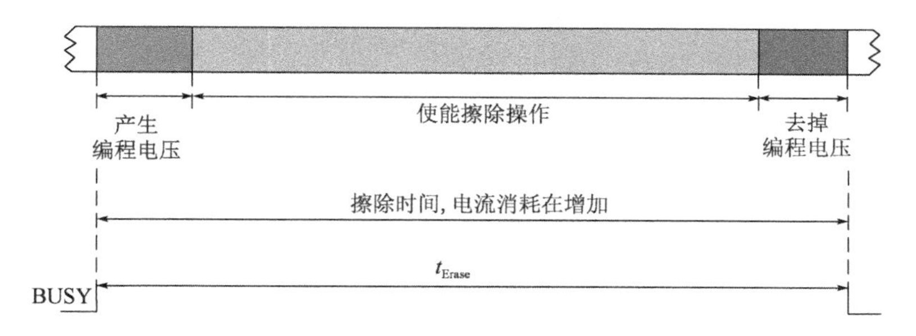

图 3-10 擦除周期

对 Flash 编程按如下顺序进行：

①选择适当的时钟源以及合适的分频因子。

②如果 LOCK = 1，将它复位。

③监视 BUSY 位，直到 BUSY = 0 时才可执行下一步。

④如果写入单字或单字节，则设置 WRT = 1。

⑤如果是块写入或多字、多字节顺序写入，则设置 WRT = 1、BLKWRT = 1。

⑥将数据写入选定地址时启动时序发生器，在时序发生器的控制下完成整个过程。

块写入可用于在 Flash 段中的一个连续的存储区域写入一系列数据。一个块的长度为 64B，如图 3-11 所示。

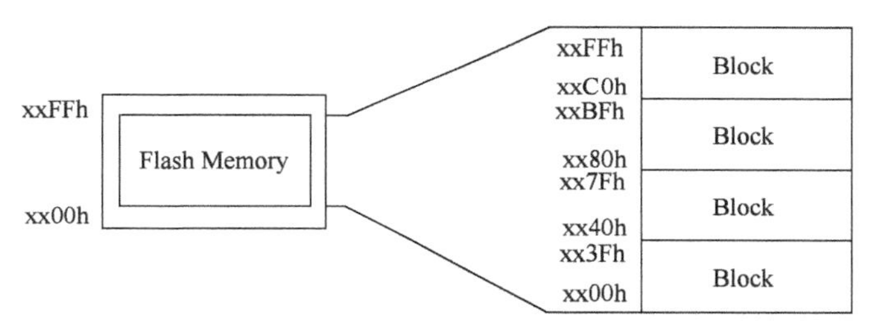

图 3-11 Flash 块

块开始在 0xx00H、0xx40H、0xx80H、0xxC0H 等地址，块结束在 0xx3FH、0xx7FH、0xxBFH、0xxFFH 等地址。可以写入连续数据的存储器块为 0xx00H ~ 0xx3FH、0xx40H ~ 0xx7FH、0xx80H ~ 0xxBFH、0xxC0H ~ 0xxFFH。

块写操作在 64B 的分界处需要特殊的软件支持：

①等待 WAIT 位，直到 WAIT = 1，表明最后一个字或字节写操作结束。

②将控制位 BLKWRT 复位。

③保持 BUSY 位为 1，直到编程电压撤离 Flash 模块。

④在新块被编程之前，等待 trcv（编程电压恢复时间）时间。

在写周期中，必须保证满足以下条件：

①被选择的时钟源在写过程中保持有效。

②分频因子不发生改变。

③在 BUSY = 1 期间，不访问 Flash 存储器模块。

对 Flash 的写入要做 4 件事情：

①对 Flash 控制寄存器写入适当的控制位。

②监视 BUSY 位。

③写一个数据。

④继续写直到写完。

单字或单字节写入与块写入的控制时序是不一样的，如图 3-12 和图 3-13 所示。

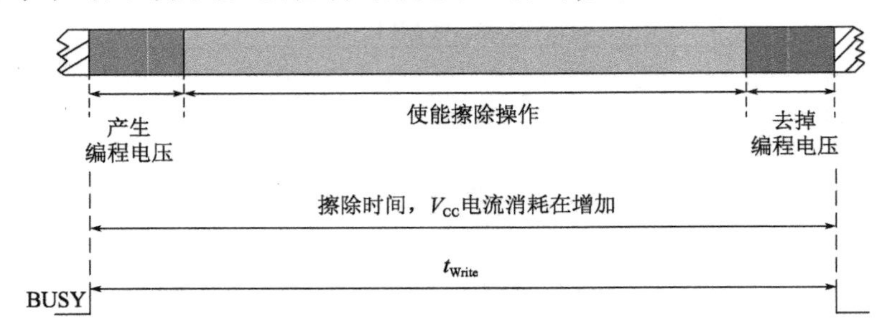

图 3-12　单字或单字节写入周期

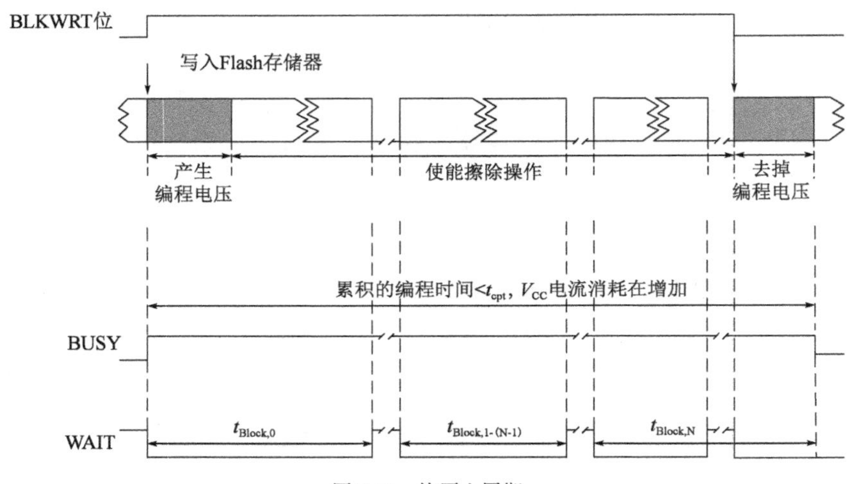

图 3-13　块写入周期

（3）Flash 错误操作的处理

在写入 Flash 控制寄存器控制参数时，可能引发一些错误，相关错误及处理方法介绍如下：

①如果写入高字节口令码错误，则引发 PUC 信号：小心操作可以避免。

②在对 Flash 操作期间读 Flash 内容，会引发 ACCVIFG 状态位的设置：小心操作可以避免。

③因为 Flash 操作需要较长的时间，如果这时看门狗定时器的定时时间到，则看门狗定时器溢出：建议用户在进行 Flash 操作之前先停掉看门狗定时器，等操作结束之后再打开。

④所有 Flash 类型的 MSP430 器件的 0 段都包含有中断向量等重要的程序代码，如果对其进行擦除操作，将会引起严重的后果：建议用户在进行 Flash 操作之前，先将该段的重要数据（或程序代码）保存到 RAM 中或写入到其他暂时未用的段中，等待该段操作完毕后再还原那些数据（或程序代码），同时，一定不要使正在执行的程序处在正要被擦除的段中，也不要在 Flash 操作期间允许中断的发生。

（4）Flash 操作小结

对 Flash 模块的操作有 3 种：读、写及擦除。读可使用各种寻址方式，借助指令就可轻松完成。擦除与写入需要按其固有的操作过程,通过控制 Flash 的 3 个控制字中的相应位来完成,只有控制位的唯一组合才能实现相应的功能。在表 3-6 以外的控制位组合下操作 Flash 模块会引起非法访问,将标志位 ACCVIFG 置位。在表中所列各功能被执行期间(BUSY = 1),对 Flash 进行读操作,数据都是不对的,这时出现在数据总线的数总是 3FFFH。

Flash 模块在 POR 信号之后,处于默认的读模式,无需对控制位作任何操作,就可读出其中数据。

3.3.4 Flash 存储器寄存器

Flash 编程、擦除等操作首先要对 3 个控制寄存器(FCTL1、FCTL2 及 FCTL3)进行设置,为了防止编程和擦除周期出现错误,应使用安全键值,错误的口令将产生非屏蔽中断请求。安全键值位于每个控制字的高字节,读时为 96h,写时为 A5h。

(1)FCTL1(控制寄存器 1)

FCTL1 为 16 位寄存器,地址 0128H,该寄存器定义了 Flash 模块的擦除和编程操作的控制位,各位定义如下:

15…8	7	6	5	4	3	2	1	0
安全键值	BLKWRT	WRT	保留	保留	保留	MERAS	ERASE	保留
rw -0	rw -0	r -0	r -0	r -0	rw -0	rw -0	r -0	r -0

安全键值　Bit 15 ~8　该字段读出的内容总是 96H,写入时必须为 A5H,否则会引起 PUC 复位。

BLKWRT　Bit 7　块写模式位。如果有较多的连续数据要编程到某一段或某几段,则可选择这种方式,这样可以缩短编程时间。当 EMEX 置位时,BLKWRT 自动复位。在一段程序写入完毕,在编程其他段时,需对该位先复位再置位,在下一段指令执行前 WAIT 位应为 1。

0:块写模式关闭。

1:块写模式开启。

WRT　Bit 6　写模式使能位。

0:写模式关闭。为 0 时对 Flash 写操作,非法访问,ACCVIFG 位置位。

1:写模式开启。

MERAS　Bit 2　主存控制擦除位。

0:不擦除。

1:主存全擦除,对主存空写时启动擦除操作,操作完成后 MERAS 自动复位。

ERASE　Bit 1　擦除一段控制位。

0:不擦除。

1:擦除一段。由空写指令带入段号来指定擦除哪一段,操作完成后自动复位。

在实际对 Flash 进行操作时,BLKWRT、WRT、MERAS 和 ERASE 组合用来控制擦写操作。表 3-6 给出了各控制位与擦写操作的关系。

擦写操作关系表　　表 3-6

BLKWRT	WRT	写入操作	MERAS	ERASE	擦除操作
X	0	写模式关闭	0	0	不擦除
0	1	字节/字写入	0	1	只擦除单个段
1	1	块写入	1	0	擦除所有的主程序段
			1	1	擦除所有的主程序段和信息段

(2)FCTL2 控制寄存器 2

FCTL2 为 16 位寄存器,地址 012AH,该寄存器定义了 Flash 模块的擦除和编程操作所需要的时钟,各位定义如下:

15 … 8	7　　6	5　　0
安全键值	FSSELx	FNx
	rw－0　rw－1	rw－0

安全键值　Bit 15～8　该字段读出的内容总是 96H,写入时必须为 A5H,否则会引 PUC 复位。

FSSELx　Bit 7～6　这两位用来定义 Flash 模块控制器时钟源的选择。复位值 01。

00:ACLK　　10:SMCLK

01:MCLK　　11:SMCLK

FNx　Bit 5～0　此 6 位定义了时钟分频系数。分频系数为 FNx 的值加 1。当 FNx＝00H,分频系数为 1;当 FNx＝03FH,分频系数为 64。

(3)FCTL3 控制寄存器 3

FCTL3 为 16 位寄存器,地址 012CH,该寄存器用于控制 Flash 存储器操作,保存相应的状态标志和错误条件,其各位定义如下:

15 … 8	7	6	5	4	3	2	1	0
安全键值	保留	保留	EMEX	LOCK	WAIT	ACCVIFG	KEYV	BUSY
	r－0	r－0	rw－0	rw－1	r－1	rw－0	rw－(0)	rw－(0)

在 PUC 期间,其控制位置位或者复位 WAIT,但在 POR 期间 KEYV 被复位。

安全键值　Bit 15～8　该字段读出的内容总是 96H,写入时必须为 A5H,否则会引 PUC 复位。

EMEX　Bit 5　紧急退出位。Flash 操作发生错误时置位该位,紧急退出操作。

0:无紧急退出。

1:紧急退出。

LOCK	Bit 4	锁定位。控制是否对 Flash 存储器加锁。在字节/字写入或擦除期间,置位该位,使操作正常结束。在块编程模式,若 BLKWRT = WART = 1,置位 LOCK,则 BLKWRT 和 WART 都将复位,块编程模式结束。如果在块编程模式中发生非法访问,则 ACCVIFG 和 LOCK 将置位。 0:不加锁,允许对 Flash 操作。 1:加锁,禁止对 Flash 操作。
WART	Bit 3	等待指示位。该位指示 Flash 正在进行写操作,该位为只读。 0:Flash 正在操作,不能进行下一字节/字写操作。 1:Flash 完成当前操作,可以进行下一字节/字写操作。
ACCVIFG	Bit 2	非法访问中断标志位。该位只能软件清零。 0:没有对 Flash 存储器的非法访问中断。 1:有对 Flash 存储器的非法访问中断。
KEYV	Bit 1	安全键值出错误标志。 0:安全键值正确。 1:安全键值错误。
BUSY	Bit 0	忙标志位。该位表示 Flash 时序发生器当前状态,Flash 操作启动时该位自动置 1,操作完成后自动复位。用户在 Flash 操作之前要检查该位。 0:不忙。 1:忙。

3.4 基础时钟模块

时钟模块是 MSP430 单片机中最为关键的部件。通过时钟模块可以在低功耗和性能之间寻求最佳的平衡点,能为单芯片系统与超低功耗系统设计提供灵活的实现手段。

3.4.1 时钟模块结构

MSP430F249 单片机的基础时钟模块结构如图 3-14 所示。

从图 3-14 可以看出,MSP430F249 基础时钟模块有 4 个时钟源。

①LFXT1CLK:低频/高频时钟源。由 32kHz 晶体、标准晶体或陶瓷谐振器、外部 400kHz ~ 16MHz 的时钟源产生。

②XT2CLK:高频时钟源。由标准晶体或陶瓷谐振器、外部 400kHz ~ 16MHz 的时钟源产生。

③DCOCLK:片内数字可控的 RC 振荡器。

④VLOCLK:内部可提供 12kHz 的低频低功耗振荡器。

基础时钟模块可提供 3 种时钟信号。

①MCLK:主时钟。MCLK 可由软件选择来自 LFXT1CLK、XT2CLK、DCOCLK、VLOCLK 之一的时钟信号。MCLK 由 1、2、4、8 分频得到。MCLK 主要用于 CPU 和高速外围模块。

②SMCLK:子系统时钟。可由软件选择来自 LFXT1CLK、XT2CLK、DCOCLK、VLOCLK 之一的时钟信号,然后经 1、2、4、8 分频得到。SMCLK 主要用于高速外围模块。

③ACLK:辅助时钟。由 LFXT1CLK 信号经 1、2、4、8 分频得到。ACLK 可由软件选作各个外围模块的时钟信号,一般用于低速外设。

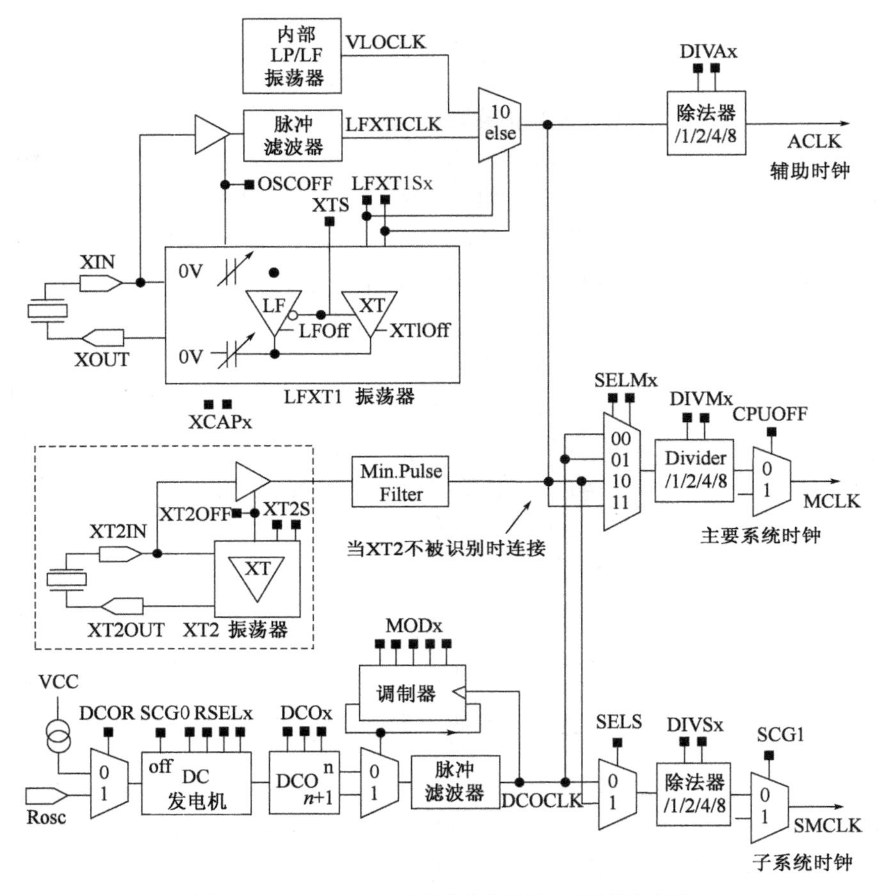

图 3-14　MSP430F249 系列单片机的基础时钟模块结构

3.4.2　时钟模块控制

系统复位后,MCLK 和 SMCLK 由 DCO 提供,ACLK 由 LFXT1 提供。

状态寄存器中的位 SCG0、SCG1、OSCOFF 和 CPUOFF 可用来设定 MSP430 的工作模式和使能或禁止部分基础时钟模块。DCOCTL、BCSCTL1、BCSCTL2 和 BCSCTL3 寄存器用于对基础时钟模块进行控制。下面分别对 VLO、LFXT1、XT2 和 DCO 进行介绍。

(1)VLO 振荡器

内部的超低功耗、低频率振荡器(VLO)不需要晶振就能提供 12kHz 的频率。VLOCLK 在 XTS＝0 时通过设置 LFXT1Sx＝10 来选择。OSCOFF 位在 LPM4 模式下可禁用 VLO。当 VLO 被选作低功耗时,LFXT1 被禁止。VLO 在不使用时不消耗能量。

(2)LFXT1 振荡器

低频振荡器 LFXT1 的结构如图 3-15 所示。LFXT1 支持超低功耗,它在低频模式下(XTS = 0)使用一个 32768Hz 的晶振。晶振只需经过 XIN 和 XOUT 两个引脚连接,不需要其他外部部件。LFXT1 振荡器也可以通过外接高速晶体振荡器或陶瓷谐振器工作在高频模式,这时两个引脚还要外接电容,电容大小根据晶体或谐振器特性来选择。

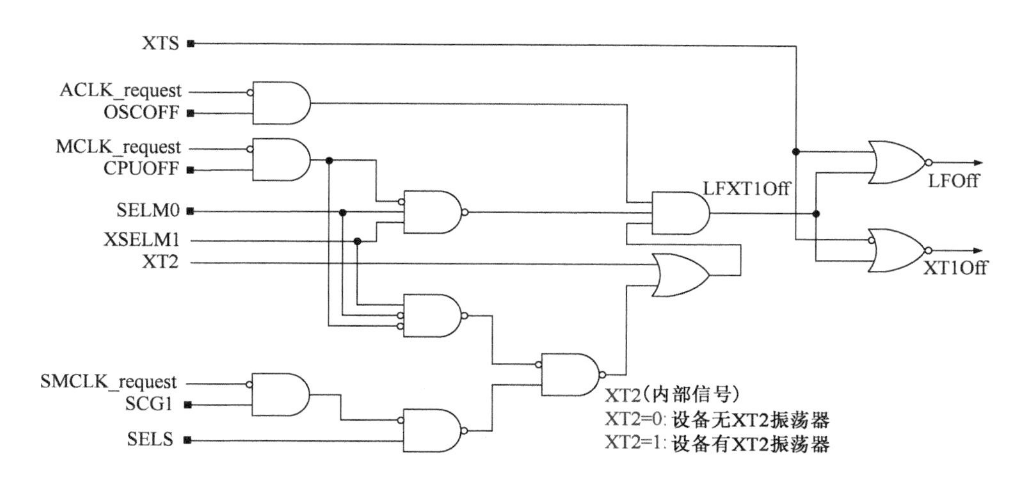

图 3-15 LFXT1 振荡器

LFXT1 振荡器在发生有效 PUC 信号后开始工作,一次有效 PUC 信号可以将 SR 寄存器中的 OSCOFF 位复位,即允许 LFXT1 工作,如果 LFXT1CLK 信号没有用作 SMCLK 或 MCLK 时钟信号,可以用软件将 OSCOFF 置位以禁止 LFXT1 工作。

(3)XT2 振荡器

高频振荡器 XT2 的结构如图 3-16 所示。XT2 为 XT2CLK 提供时钟源,特性与 LFXT1 振荡器工作在高频模式下相同。如果 XT2CLK 信号没有用作 MCLK 或 SMCLK 时钟信号,可用 XT2OFF 关闭 XT2。

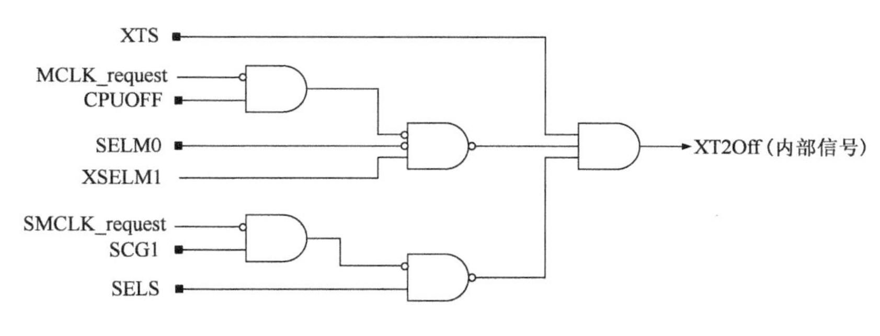

图 3-16 XT2 振荡器

(4)DCO 振荡器

DCO 振荡器的结构如图 3-17 所示。DCO 振荡器是一个内置的数字可控的 RC 振荡器,它的频率随供电电压、环境温度的变化而具有一定的不稳定性,MSP430 可通过软件设置 DCOx、MODx 和 RSLEx 等位来调整其频率,从而提高它的稳定性。

当 DCO 没有用作 MCLK 或 SMCLK 时钟信号时,可用 SCG0 位使 DCOCLK 失效。

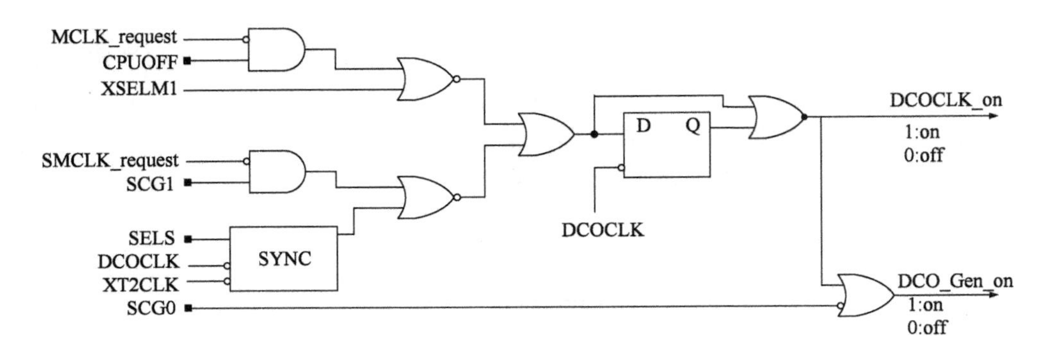

图 3-17　DCO 振荡器

3.4.3　时钟模块的寄存器

基础时钟模块的寄存器见表 3-7。

基础时钟模块的寄存器　　表 3-7

寄　存　器	缩　　写	寄存器类型	地　　址	初 始 状 态
DCO 控制寄存器	DCOCTL	读/写	056H	060H
基础时钟系统控制寄存器 1	BCSCTL1	读/写	057H	087H
基础时钟系统控制寄存器 2	BCSCTL2	读/写	058H	复位
基础时钟系统控制寄存器 3	BCSCTL3	读/写	059H	005H
SFR 中断使能寄存器 1	IE1	读/写	000H	复位
SFR 中断标志寄存器 1	IFG1	读/写	002H	复位

(1) DCOCTL DCO 控制寄存器

DCOCTL 寄存器各个位定义与说明如下：

7	6	5	4	3	2	1	0
DCOx			MODx				
rw－0	rw－1	rw－1	rw－0	rw－0	rw－0	rw－0	rw－0

DCOx　Bit 7～5　定义 8 种频率之一，可分段调节 DCOCLK 频率，相邻两种频率相差 10%。而频率由注入直流发生器的电流定义。

MODx　Bit 4～0　定义在 32 个 DCO 周期中插入的 f_{DCO+} 周期个数，而在余下的 DCO 周期中为 f_{DCO} 周期，控制切换 DCO 和 DCO＋1 选择的两种频率。如果 DCO 常数为 7，表示已经选择最高频率，此时不能利用 MODx 进行频率调整。

(2) BCSCTL1 基础时钟系统控制寄存器 1

BCSCTL1 寄存器各个位定义与说明如下：

7	6	5	4	3	2	1	0
XT2OFF	XTS	DIVAx		RSELx			
rw - 0	rw - 0	rw - 0	rw - 0	rw - 0	rw - 0	rw - 0	rw - 0

XT2OFF　Bit 7　XT2 振荡器的开启与关闭。
0:XT2 开启。
1:如果不被 MCLK 或 SMCLK 使用,XT2 关闭。

XTS　Bit 6　LFXT1 模式选择。
D0:低频模式。
1:高频模式。

DIVAx　Bit 5 ~ 4　ACLK 分频。
00:1 分频。
01:2 分频。
10:4 分频。
11:8 分频。

RSELx　Bit 3 ~ 0　范围选择。16 种不同频率范围可供选择。通过设置 RSELx = 0 来选择最低频率。当 DCOR = 1 时,忽略 RSEL3。

(3)BCSCTL2 基础时钟系统控制寄存器 2

BCSCTL2 寄存器各个位定义与说明如下:

7	6	5	4	3	2	1	0
SELMx		DIVMx		SELS	DIVSx		DCO(1)(2)
rw - 0	rw - 0	rw - 0	rw - 0	rw - 0	rw - 0	rw - 0	rw - 0

SELMx　Bit 7 ~ 6　选择 MCLK 的时钟源。
00:DCOCLK。
01:DCOCLK。
10:当 XT2 振荡器在片内时采用 XT2CLK;当 XT2 振荡器不在片内时采用 LFXT1CLK 或 VLOCLK。
11:LFXT1CLK 或 VLOCLK。

DIVMx　Bit 5 ~ 4　MCLK 分频。
00:1 分频。
01:2 分频。
10:4 分频。
11:8 分频。

SELS　Bit 3　位选择 SMCLK 的时钟源。
0:DCOCLK。
1:当 XT2 振荡器在片内时采用 XT2CLK;当 XT2 振荡器不在片内时采用 LFXT1CLK 或 VLOCLK。

DIVSx	Bit 2 ~ 1	SMCLK 分频。 00:1 分频。 01:2 分频。 10:4 分频。 11:8 分频。
DCOR	Bit 0	DCO 电阻选择。 0:内部电阻。 1:外部电阻。

(4)BCSCTL3 基础时钟系统控制寄存器 3

BCSCTL3 寄存器各个位定义与说明如下:

7	6	5	4	3	2	1	0
XT2Sx		LFXT1Sx		XCAPx		XT2OF	LFXT1OF
rw-0	rw-0	rw-0	rw-0	rw-0	rw-1	r-0	r-1

XT2Sx	Bit 7 ~ 6	选择 XT2 的频率范围。 00:0.4 ~ 1MHz 晶体或振荡器。 01:1 ~ 3MHz 晶体或振荡器。 10:3 ~ 16MHz 晶体或振荡器。 11:0.4 ~ 16MHz 外部数字时钟源。
LFXT1Sx	Bit 5 ~ 4	低频时钟选择和 LFXT1 范围选择。当 XTS = 0 时,在 LFXT1 和 VLO 之间选择。 00:LFXT1 上的 32768Hz 晶体。 01:保留。 10:VLOCLK(MSP430X21X1 产品上保留)。 11:外部数字时钟信号源。
XCAPx	Bit 3 ~ 2	振荡器电容选择。当 XTS = 0 时,这些位选择 LFXT1 晶体的有效电容;如果 XTS = 1 或 LFCT1Sx = 11,XCAPx 为 00。 00: ~ 1pF。 01: ~ 6pF。 10: ~ 10pF。 11: ~ 12.5pF。
XT2OF	Bit 1	XT2 振荡器失效。 0:不存在失效条件。 1:存在失效条件。
LFXT1OF	Bit 0	LFXT1 振荡器失效。 0:不存在失效条件。 1:存在失效条件。

(5)IE1 中断使能寄存器 1

IE1 寄存器各个位定义与说明如下：

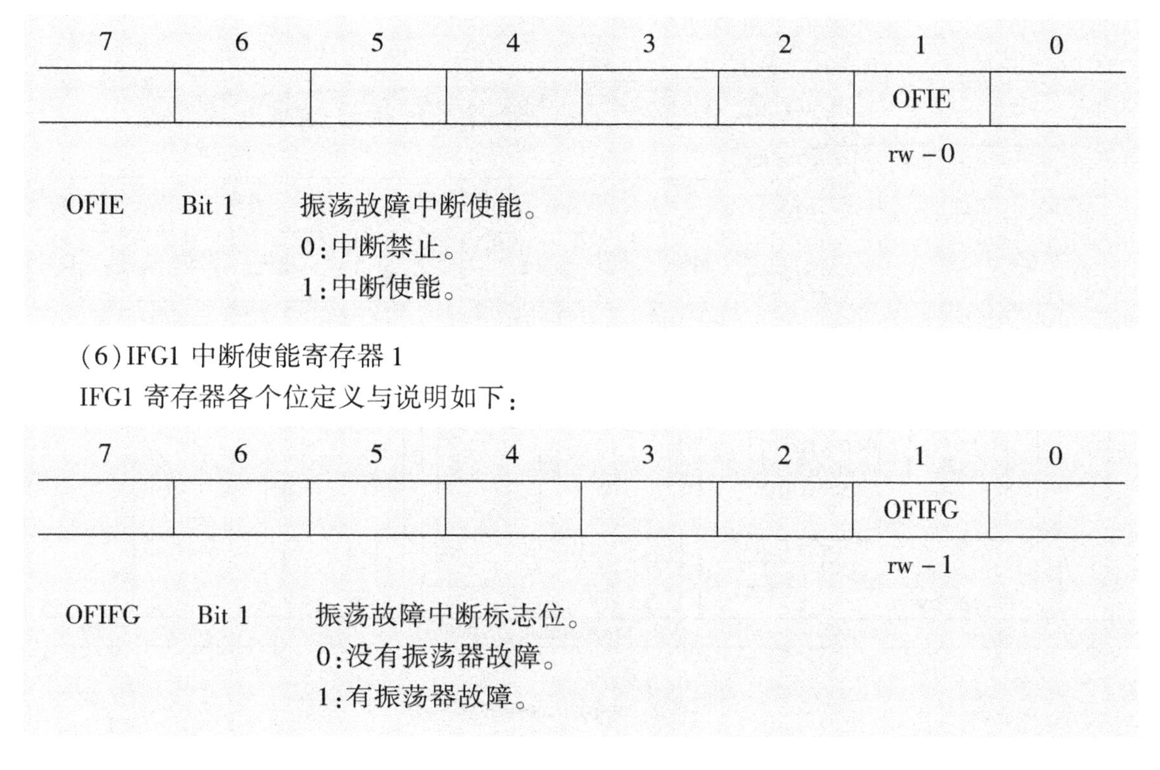

7	6	5	4	3	2	1	0
						OFIE	
						rw－0	

OFIE　Bit 1　振荡故障中断使能。

0：中断禁止。

1：中断使能。

(6)IFG1 中断使能寄存器 1

IFG1 寄存器各个位定义与说明如下：

7	6	5	4	3	2	1	0
						OFIFG	
						rw－1	

OFIFG　Bit 1　振荡故障中断标志位。

0：没有振荡器故障。

1：有振荡器故障。

3.5　中断和特殊功能寄存器

3.5.1　中断的结构和类型特点

CPU 在处理事件 A 时，若发生事件 B 请求 CPU 迅速去处理(中断发生)，CPU 暂停当前工作，保护现场，转而处理事件 B(中断响应与中断服务)。CPU 处理完事件 B，再回到事件 A 断点处继续处理 A(中断返回)，这整个过程称为中断。中断机制是单片机完成实时处理的重要保障，有效地利用中断可以简化程序和提高执行效率。

MSP430 单片机有完善的中断机制，中断资源丰富(大部分 MSP430 外围模块都能产生中断)。MSP430 在 CPU 空闲时进入低功耗模式，事件发生时，通过中断唤醒 CPU，事件处理完毕后，CPU 再次进入低功耗状态。中断结构如图 3-18 所示。

MSP430 中断源很多，每个中断源都有指定的优先级，离 CPU 越近的模块，其优先级越高。当多个中断来临时，优先级高的中断先被响应。

MSP430 中断分为以下 3 种：

1)系统复位

上电时，$\overline{RST}$/NMI 引脚配置为复位模式(在看门狗控制寄存器 WDTCTL 中选择设置$\overline{RST}$/

NMI 引脚功能）。若$\overline{RST}$/NMI 引脚被设置为复位功能，则该引脚处于低电平时 CPU 保持复位状态，当转为高电平时，CPU 从复位向量 0FFFEH 所指向的地址开始运行。

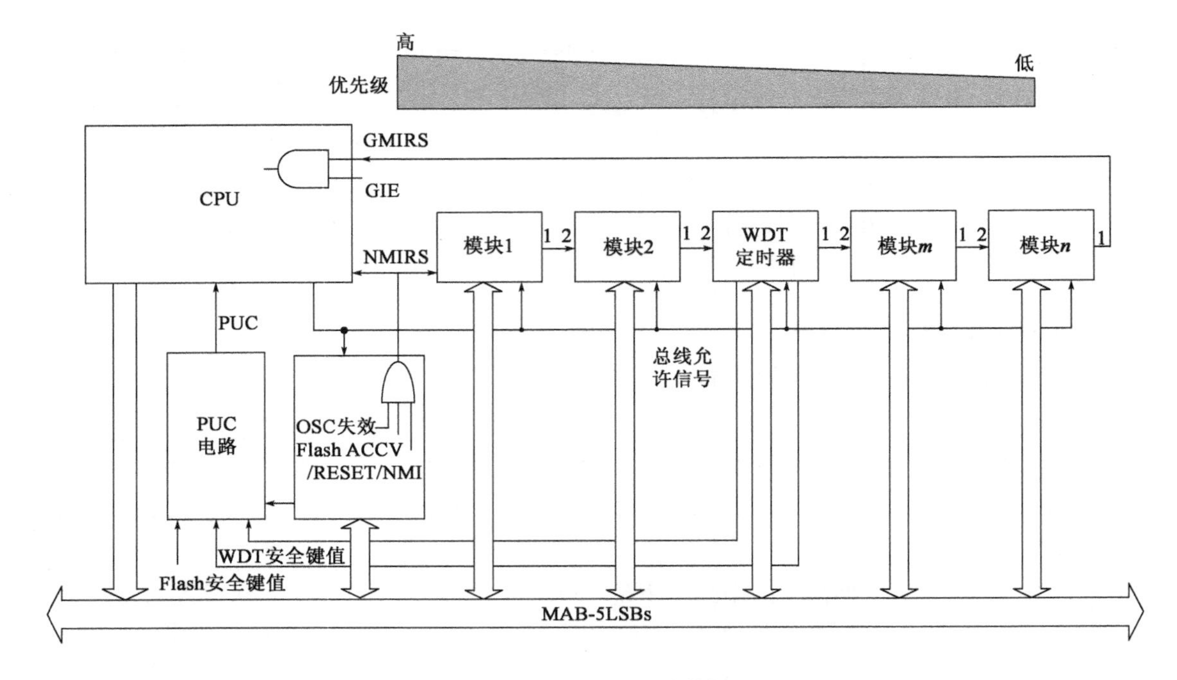

图 3-18　MSP430 的中断结构

2）不可屏蔽中断

不可屏蔽中断不能总被中断使能位（GIE）所屏蔽，但可由单独的中断使能位（OFIE、NMIE、ACCVIE）来控制。NMI 是多源中断，系统可根据相应的标志来判断实际中断源。当接收到 NMI 中断时，所有 NMI 使能位（OFIE、NMIE、ACCVIE）都会被自动复位，用户必须在中断服务程序中设置所需 NMI 中断使能位，以便 NMI 能再次响应。但需要特别注意的是，置位相应 NMI 使能位后必须立刻退出中断服务程序，否则会再次触发中断，导致中断嵌套，最后以至于堆栈溢出，程序执行结果将无法预料。NMI 到来之后，程序从 NMI 中断的中断向量 0FFFCH 存储的地址开始运行。以下 3 种中断源不可屏蔽：

（1）当配置为 NMI 模式时，$\overline{RST}$/NMI 引脚边沿信号。$\overline{RST}$/NMI 引脚被配置为不可屏蔽中断，若置位 NMIIE（允许），当 WDTNMIES 选择的信号边沿到来，将产生 NMI 中断。$\overline{RST}$/NMI 的标志位 NMIIFG 将会被置 1。

需要注意以下两点：

①在 NMI 模式下，产生 NMI 事件的信号不会拉低$\overline{RST}$/NMI 引脚电平。如果其他信号源产生 PUC 复位时，$\overline{RST}$/NMI 引脚被拉低，设备将处于复位状态（PUC 信号使$\overline{RST}$/NMI 引脚变为复位模式）。

②在 NMI 模式下，WDTNMIES 位改变，NMI 是否产生中断取决于$\overline{RST}$/NMI 引脚实际电平。如果 NMI 边沿选择位更改早于选择 NMI 模式，则不产生 NMI 中断。

（2）振荡器失效。晶振失效则产生振荡器错误信号置位 OFIE（允许）将能够使振荡器发生错误时产生一个 NMI 中断。NMI 中断服务程序可以通过检查 OFIFG 位来判断 NMI 中断是否由振荡器引起,PUC 信号可能触发一个振荡器错误。

(3)错误使用 Flash。Flash 发生存取冲突时,ACCVIFG 位会被置 1。若置位 ACCVIE(允许)发生 Flash 存取冲突时,则产生 NMI 中断。NMI 中断服务程序可以检查 ACCVIFG 位来判断 NMI 中断是否由 Flash 存取冲突引起。

3)可屏蔽中断

可屏蔽中断的中断来自外围模块,如定时器、看门狗、外部中断、AD 等,都可以产生中断。每一种中断既可以被对应的中断控制位屏蔽,也可以被全局中断控制位屏蔽。

3.5.2 中断响应过程

中断响应的过程如下:

(1)完成当前指令(若 CPU 处于活动状态)或退出低功耗状态(若 CPU 处于低功耗状态)。

(2)保护现场:下一条指令的 PC 值压入堆栈,状态寄存器 SR 值压入堆栈。

(3)多中断源时,响应最高优先级中断。

(4)单中断源的中断请求标志位自动复位,多中断源的标志位保持,等待软件复位。

(5)SR 状态寄存器中的 GIE、CPUOFF、OSCOFF、SCG1、V、N、Z、C 位复位。

(6)相应的中断向量值装入 PC 寄存器,程序从此地址开始执行。

(7)若允许中断嵌套,则打开总中断允许 SR. GIE 位,否则保持其复位状态。

(8)中断返回。

①若需要重新开启中断,则打开总中断允许位。

②恢复现场:弹栈 SR、PC 值。若响应中断前 CPU 处于低功耗模式,恢复低功耗模式;若响应中断前 CPU 处于活动模式,则从恢复的 PC 地址继续执行程序。

3.5.3 中断的嵌套

多个中断源请求发生时,CPU 首先响应最高优先级中断。中断响应后,自动关闭总中断(GIE 复位),则不会响应其他中断。在中断服务程序中打开总中断,才可产生中断嵌套。

实现中断嵌套需要注意以下几点:

(1)多个中断同时到来,按优先级来执行,即中断优先级只体现在多个中断同时到来时,高优先级先响应。

(2)对于单源中断,只要响应中断,系统硬件自动清除中断标志位;对于多中断源的标志位保持,需软件复位(对于定时器的比较/捕获中断,只要访问 TAIV/TBIV,标志位被自动清除)。

3.5.4 中断向量和特殊功能寄存器

1)中断向量

中断向量包含了 16 位中断服务程序入口地址,当有中断产生时,程序自动转向中断向量所指向的中断服务程序入口地址,执行中断服务程序。如表 3-8 所示为 MSP430F249 中断向量表。

MSP430F249 的中断向量表 表 3-8

中断源	中断标志	系统中断	字地址	优先级
上电、外部复位、看门狗、Flash Key Violation、PC Out of Range	PORIFG、RSTIFG、WDTIFG、KEYV	复位	0FFFEH	31,最高
NMI 振荡器故障 Flash 非法访问	NMIIFG、OFIFG、ACCVIFG	(非) 可屏蔽	0FFFCH	30
Timer_B7	TBCCR0 CCIFG	可屏蔽	0FFFAH	29
Timer_B7	TBCCR1 ~ TBCCR6 CCIFGs, TBIFG	可屏蔽	0FFF8H	28
Comparator_A +	CAIFG	可屏蔽	0FFF6H	27
Watchdog timer +	WDTIFG	可屏蔽	0FFF4H	26
Timer_A3	TACCR0 CCIFG	可屏蔽	0FFF2H	25
Timer_A3	TACCR1 CCIFG TACCR2 CCIFG TAIFG	可屏蔽	0FFF0H	24
USCI_A0/USCI_B0 接收 USCI_B0 I²C 状态	UCA0RXIFG, UCB0RXIFG	可屏蔽	0FFEEH	23
USCI_A0/USCI_B0 发送 USCI_B0 I²C 接收/发送	UCA0TXIFG, UCB0TXIFG	可屏蔽	0FFECH	22
ADC12	ADC12IFG	可屏蔽	0FFEAH	21
			0FFE8H	20
I/O 端口 P2	P2IFG.0 ~ P2IFG.7	可屏蔽	0FFE6H	19
I/O 端口 P1	P1IFG.0 ~ P1IFG.7	可屏蔽	0FFE4H	18
USCI_A1/USCI_B1 接收 USCI_B1 I²C 状态	UCA1RXIFG, UCB1RXIFG	可屏蔽	0FFE2H	17
USCI_A1/USCI_B1 发送 USCI_B1 I²C 接收/发送	UCA1TXIFG, UCB1TXIFG	可屏蔽	0FFE0H	16
保留	保留	—	0FFDEH ~ 0FFC0H	15 ~ 0,最低

2)相关寄存器

与中断相关的 SFR 有以下几种:

(1) IE1 中断使能寄存器 1

中断使能寄存器 1 为 8 位寄存器,地址为 00H,它使能某些模块中断,其各位定义如下:

7	6	5	4	3	2	1	0
UTXIE0	URXIE0	ACCVIE	NMIE			OFIE	WDTIE
rw -0	rw -0	rw -0	rw -0			rw -0	rw -0

UTXIE0	Bit 7	USART0:UART 和 SPI 发送中断使能信号。
URXIE0	Bit 6	USART0:UART 和 SPI 接收中断使能信号。
ACCVIE	Bit 5	Flash 访问错误中断使能信号。
NMIE	Bit 4	非屏蔽中断使能信号。
OFIE	Bit 1	振荡器故障中断使能信号。
WDTIE	Bit 0	看门狗定时器中断使能信号。

(2) IE2 中断使能寄存器 2

中断使能寄存器 2 为 8 位寄存器,地址为 01H,它使能某些模块中断,分配如下:

7	6	5	4	3	2	1	0
		UTXIE1	URXIE1				
		rw -0	rw -0				

UTXIE1	Bit 5	USART1:UART 和 SPI 发送中断使能信号。
URXIE1	Bit 4	USART1:UART 和 SPI 接收中断使能信号。

(3) IF1 中断标志寄存器 1

中断标志寄存器 1 为 8 位寄存器,地址为 02H,指示相应模块中断标志,其各位定义如下:

7	6	5	4	3	2	1	0
UTXIFG0	URXIFG0		NMIIFG			OFIFG	WDTIFG
rw -1	rw -0		rw -0			rw -1	rw -0

UTXIFG0	Bit 7	USART0:UART 和 SPI 发送中断使能信号。
URXIFG0	Bit 6	USART0:UART 和 SPI 接收中断使能信号。
NMIIFG	Bit 4	通过$\overline{RST}$/NMI 引脚设置。
OFIFG	Bit 1	振荡器失效标志位。
WDTIFG	Bit 0	溢出或安全值错误;V_{CC}上电复位;$\overline{RST}$/NMI 在复位模式下满足复位条件。

(4)IF2 中断标志寄存器2

中断标志寄存器2为8位寄存器,地址为03H,指示相应模块的中断标志位,其各位定义如下:

7	6	5	4	3	2	1	0
		UTXIFG1	URXIFG1				
		rw - 1	rw - 0				

UTXIFG1　Bit 5　USART1:UART 和 SPI 发送标志位。

URXIFG1　Bit 4　USART1:UART 和 SPI 接收标志位。

3.6　电源监测模块

3.6.1　电源监测模块概述

电源监测模块(简称 SVS 模块或 SVS)用于监控 AV_{CC}供电电压或 SVSIN 输入端的外部电压。供电电压或外部电压低于选定的门限时,SVS 会置位标志位,产生中断或系统复位(POR)。掉电复位后,SVS 被禁用以减少电流消耗。

SVS 的主要特点有:

(1)根据设计的条件检测 AV_{CC},进而影响系统的运行。

(2)POR 信号的选择产生。

(3)系统软件可以使用 SVS 的输出。

(4)锁存低电压状态,并由软件处理。

(5)可选择 14 种电压。

(6)利用外部通道检测外部电压。

SVS 模块的核心是模拟比较器,通过模拟多路复用器将一个输入连接到约为 1.2V 的内部参考电压,将另一个输入连接到电源电压(AV_{CC}或 SVSIN),从而根据监控电压的百分比来选择电压等级。SVS 的结构如图 3-19 所示。

VLDx =0,SVS 关闭;VLDx >0,SVS 打开。当 VLDx =1111 时,选择外部 SVSIN 通道。当 AV_{CC}降到所设定的电压下限或外部电压降至 1.2V 以下时,此低压状态将 SVSFG 置位。PORON 位使能或者禁止 SVS 的设备复位功能。如果 PORON =1 并且 SVSFG 被置位,会产生 POR 信号;如果 PORON =0,即使 SVSFG 置位,也不会产生 POR。SVSFG 位可以被锁存,由此用户软件可判断以前是否有低电压产生。SVSFG 必须由软件复位。当 SVSFG 被复位,如果仍有低电压情况存在,SVSFG 会被 SVS 立即再次置位。

3.6.2　电源监测模块寄存器

SVS 只有一个寄存器 SVSCTL。该寄存器定义如下:

7	6	5	4	3	2	1	0
VLDx				PORON	SVSON	SVSOP	SVSFG

VLDx:开关 SVS,并设定电压下限。请参见具体器件手册。

0000:SVS 关闭。

0001:1.9V。

0010:2.1V。

0011:2.2V。

0100:2.3V。

0101:2.4V。

0110:2.5V。

0111:2.65V。

1000:2.8V。

1001:2.9V。

1010:3.05V。

1011:3.2V。

1100:3.35V。

1101:3.5V。

1110:3.7V。

1111:SVSIN 外部输入电压与 1.2V 比较。

PORON:该位使能 SVSFG 标志触发 POR 复位信号。

0:SVSFG 没有触发 POR 信号。

1:SVSFG 触发 POR 信号。

SVSON:反映 SVS 操作状态,不用于打开和关闭 SVS,操作见 VLDx。

0:SVS 状态为无效,禁止设备复位功能。

1:SVS 状态为有效,使能设备复位功能。

SVSOP:反映 SVS 比较输出的值。

0:SVS 比较输出为低电平。

1:SVS 比较输出为高电平。

SVSFG:标志是否出现电压过低的状态,系统不会自动复位 SVSFG,只能由用户软件清除。

0:没有电压过低的状况。

1:出现电压过低的状况。

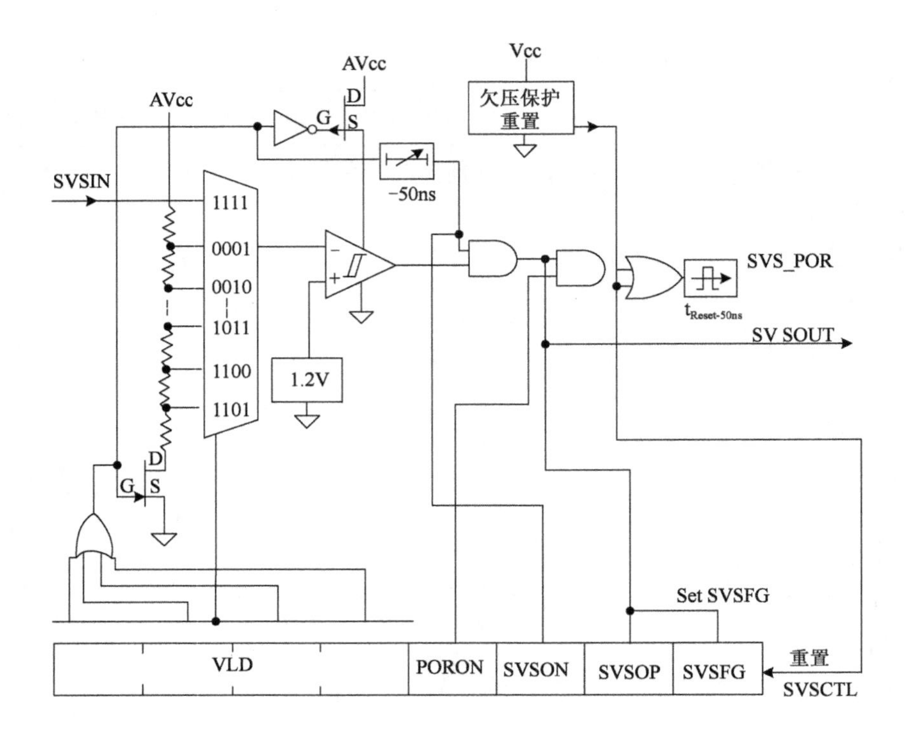

图 3-19　SVS 的结构图

第 4 章

I/O 端口操作

4.1 I/O 端口特点及结构

I/O 口是单片机控制系统对外沟通的最基本部件，从基本的键盘、LED 显示到复杂的外设芯片等，都是通过 I/O 口的输入、输出操作来进行读取或控制的。

为满足单片机系统对外部设备控制的需要，MSP430 提供了许多功能强大、使用方便、可灵活操作的 I/O 接口。一般来说，MSP430 单片机的 I/O 口可分为以下几种：

(1)通用数字 I/O 口。用于外部电路数字逻辑信号的输入和输出。

(2)并行总线 I/O 口。用于外部扩展需要并行接口的存储器等芯片。一般包括数据总线、地址总线和包括读写控制信号的控制总线等。

(3)片内设备的 I/O 口。如：定时器/计数器的技术脉冲输入，外部中断源信号的输入等，A/D 输入、D/A 输出接口，模拟比较输入端口，脉宽调制(PWM)输出端口等，有的单片机还集成了 LCD 液晶显示器接口。

(4)串行通信接口。用于计算机之间或者计算机和通信接口芯片之间数据交换。如：异步串行接口(RS-232、RS-485)、I^2C 串行接口、SPI 串行接口、USB 串行接口等。

为了减少芯片引脚的数量以降低芯片的成本，提供更多功能的 I/O 口，现在许多单片机都采用了 I/O 口复用技术，即端口可作为通用的 I/O 口使用，也可作为某个特殊功能的端口使用,用户可根据系统的实际需要来定义使用。这样就为设计开发提供了方便,简化了单片机系统的硬件设计工作。

在 MSP430 系列中,不同单片机拥有的 I/O 口数目不同,引脚最少的 MSP430F20XX 只有 10 个可用 I/O 口,而功能更丰富的 MSP430FG46XX 拥有多达 80 个 I/O 口。MSP430 单片机有 6 组 I/O 口:P1 ~ P6。每组 I/O 口都有 8 个可以独立编程的引脚,例如 P1 口有 8 个可编程引脚,为 P1.0 ~ P1.7。所有这些 I/O 口都是双功能(有的为 3 功能)复用的。其中,第一功能均作为数字通用 I/O 接口使用,而复用功能则分别用于中断、时钟/计数器、USCI、比较器等应用。这些 I/O 口同外围电路构成单片机系统的人机接口和数据通信接口。MSP430 系列单片机 I/O 原理框图见二维码 4-1、二维码 4-2。

二维码 4-1
P1、P2 原理图

二维码 4-2
P3 ~ P6 原理图

MSP430 单片机的 I/O 口主要有以下特征:

(1)每个 I/O 口可以独立编程设置。

(2)输入、输出功能可以任意组合使用。

(3)P1 和 P2 口具有中断功能,可以单独设置成上升沿或下降沿触发中断。

(4)有独立的输入/输出寄存器。

4.2 I/O 端口相关寄存器

4.2.1 PxIN(输入寄存器)

该寄存器反映了 I/O 口的输入值。在输入模式下:

当 I/O 口输入值为高电平时,则该寄存器相应为 1。

当 I/O 口输入值为低电平时,则该寄存器相应为 0。

PxIN 寄存器复位值为随机值,且该寄存器为只读寄存器,对写操作无效。PxIN 寄存器各位如下所示:

7	6	5	4	3	2	1	0
PxIN.7	PxIN.6	PxIN.5	PxIN.4	PxIN.3	PxIN.2	PxIN.1	PxIN.0
rw - 0	rw - 0	rw - 0	rw - 0	rw - 0	rw - 0	rw - 0	rw - 0

4.2.2 PxOUT(输出寄存器)

该寄存器控制 I/O 口的输出值。在输出模式下:

PxOUT = 1,则该位对应的引脚被设置成高电平输出。

PxOUT=0,则该位对应的引脚被设置成低电平输出。

PxOUT 寄存器复位值为随机值,编程过程中应确定 PxOUT 的值后再设置 PxDIR。PxOUT 寄存器各位如下所示:

7	6	5	4	3	2	1	0
PxOUT.7	PxOUT.6	PxOUT.5	PxOUT.4	PxOUT.3	PxOUT.2	PxOUT.1	PxOUT.0
rw-0	rw-0	rw-0	rw-0	rw-0	rw-0	rw-0	rw-0

4.2.3 PxDIR(方向寄存器)

该寄存器控制端口各个引脚的输入输出方向:

PxDIR=1,则该位对应的引脚被设置为输出模式。

PxDIR=0,则该位对应的引脚被设置为输入模式。

PxDIR 寄存器复位值全为 0,即默认为输入功能。注意,使用第二功能时,用户必须对输入输出方向进行设置。PxDIR 寄存器各位如下所示:

7	6	5	4	3	2	1	0
PxDIR.7	PxDIR.6	PxDIR.5	PxDIR.4	PxDIR.3	PxDIR.2	PxDIR.1	PxDIR.0
rw-0	rw-0	rw-0	rw-0	rw-0	rw-0	rw-0	rw-0

4.2.4 PxSEL(功能选择寄存器)

设置 I/O 口为普通输入输出功能或第二功能:

PxSEL=1,则该位对应的引脚被设置成第二功能,即该引脚为外围模块的功能。

PxSEL=0,则该位对应的引脚被设置成普通 I/O 功能。

PxSEL 寄存器复位值全为 0,即默认为普通 I/O 口功能。PxSEL 寄存器各位如下所示:

7	6	5	4	3	2	1	0
PxSEL.7	PxSEL.6	PxSEL.5	PxSEL.4	PxSEL.3	PxSEL.2	PxSEL.1	PxSEL.0
rw-0	rw-0	rw-0	rw-0	rw-0	rw-0	rw-0	rw-0

4.2.5 P1 和 P2 中断

(1)P1IFG、P2IFG(中断标志寄存器)

该寄存器针对 P1~P2 口,为 I/O 口的中断标志寄存器,反映了中断信号:

PxIFG=1,则该位对应的引脚有外部中断产生。

PxIFG=0,则该位对应的引脚没有外部中断产生。

PxIFG 寄存器复位值为 0,该寄存器必须通过软件复位,同时也可以通过软件写 1 来产生相应中断。PxIFG 寄存器各位如下所示:

7	6	5	4	3	2	1	0
PxIFG. 7	PxIFG. 6	PxIFG. 5	PxIFG. 4	PxIFG. 3	PxIFG. 2	PxIFG. 1	PxIFG. 0
rw -0	rw -0	rw -0	rw -0	rw -0	rw -0	rw -0	rw -0

(2)P1IES、P2IES(中断沿选择寄存器)

该寄存器针对 P1 ~ P2 口,控制 I/O 口的中断输入边沿选择:

PxIES =1,则该位对应的引脚选择下降沿触发中断。

PxIES =0,则该位对应的引脚选择上升沿触发中断。

PxIES 寄存器复位值为 0,默认为上升沿触发中断。PxIES 寄存器各位如下所示:

7	6	5	4	3	2	1	0
PxIES. 7	PxIES. 6	PxIES. 5	PxIES. 4	PxIES. 3	PxIES. 2	PxIES. 1	PxIES. 0
rw -0	rw -0	rw -0	rw -0	rw -0	rw -0	rw -0	rw -0

(3)P1IE、P2IE(中断使能寄存器)

该寄存器针对 P1 ~ P2 口,控制 I/O 口的中断允许:

PxIE =1,则该位对应的引脚允许中断。

PxIE =0,则该位对应的引脚不允许中断。

PxIE 寄存器复位值为 0,默认为不允许中断。PxIE 寄存器各位如下所示:

7	6	5	4	3	2	1	0
PxIES. 7	PxIES. 6	PxIES. 5	PxIES. 4	PxIES. 3	PxIES. 2	PxIES. 1	PxIES. 0

注意:配置未被使用的管脚。

未使用的 I/O 口应配置为 I/O 功能的输出方向,并且不连接到芯片上,以减少功耗。由于管脚没有连接到芯片上,因此可忽略 PxOUT 的值。详见系统复位、中断和终止未使用引脚操作模式章节。

4.2.6 I/O 端口寄存器简表

I/O 端口寄存器简表,见表 4-1。

I/O 端口寄存器 表 4-1

端口	寄 存 器	缩 写 格 式	地 址	存储器类型	初始化状态
P1	输入	P1IN	020h	只读	
	输出	P1OUT	021h	读/写	不改变
	方向	P1DIR	022h	读/写	PUC 信号引起复位
	中断标志	P1IFG	023h	读/写	PUC 信号引起复位
	中断沿选择	P1IES	024h	读/写	不改变
	中断使能	P1IE	025h	读/写	PUC 信号引起复位
	端口功能选择	P1SEL	026h	读/写	PUC 信号引起复位

续上表

端口	寄存器	缩写格式	地址	存储器类型	初始化状态
P2	输入	P2IN	028h	只读	
	输出	P2OUT	029h	读/写	不改变
	方向	P2DIR	02Ah	读/写	PUC 信号引起复位
	中断标志	P2IFG	02Bh	读/写	PUC 信号引起复位
	中断沿选择	P2IES	02Ch	读/写	不改变
	中断使能	P2IE	02Dh	读/写	PUC 信号引起复位
	端口功能选择	P2SEL	02Eh	读/写	PUC 信号引起复位
P3	输入	P3IN	018h	只读	
	输出	P3OUT	019h	读/写	不改变
	方向	P3DIR	01Ah	读/写	PUC 信号引起复位
	端口功能选择	P3SEL	01Bh	读/写	PUC 信号引起复位
P4	输入	P4IN	01Ch	只读	
	输出	P4OUT	01Dh	读/写	不改变
	方向	P4DIR	01Eh	读/写	PUC 信号引起复位
	端口功能选择	P4SEL	01Fh	读/写	PUC 信号引起复位
P5	输入	P5IN	030h	只读	
	输出	P5OUT	031h	读/写	不改变
	方向	P5DIR	032h	读/写	PUC 信号引起复位
	端口功能选择	P5SEL	033h	读/写	PUC 信号引起复位
P6	输入	P6IN	034h	只读	
	输出	P6OUT	035h	读/写	不改变
	方向	P6DIR	036h	读/写	PUC 信号引起复位
	端口功能选择	P6SEL	037h	读/写	PUC 信号引起复位

4.3 I/O 端口操作流程

MSP430 单片机的 I/O 作为一般输入/输出端口时,应按照以下步骤进行操作:

①设置 PxSEL 寄存器,选择 I/O 工作模式。

②设置 PxIN 寄存器或者 PxOUT 寄存器,读操作或写操作。

③设置 PxDIR 寄存器,设置 I/O 口的方向。

MSP430 单片机的 I/O 进行中断操作时,应按照以下步骤进行操作:

①设置 PxSEL 寄存器,选择 I/O 工作模式。

②设置 PxIES 寄存器,设置中断触发方式。

③设置 PxIE 寄存器,允许中断。

④调用_EINT( )函数,开总中断。

⑤检测 PxIFG 寄存器,等待中断,在有中断产生时执行中断服务程序。

4.4 I/O 端口主要应用

4.4.1 I/O 基本功能实训

实训 1 “键控 LED 显示实验”的 PROTEUS 设计与仿真

(1)实训要求

实现 3 ×3 矩阵键盘控制 6 个 LED 灯翻转。

(2)必备知识

①掌握 Proteus 和 IAR 软件的设置和操作。

②独立键盘与单片机连接时,每一个按键都需要一个独立的 I/O 口,若某单片机系统需要较多按键,如果使用独立按键便会占用较多的 I/O 口资源。单片机系统中 I/O 口资源往往比较宝贵,当用到多个按键时,为了节省 I/O 口,引入矩阵键盘。

矩阵键盘组成:

以 3 ×3 矩阵键盘为例讲解其工作原理和检测方法(图 4-1)。将 9 个按键排成 3 行 3 列,第一行将每个按键的一端连接在一起构成行线,第一列将每个按键的另一端连接在一起构成列线,这样一共有 3 行 3 列一共 6 根线,将这 6 根线连接到 MSP430 单片机的 6 个 I/O 口上,通过程序扫描键盘就可检测 9 个键。通过这种方法亦可实现 4 ×4 矩阵 16 个键、5 ×5 矩阵 25 个键、6 ×6 矩阵 36 个键等。

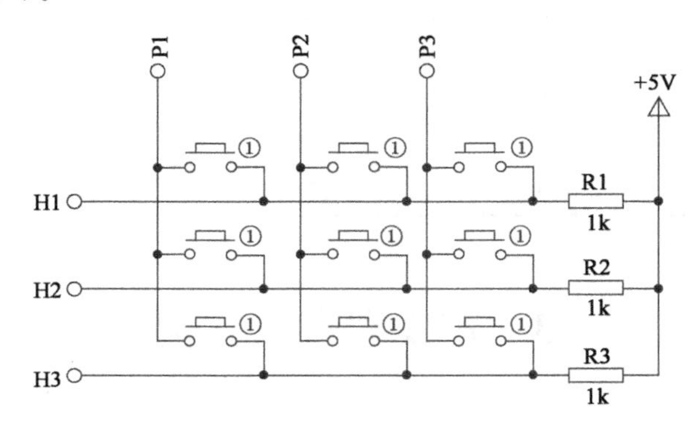

图 4-1 矩阵键盘连接图

矩阵键盘的检测原理和方法:

无论独立键盘还是矩阵键盘,单片机检测其是否被按下的原理都是一样的,也就是检测与该键对应的 I/O 口是否为低电平。而矩阵键盘两端都与单片机 I/O 口相连,因此在检测时需要人为通过单片机 I/O 口送出低电平。在这里,选择列为输出、行为输入,当然也可以互换重新配置 I/O 口,检测时,先送一列为低电平,其余几列为高电平(此时确定了列数),然后立即轮流检测一次各行是否有低电平,若检测到某一行为低电平(此时又确定了行数),则可确认当前按下的键是哪一行哪一列的,用同样的方法轮流送各列一次低电平,再轮流检测一次各行是否变为低电平,这样即可检测完所有的按键。当然也可将行置低电平,扫描列是否有低电平。

(3)Proteus 仿真电路设计

Proteus 仿真电路图见二维码 4-3。

二维码 4-3
Proteus 仿真电路图

(4)程序设计

本实训程序设计框图,如图 4-2 所示。

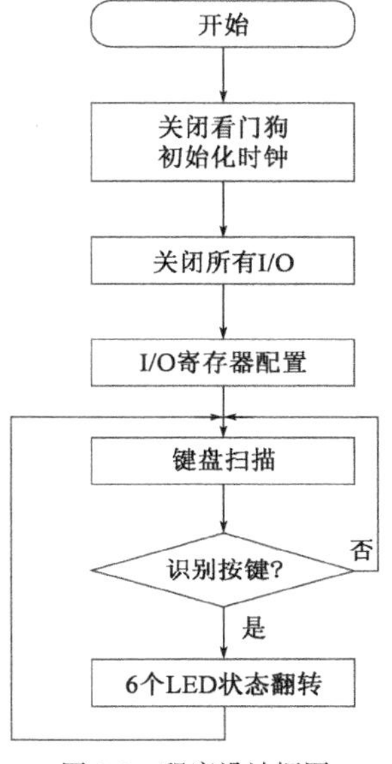

图 4-2 程序设计框图

程序代码:

```
#include < msp430x24x. h >
/ ************************* 主函数 ************************* /
typedef unsigned char uchar;
typedef unsigned int uint;

void delay_ms( uint aa)
{
  uint ii;
  for( ii =0;ii < aa;ii + + )
  __delay_cycles(8000) ;
}
void delay_us( uint aa)
{
  uint ii;
  for( ii =0;ii < aa;ii + + )
  __delay_cycles(8) ;
}

/ ************************* 键盘扫描函数 ************************* /
```

```
uchar GetKey()
{
    P4OUT& = ~(BIT0 + BIT1 + BIT2);                                      //列输出
    if((P4IN&BIT6) = =0||(P4IN&BIT7) = =0||(P4IN&BIT5) = =0)   //扫描行,如果有一行输入
                                                                          为0程序往下执行
    {
      delay_ms(2);                                                       //按键消抖
      if((P4IN&BIT6) = =0||(P4IN&BIT7) = =0||(P4IN&BIT5) = =0) //再次确认
      {
        P4OUT& = ~BIT0;P4OUT| = BIT1 + BIT2;                             //第一列置零,二三列置一
        if((P4IN&BIT5) = =0){while((P4IN&BIT5) = =0);return 1;}         //扫描第一行
        if((P4IN&BIT6) = =0){while((P4IN&BIT6) = =0);return 4;}         //扫描第二行
        if((P4IN&BIT7) = =0){while((P4IN&BIT7) = =0);return 7;}         //扫描第三行
                                                                         //以上代码就可以确认是否
                                                                           为第一列中的第几个按键
        P4OUT& = ~BIT1;P4OUT| = BIT0 + BIT2;                             //第二列置零,一三列置一
        if((P4IN&BIT5) = =0){while((P4IN&BIT5) = =0);return 2;}         //扫描第一行
        if((P4IN&BIT6) = =0){while((P4IN&BIT6) = =0);return 5;}         //扫描第二行
        if((P4IN&BIT7) = =0){while((P4IN&BIT7) = =0);return 8;}         //扫描第三行
                                                                         //以上代码就可以确认是否
                                                                           为第二列中的第几个按键
        P4OUT& = ~BIT2;P4OUT| = BIT0 + BIT1;                             //第三列置零,第一二列置一
        if((P4IN&BIT5) = =0){while((P4IN&BIT5) = =0);return 3;}         //扫面第一行
        if((P4IN&BIT6) = =0){while((P4IN&BIT6) = =0);return 6;}         //扫描第二行
        if((P4IN&BIT7) = =0){while((P4IN&BIT7) = =0);return 9;}         //扫描第三行
                                                                         //以上代码就可以确认是否
                                                                           为第三列中的第几个按键
      }
    }
    return 0;
}

/**************************** 时钟初始化 **************************/
void Clk_Init()
{
  unsigned char i;
  BCSCTL1& = ~XT2OFF;                                                    //打开XT振荡器
  BCSCTL2| = SELM_2 + SELS;                                              //MCLK 8M and SMCLK 8M
  do
  {
    IFG1 &= ~OFIFG;                                                      //清除振荡错误标志
    for(i = 0; i < 0xff; i++)   _NOP();                                  //延时等待
  }
```

```
  while ((IFG1 & OFIFG) ! = 0);                        //如果标志为1继续循环等待
  IFG1& = ~OFIFG;
}

/**************************** 关闭所有 I/O 口 ***************************/
void Close_IO()
{
  /*下面六行程序关闭所有的I/O口*/
  P1DIR = 0XFF;P1OUT = 0XFF;
  P2DIR = 0XFF;P2OUT = 0XFF;
  P3DIR = 0XFF;P3OUT = 0XFF;
  P4DIR = 0XFF;P4OUT = 0XFF;
  P5DIR = 0XFF;P5OUT = 0XFF;
  P6DIR = 0XFF;P6OUT = 0XFF;
}
/************************* 主函数 *****************************/
void main(void)
{
  WDTCTL = WDTPW + WDTHOLD;                            //关闭看门狗
  uchar key;
  Clk_Init();                                          //时钟初始化
  Close_IO();                                          //关闭所有I/O
                                                       //端口初始化
  P4DIR| = BIT0 + BIT1 + BIT2;                         //定义I/O口的输入输出向,
                                                         0为输入1为输出
  P4DIR& = ~(BIT6 + BIT5 + BIT7);
  P4SEL& = ~(BIT0 + BIT1 + BIT2 + BIT6 + BIT5 + BIT7); //选择为I/O口功能
  P5DIR| = BIT1 + BIT2 + BIT3 + BIT5 + BIT4 + BIT0;    //LED端口初始化
  P5OUT| = BIT1 + BIT2 + BIT3 + BIT5 + BIT4 + BIT0;
  while(1)
  {
     key = GetKey();
     switch(key)
     {
       case 1:P5OUT^ = BIT0;break;
       case 2:P5OUT^ = BIT1;break;
       case 3:P5OUT^ = BIT2;break;
       case 4:P5OUT^ = BIT3;break;
       case 5:P5OUT^ = BIT4;break;
       case 6:P5OUT^ = BIT5;break;
     }
  }
}
```

(5)仿真结果

点击3×3矩阵键盘中的1~6按键,对应的LED点亮,再次点击键盘中的该按键,对应LED灯熄灭,依次重复。

4.4.2 I/O中断功能实训

实训2 “I/O中断LED显示实验”的PROTEUS设计与仿真

(1)实训内容

实现独立按键Key控制蜂鸣器BUZZER发声。

(2)必备知识

①有源蜂鸣器和无源蜂鸣器的区别

蜂鸣器主要分为两种,有源和无源蜂鸣器。有源蜂鸣器有固定的频率、无源蜂鸣器频率可调。识别两种蜂鸣器的方法主要有:

A. 在蜂鸣器管脚的一面,有源蜂鸣器贴有黑胶(图4-3a)、无源蜂鸣器电路板裸露在外(图4-3b)。

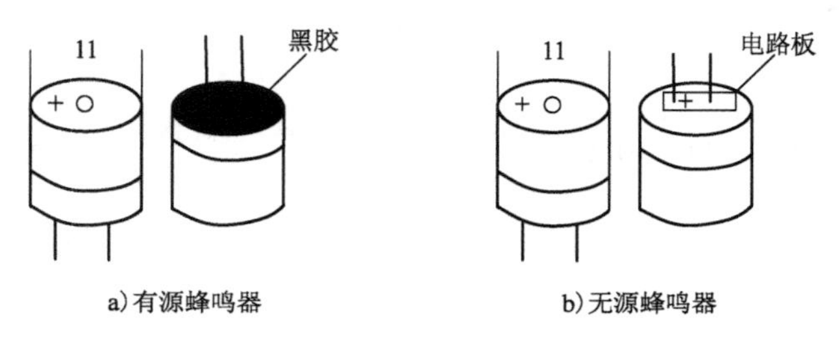

图4-3 蜂鸣器

B. 用万用表电阻挡测试:用黑表笔接蜂鸣器“+”引脚,红表笔在另一引脚上来回碰触,如果触发出咔、咔声且电阻只有8Ω(或16Ω)的是无源蜂鸣器;如果能发出持续声音的,且电阻在几百欧以上的,是有源蜂鸣器。

②蜂鸣器的典型电路接法(图4-4)

③I/O口中断响应过程(图4-5)

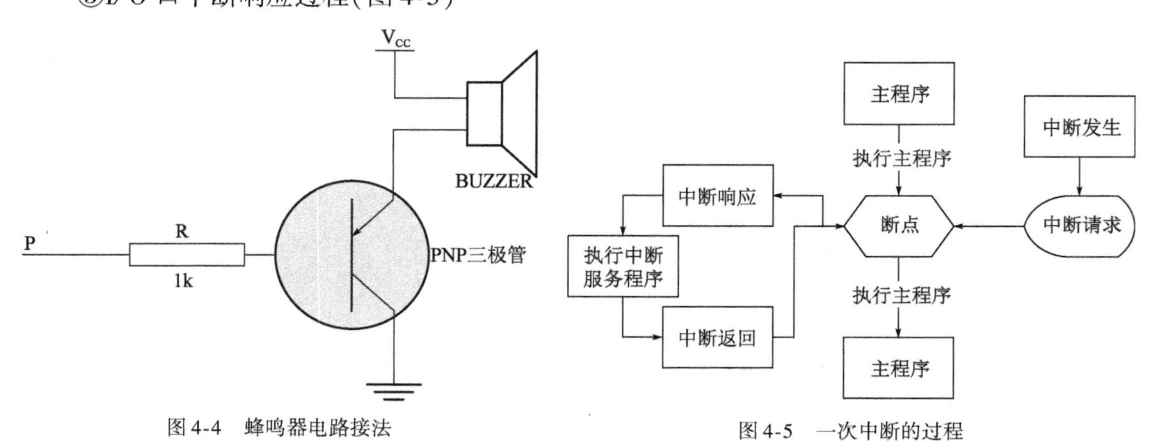

图4-4 蜂鸣器电路接法

图4-5 一次中断的过程

中断响应的过程:

A. 如果CPU处于活动状态,则完成当前指令。

B. 若 CPU 处于低功耗状态,则退出低功耗状态。

C. 将下一条指令的 PC 值压入堆栈。

D. 将状态寄存器 SR 压入堆栈。

E. 若有多个中断请求,响应最高优先级中断。

F. 单中断源的中断请求标志位自动复位,多中断源的标志位不变,等待软件复位。

G. 总中断允许位 SR. GIE 复位。SR 状态寄存器中的 CPUOFF、OSCOFF、SCG1、V、N、Z、C 位复位。

H. 相应的中断向量值装入 PC 寄存器,程序从此地址开始执行。

(3)电路设计(二维码 4-4)

(4)程序设计

本实训程序设计框图,如图 4-6 所示。

二维码 4-4
Proteus 仿真电路图

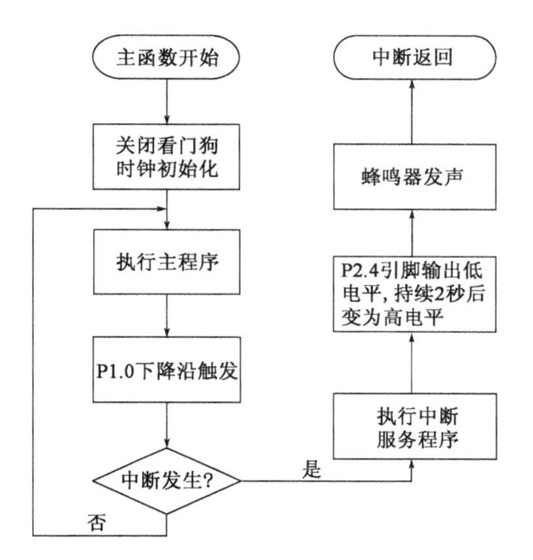

图 4-6 程序设计框图

程序代码:

```
#include <msp430x24x.h>
#define CPU_F ((double)8000000)
#define delay_us(x) __delay_cycles((long)(CPU_F*(double)x/1000000.0))
#define delay_ms(x) __delay_cycles((long)(CPU_F*(double)x/1000.0))
/**************************** 时钟初始化 **************************/
void Clk_Init()
{
    unsigned char i;
    BCSCTL1&= ~XT2OFF;                    //打开 XT 振荡器
    BCSCTL2|=SELM_2+SELS;                 //MCLK 8M and SMCLK 8M
    do
    {
      IFG1 &= ~OFIFG;                     //清除振荡错误标志
```

```
        for(i = 0; i < 0xff; i++)  _NOP();      //延时等待
    }
    while ((IFG1 & OFIFG) != 0);                //如果标志为 1 继续循环等待
}

/**************************** 关闭所有 I/O 口 **************************/
void Close_IO()
{
    /* 下面六行程序关闭所有的 I/O 口 */
    P1DIR = 0XFF;P1OUT = 0XFF;
    P2DIR = 0XFF;P2OUT = 0XFF;
    P3DIR = 0XFF;P3OUT = 0XFF;
    P4DIR = 0XFF;P4OUT = 0XFF;
    P5DIR = 0XFF;P5OUT = 0XFF;
    P6DIR = 0XFF;P6OUT = 0XFF;
}

/************************* 主函数 *****************************/
void main(void)
{
    WDTCTL = WDTPW + WDTHOLD;                   //关闭看门狗
    Clk_Init();                                 //时钟初始化,外部 8M 晶振
    Close_IO();                                 //关闭所有 I/O 口,防止 I/O 口处于不定态
    P1DIR &= ~(BIT0);                           //配置 P1.0 为输入模式
    P2DIR| =BIT4;                               //初始化 P2.4 为输出
    P2OUT| =BIT4;                               //初始化为 1
    P1IE| =BIT0;                                //P1.0 中断允许
    P1IES| =BIT0;                               //P1.0 下降沿触发
    P1IES^=BIT0;                                //P1.0 下降沿触发
    P1IFG=0;                                    //P1.0 中断标志清除
    _BIS_SR(LPM4_bits+GIE);                     //开中断
}
#pragma vector=PORT1_VECTOR
__interrupt void port_1(void)
{
    if(P1IFG & 0x01)
    {
     P2OUT^=BIT4;
     delay_ms(2000);
     P2OUT^=BIT4;
      P1IFG = 0;                                //清除标志位
    }
}
```

(5)仿真结果

鼠标单击 ▶ 开始进行仿真,初始状态时,P1.0、P2.4 引脚为高电平,蜂鸣器 BUZZER 不发出响声,当鼠标点击 Key 键时,P1.0 引脚由高电平跳变为低电平,MSP430 响应到下降沿跳变,触发外部中断,程序转至中断服务程序执行,P2.4 引脚输出低电平,三极管 PNP 导通,蜂鸣器 BUZZER 通过电脑 BIOS 发出“嘟嘟”的声音,2s 后,P2.4 引脚输出变为高电平,蜂鸣器 BUZZER 不发声,当鼠标再次点击 Key 键时,执行相同的过程。

4.4.3 I/O 端口的外围模块功能实训

实训 3 “数码管实验”的 PROTEUS 设计与仿真

(1)实训内容

利用 74LS138 译码器控制 8 个数码管,依次显示数字 0、1、2、…、7、8、9。

(2)必备知识

①掌握 Proteus 和 IAR 软件的设置和操作。

②共阳、共阴极数码管接法。

图 4-7 所示为两位共阳极数码管,每位是由 8 个发光二极管组成。图 4-7a)是实物图、图 4-7b)是应用连接图。需要注意的是,在使用数码管的时候需要和图 4-7b)一样加一个限流电阻(或者说是分压电阻),以防止烧毁二极管。由于是共阳极,在阳极公共端外接了 V_{cc},那么只需要给数码管各段的阴极端接一个低电平便可以点亮数码管的各段二极管。

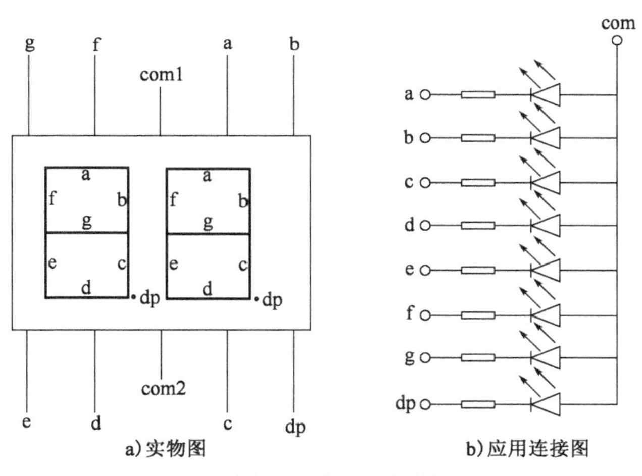

a)实物图　　b)应用连接图

图 4-7 共阳极数码管

例如:(dp, g, f,e, d, c, b, a) = (1111 1001) = 0xF9,则点亮的是 b 和 c,因此显示为‘1’,(dp, g, f, e, d, c, b, a) = (0100 0000) = 0x40,则点亮的是除 g 以外的管子段,显示‘0’。这样,可以得到 0 ~ 9 的编码表:

NUM[10] = {0X40,0Xf9,0Xa4,0Xb0,0X99,0X92,0X82,0Xf8,0X80,0X90},分别对应的是 0,1,2,3,4,5,6,7,8,9。

带小数点的:NUM1[10] = {0X40,0X79,0X24,0X30,0X19,0X12,0X02,0X78,0X00,0X10}。

还有诸如:‘A’,‘b’,‘c’,‘d’,‘E’,‘F’的等字母怎么显示,请大家自己研究。

以上所述称为“段选”,也就是选择数码管的某些段。下面介绍“位选”,也就是选择某一个数码管作为被显示数据的某一位。

③74LS138 译码器原理。

74LS138 的实物图,如图 4-8 所示。

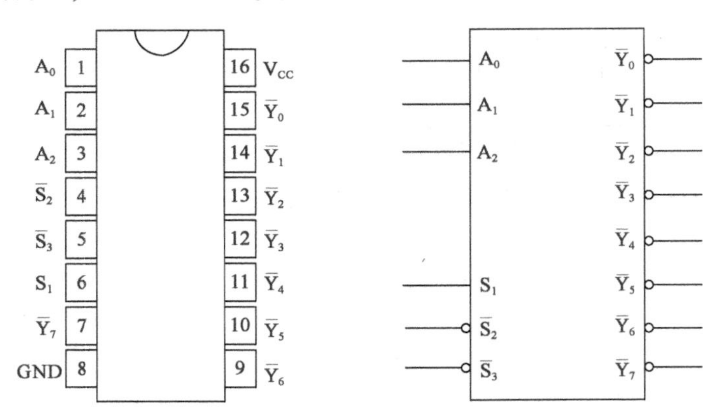

图 4-8　74LS138 译码器

A_2,A_1,A_0-地址输入端;$\overline{S_3}$、$\overline{S_2}$、S_1 选通端-注意,上划线(¯)代表低电平有效;

Y_0 ~ Y_7-输出端(低电平有效);V_{CC}-电源正极;GND-地

使用说明:A_0 ~ A_2 对应输出 Y_0 ~ Y_7;A_2、A_1、A_0 以二进制形式输入,然后转换成十进制,对应相应 Y 的序号输出低电平,其他均为高电平。例如:(A_2,A_1,A_0) =010,则 Y_2 =0(低,有效),其余全部为 1(高);再比如(A_2,A_1,A_0) =111,则 Y_7 =0(低,有效),其余全部为 1(高)。

由此可以得到真值表,如图 4-9 所示。

输　入					输　出							
S_1	$\overline{S_2}+\overline{S_3}$	A_2	A_1	A_0	$\overline{Y_0}$	$\overline{Y_1}$	$\overline{Y_2}$	$\overline{Y_3}$	$\overline{Y_4}$	$\overline{Y_5}$	$\overline{Y_6}$	$\overline{Y_7}$
0	X	X	X	X	1	1	1	1	1	1	1	1
X	1	X	X	X	1	1	1	1	1	1	1	1
1	0	0	0	0	0	1	1	1	1	1	1	1
1	0	0	0	1	1	0	1	1	1	1	1	1
1	0	0	1	0	1	1	0	1	1	1	1	1
1	0	0	1	1	1	1	1	0	1	1	1	1
1	0	1	0	0	1	1	1	1	0	1	1	1
1	0	1	0	1	1	1	1	1	1	0	1	1
1	0	1	1	0	1	1	1	1	1	1	0	1
1	0	1	1	1	1	1	1	1	1	1	1	0

图 4-9　74LS138 真值表

二维码 4-5

Proteus 仿真电路图

(3)电路设计(二维码 4-5)

(4)程序设计

本实训程序设计框图,如图 4-10 所示。

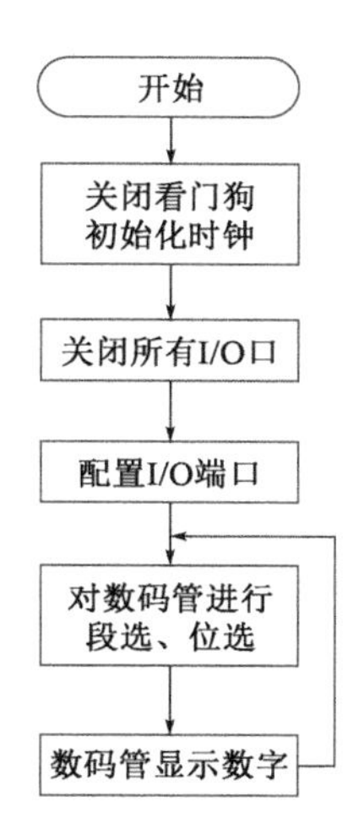

图4-10 程序设计框图

程序代码：

```
#include <msp430x24x.h>
/************************** 宏定义 **************************/
#define CPU_F ((double)8000000)
#define delay_us(x) __delay_cycles((long)(CPU_F*(double)x/1000000.0))
#define delay_ms(x) __delay_cycles((long)(CPU_F*(double)x/1000.0))
#define uchar unsigned char
#define uint unsigned int
#define ulong unsigned long
/************************** 数码管数组定义 **************************/
uchar NUM[16] = {0x3f,0x06,0x5b,0x4f,0x66,0x6d,0x7d,0x07,0x7f,0x6f,0x77,0x7c,0x39,0x5e,0x79,
0x71};                                          //共阴
table[] = {0x3f,0x06,0x5b,0x4f,0x66,0x6d,0x7d,0x07,0x7f,0x6f,0x77,0x7c,0x39,0x5e,0x79,0x71};
                                                //共阴数码管段选码表,无小数点
/************************** 函数声明 **************************/
void LED_INIT(void);
void LED_SEL(uint x);
void Display(void);
void Clk_Init(void);
void Close_IO(void);                            //关闭所有的I/O口
/************************** 主函数 **************************/
void main(void)
{
  WDTCTL = WDTPW + WDTHOLD;                     //关闭看门狗
  Clk_Init();                                   //调用时钟初始化函数
  Close_IO();
  LED_INIT();                                   //调用数码管初始化函数
  while(1)                                      //主函数下循环执行的程序语句
```

```
    {
      Display();                                          //delay_ms(60);
    }
}
void Clk_Init()                                           //时钟初始化函数
{
  unsigned char i;
  BCSCTL1& = ~XT2OFF;                                     //打开 XT 振荡器
  BCSCTL2| =SELM_2 +SELS;                                 //MCLK 8M and SMCLK 8M
  do
  {
    IFG1 &=  ~OFIFG;                                      //清除振荡错误标志
    for(i = 0; i < 0xff; i++)   _NOP();                   //延时等待
  }
  while ((IFG1 & OFIFG) ! = 0);                           //如果标志为 1 继续循环等待
  IFG1& = ~OFIFG;
}
/************************* 关闭所有的 I/O 口 *************************/
void Close_IO()
{
  /* 下面六行程序关闭所有的 I/O 口 */
  P1DIR = 0XFF;P1OUT = 0XFF;
  P2DIR = 0XFF;P2OUT = 0XFF;
  P3DIR = 0XFF;P3OUT = 0XFF;
  P4DIR = 0XFF;P4OUT = 0XFF;
  P5DIR = 0XFF;P5OUT = 0XFF;
  P6DIR = 0XFF;P6OUT = 0XFF;
}
/************************* 数码管初始化函数 *************************/
void LED_INIT()
{
  P2DIR =0XFF;P2SEL =0X00;                                //p2 口定义为输出,模式选择为 I/O 端口
  P5DIR = BIT0 + BIT5 + BIT4;                             //p5 口将 p5.0 P5.5 P5.4 定义为输出
  P2OUT =0XFF;                                            //P2 口初始化输出为'1'
  P5OUT| = BIT0 + BIT5 + BIT4;                            //P5.0 P5.5 P5.4 初始化输出为'1'
}
/************************* 数码管选择函数,即位选 *************************/
void LED_SEL(uint x)
{
  switch(x)
  {
    case 0:P5OUT& = ~(BIT0 + BIT5 + BIT4);break;          //054 000 数码管 1
    case 1:P5OUT& = ~(BIT0 + BIT5);P5OUT| = BIT4;break;   //054 001 数码管 2
```

```
        case 2:P5OUT& = ~(BIT0 + BIT4);P5OUT| = BIT5;break; //054 010 数码管 3
        case 3:P5OUT& = ~BIT0;P5OUT| = BIT5 + BIT4;break;     //054 011 数码管 4
        case 4:P5OUT& = ~(BIT5 + BIT4);P5OUT| = BIT0;break; //054 100 数码管 5
        case 5:P5OUT& = ~BIT5;P5OUT| = BIT0 + BIT4;break;     //054 101 数码管 6
        case 6:P5OUT& = ~BIT4;P5OUT| = BIT0 + BIT5;break;     //054 110 数码管 7
        case 7:P5OUT| = BIT0 + BIT5 + BIT4;break;             //054 111 数码管 8
    }
}
/************************* 数码管依次导通并各段都亮 *************************/
void Display()
{
    uint i,j;
    for(i =0;i<10;i++)                                        //字段码
    for(j =0;j<6000;j++)                                      //j 配置延时的参数
    {
        P2OUT = NUM[i];
        LED_SEL(j%8);
        //delay_ms(1);
    }
}
```

(5)仿真结果(二维码 4-6)

二维码 4-6
仿真结果

当程序在 PRUTUES 中运行时,8 位数码管会依次循环显示 0、1、2、…、8、9。

第5章 定时器模块

5.1 定时器概述

MSP430 单片机具有 16 位定时/计数器,该定时/计数器模块除了具有通用的定时功能外,还具有捕获、PWM 输出、间隔计时等功能,并具有完善的中断服务。16 位定时/计数器不仅可以实现定时、计数、频率测量、PWM 信号发生、信号触发检测、脉冲脉宽信号测量,而且通过编程配置还可用作串口波特率发生器等。

①定时/计数器 A:16 位定时器,具有 3 路捕获/比较单元,时钟源可选。定时器 A 可支持多路捕获/比较、PWM 输出、间隔计时等,其也支持中断,中断信号来自定时器溢出或者捕获/比较输出。

②定时/计数器 B:16 位定时器,具有 7 路捕获/比较单元。与定时器 A 的结构和功能基本相同,但有所增强。

③看门狗定时器(WDT):看门狗主要作用是,当程序发生问题时,使系统复位重新启动,将程序拉回正常。MSP430 看门狗定时器具有看门狗模式和定时器模式。MSP430 系统默认看门狗是打开的,若不使用看门狗模式,可使用"WDTCTL = WDTPW + WDTHOLD;"关闭看门狗。

一般来说,MSP430 所需的定时信号可以用软件和硬件两种方法来获得。

(1)软件定时

可根据所需要的时间常数来设计一个延迟子程序,延迟子程序包含一定的指令,设计者要对这些指令的执行时间进行严密的计算或者精确的测量,以便确定延迟时间是否符合要求。当时间常数比较大时,常常将延迟子程序设计为一个循环程序,通过循环常数和循环体内的指令来确定延迟时间。这种方法的优点是节省硬件,所需的时间可以灵活调整;主要缺点是执行延迟程序期间,CPU 一直被占用,降低了 CPU 的利用率,也不容易提供多作业环境。另外,设计延迟子程序时,要用指令执行时间来拼凑延迟时间,比较麻烦,但在已有系统上做软件开发时,以及延迟时间较短而重复次数又有限时,常用软件方法实现定时。

(2)硬件定时

利用专门的定时器器件作为主要实现器件,在简单的软件控制下,产生准确的时间延迟。根据需要的定时时间,用指令对定时器设置定时常数,并用指令启动定时器,计数到确定值时,便自动产生一个定时输出。这种方法的最突出优点是计数时不占用 CPU 的时间,而且利用定时器产生中断请求,可建立多作业环境,大大提高了 CPU 利用率,而且计数器/定时器本身的价格不高,因此得到广泛应用。

定时器是 MSP430 应用系统中非常重要的部件,其工作方式的灵活应用对提高编程技巧,减轻 CPU 负担和简化外围电路有很大益处。

5.2 定 时 器 A

定时器 A(Timer_A)是所有 MSP430 系列 Flash 型单片机都含有的模块,它是程序设计的核心。Timer_A 由一个 16 位定时器和多个捕获/比较器组成。每一个捕获/比较器都能以 16 位定时器的定时功能为核心进行单独控制。MSP430 系列单片机的 Timer_A 有以下特性:

(1)4 种操作模式的异步 16 位定时/计数器。

(2)多种输入时钟,可以是慢时钟、快时钟以及外部时钟。

(3)多个可配置的捕获/比较器。

(4)PWM(脉宽调制)输出。

(5)异步输入和同步锁存:不仅可捕获外部事件发生的时间,还可锁定其发生时的电平。

(6)对所有 Timer_A 中断快速响应的中断向量寄存器。

(7)8 种输出方式,3 个可配置输出单元。

MSP430 系列单片机的 Timer_A 结构复杂,功能强大,常应用于工业控制,如数字化电机控制、电表和手持式仪表等,这给开发人员提供了许多灵活的选择。

5.2.1 Timer_A 的结构

MSP430 单片机 Timer_A 的结构如图 5-1 所示,由以下四个部分组成。

(1)定时/计数器:16 位定时/计数器 TAxR 可通过软件读写。Timer_A 能选择 4 种工作模式,灵活地完成定时/计数功能,定时器溢出时将产生中断。TACLR 置位能清除 TAxR,当计数器工作在增/减计数模式时,置位 TACLR 还可以清除时钟分频器和计数方向。

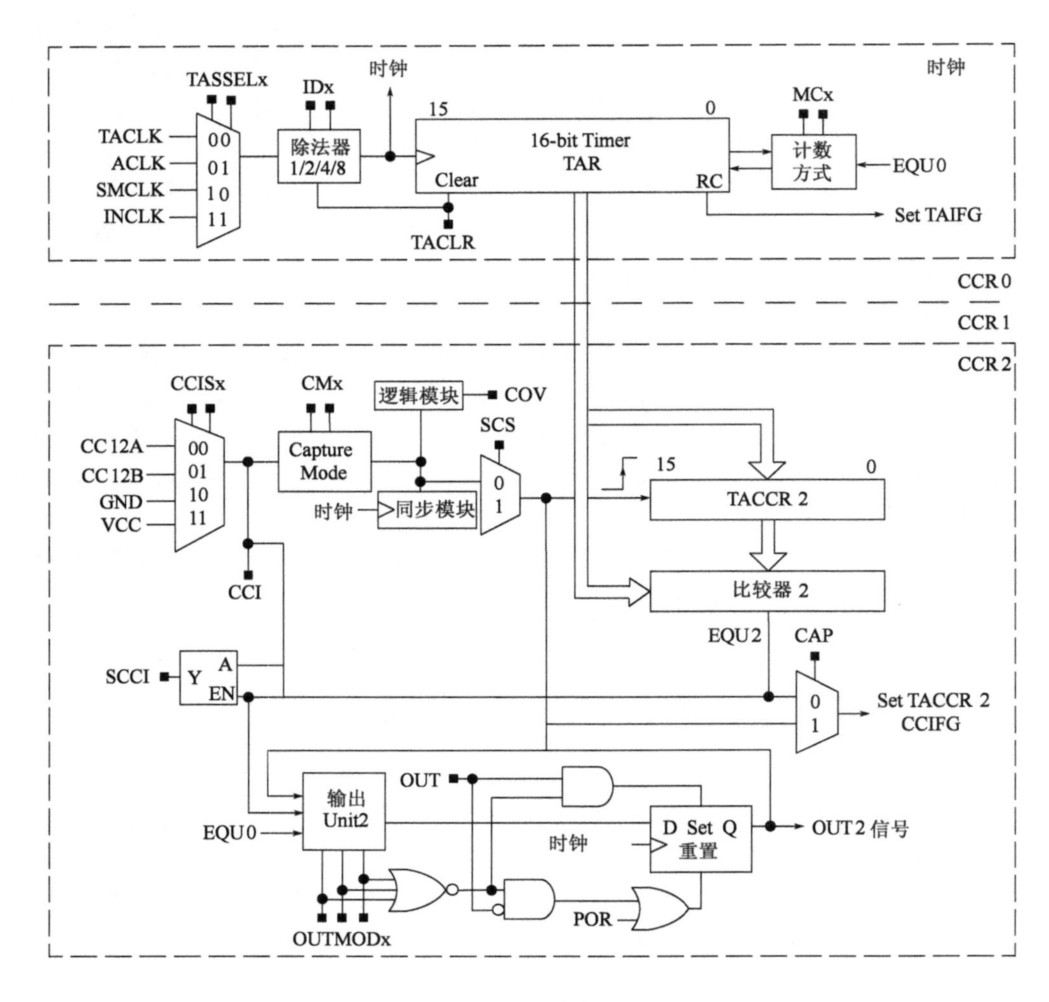

图 5-1　Timer_A 结构原理图

(2)时钟源的选择和分频:定时器时钟 TACLK 可以选择 ACLK、SMCLK 或者来自外部的 TAxCLK。时钟源由 TASSELx 来选择,选择的时钟源可以直接用于定时器,或通过 IDx 设置进行 2、4、8 分频,甚至可通过设置 IDEXx 进行 2、3、4、5、6、7、8 分频。当 TACLR 置位时定时器时钟分频器复位。

(3)捕获/比较器:用于捕获事件发生的时间或产生的时间间隔,捕获比较功能的引入主要是为了提高 I/O 端口处理事件的能力和速度。不同的 MSP430 单片机,Timer_A 模块中所含有的捕获/比较器的数量不一样,但每个捕获/比较器的结构完全相同,输入和输出都决定于各自控制寄存器的控制字,捕获/比较器相互之间的工作完全独立。

(4)输出单元:具有 8 种可选择的输出模式,产生用户需要的输出信号,支持 PWM。

5.2.2　Timer_A 的主要寄存器

Timer_A 有丰富的寄存器资源供用户使用,见表 5-1。

Timer_A 的主要寄存器 表 5-1

寄 存 器	缩 写	寄存器类型	地 址	初 始 状 态
Timer_A 控制寄存器	TACTL	读/写	0160H	POR 复位
Timer_A 计数器	TAR	读/写	0170H	POR 复位
捕获器/比较控制寄存器 0	TACCTL0	读/写	0162H	POR 复位
捕获器/比较控制器 0	TACCR0	读/写	0172H	POR 复位
捕获器/比较控制寄存器 1	TACCTL1	读/写	0164H	POR 复位
捕获器/比较控制器 1	TACCR1	读/写	0174H	POR 复位
捕获器/比较控制寄存器 2	TACCTL2	读/写	0166H	POR 复位
捕获器/比较控制器 2	TACCR2	读/写	0176H	POR 复位
中断向量寄存器	TAIV	只读	012EH	POR 复位

(1)TACTL(Timer_A 控制寄存器)

TACTL 控制寄存器中包含全部关于定时器及其操作的控制位。POR 信号后所有位都自动复位,但在 PUC 信号后不受影响。TACTL 的各个位如下:

15	14	13	12	11	10	9	8
Unused						TASSELx	
rw -0	rw -0	rw -0	rw -0	rw -0	rw -0	rw -0	rw -0

7	6	5	4	3	2	1	0
IDx		MCx		Unused	TACLR	TAIE	TAIFG
rw -0	rw -0	rw -0	rw -0	rw -0	rw -0	rw -0	rw -0

Unused Bits 15 ~ 10 未使用。

TASSELx Bits 9 ~ 8 时钟源选择。
00:TACLK。
01:ACLK。
10:SMCLK。
11:INCLK。

IDx Bits 7 ~ 6 输入分频选择。
00:不分频。
01:2 分频。
10:4 分频。
11:8 分频。

MCx Bits 5 ~ 4 模式控制。
00:停止模式。
01:增计数模式。
10:连续计数模式。
11:增/减计数模式。

Unused	Bit 3	未使用。
TACLR	Bit 2	定时器 A 清除位。 设置此标志位重置 TAR,时钟分频和计数器方向,TACLR 位会自动复位,其读数始终是 0。
TAIE	Bit 1	定时器 A 中断使能位。 0:中断禁止。 1:中断允许。
TAIFG	Bit 0	定时器 A 中断标志位。 0:无中断挂起。 1:中断挂起。

(2)TAR(Timer_A 寄存器)

TAR 寄存器是一个 16 位的定时/计数器,随着时钟信号的每个上升沿增/减(由操作模式决定)。TAR 寄存器可以由软件读写,在溢出时可以产生中断。TAR 可以由 TACLR 位清除,如果 TAR 处于 UP/DOWN 模式,TACLR 置位也会清除时钟分频器和计数方向。TAR 的各个位如下:

15	14	13	12	11	10	9	8
TARx							
rw - 0	rw - 0	rw - 0	rw - 0	rw - 0	rw - 0	rw - 0	rw - 0
7	6	5	4	3	2	1	0
TARx							
rw - 0	rw - 0	rw - 0	rw - 0	rw - 0	rw - 0	rw - 0	rw - 0

TARx	Bits 15 ~ 0	Timer_A 寄存器。

TAR 寄存器是定时器 A 的计数。

(3)TACCTLx(Timer_A 捕获/比较控制寄存器)

每个捕获/比较模块都有控制字 CCTLx。POR 信号将 CCTLx 复位,但不受 PUC 信号的影响。该寄存器的各个位如下:

15	14	13	12	11	10	9	8
CMx		CCISx		SCS	SCCI	Unused	CAP
rw - 0	rw - 0	rw - 0	rw - 0	rw - 0	r	r0	rw - 0
7	6	5	4	3	2	1	0
OUTMODx			CCIE	CCI	OUT	COV	CCIFG
rw - 0	rw - 0	rw - 0	rw - 0	r	rw - 0	rw - 0	rw - 0

CMx	Bit 15 ~ 14	捕获模式。 00:不捕获。 01:上升沿捕获。 10:下降沿捕获。 11:上升沿和下降沿都捕获。
CCISx	Bit 13 ~ 12	捕获比较输入选择,用于选择 TACCRx 的输入信号。 00:CCIxA。 01:CCIxB。 10:GND。 11:VCC。
SCS	Bit 11	同步捕获源,该位用于将捕获输入信号和时钟同步。 0:异步捕获。 1:同步捕获。
SCCI	Bit 10	同步捕获/比较输入,所选择的 CCI 输入信号由 EQUx 信号锁存,并可通过该位读取。
Unused	Bit 9	未使用,只读,读取时值为 0。
CAP	Bit 8	选择捕获模式或比较模式。 0:比较模式。 1:捕获模式。
OUTMODx	Bit 7 ~ 5	输出模式。 000:输出。 001:置位。 010:翻转/复位。 011:置位/复位。 100:翻转。 101:复位。 110:翻转/置位。 111:复位/置位。
CCIE	Bit 4	捕获/比较中断使能位。 0:中断禁止。 1:中断允许。
CCI	Bit 3	捕获比较输入,所选择的输入信号可以通过该位读取。
OUT	Bit 2	输出,对于输出模式 0,该位直接控制输出状态。 0:输出低电平。 1:输出高电平。
COV	Bit 1	捕获溢出位,表明捕获溢出发生,必须由软件复位。 0:没有捕获溢出发生。 1:有捕获溢出发生。

CCIFG	Bit 0	捕获比较中断标志位。 0:没有中断挂起。 1:有中断挂起。

(4)TAIV(Timer_A 中断向量寄存器)

TAIV 是一个 16 位寄存器,是 Timer_A 的中断向量寄存器。TAIV 寄存器的各个位如下:

15	14	13	12	11	10	9	8
TAIV							
r-0	r-0	r-0	r-0	r-0	r-0	r-0	r-0
7	6	5	4	3	2	1	0
TAIV							
r-0	r-0	r-0	r-0	r-0	r-0	r-0	r-0

Timer_A 的中断优先级见表 5-2,可以通过读取该寄存器的值判断是哪一个中断。

Timer_A 的中断优先级 表 5-2

TAIV 内容	中 断 源	中 断 标 志	中断优先级
00H	无中断挂起	—	
02H	捕获/比较 1	TACCR1 CCIFG	最高
04H	捕获/比较 2	TACCR2 CCIFG	
06H	保留	—	
08H	保留	—	
0AH	定时器溢出	TAIFG	
0CH	保留	—	
0EH	保留	—	最低

5.2.3 Timer_A 的中断管理

Timer_A 中断可由计数器溢出引起,也可来自捕获/比较寄存器。每个捕获/比较模块可独立编程,由捕获/比较外部信号产生中断。外部信号可以是上升沿信号,也可以是下降沿信号,还可以是上升沿和下降沿同时存在的信号。

Timer_A 模块使用两个中断向量:一个单独分配给捕获/比较寄存器 TAxCCR0;另一个作为共用中断向量,用于定时器和其他的捕获/比较寄存器。

TAxCCR0 用于定义增计数和增/减计数模式的周期,需要最快速的服务。因此,捕获/比较寄存器 TAxCCR0 中断向量具有最高的优先级。CCIFG0 在中断服务时能被自动复位。TAx-CCR0 中断示意图如图 5-2 所示。

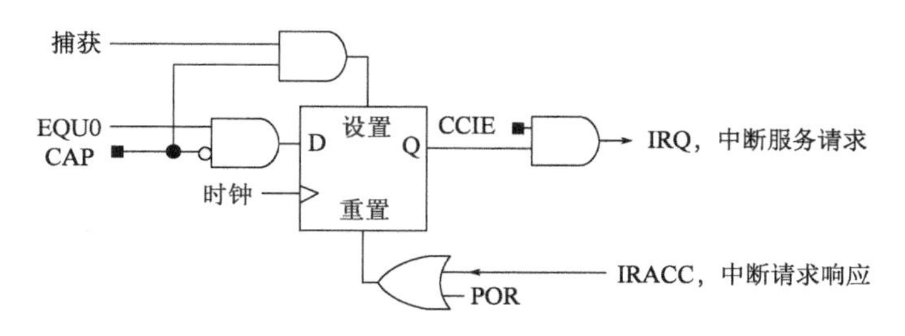

图 5-2 TAxCCR0 中断

TAxCCR1 ~ TAxCCRx 和定时器按照优先次序共用一个中断向量,属于多源中断。中断向量寄存器用于确定哪个标志请求中断。对应的中断标志 TAxCCR1 CCIFG ~ TAxCCRx CCIFG 和 TAIFG 在读中断向量字 TAIV 后,自动复位。如果不访问 TAIV 寄存器,则不能自动复位,需用户软件清除;如果相应的中断允许位复位(不允许中断),则不会产生中断请求,但中断标志仍存在,也需用户软件清除。TAxCCR1 ~ TAxCCRx 和定时器中断如图 5-3 所示。

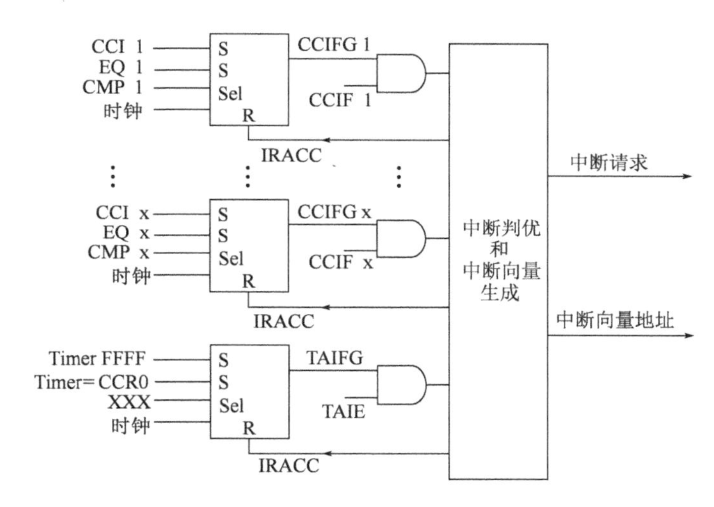

图 5-3 TAxCCR1 ~ TAxCCRx 和定时器中断

在多源中断中,Timer_A 的中断请求寄存器 TAIV 用来确定中断请求的中断源。TAIV 各位定义请参阅 5.2.2 节。

5.2.4 “定时器 A 实验”的 PROTEUS 设计与仿真实训

(1)实训内容

实现 10s 倒计时,数码管显示倒计时数字并有声音提示。

(2)必备知识

掌握 MSP430 单片机定时器及定时中断的使用方法。

(3)Proteus 仿真电路设计(二维码 5-1)

(4)程序设计

本实训程序设计框图,如图 5-4 所示。

二维码 5-1
Proteus 仿真电路图

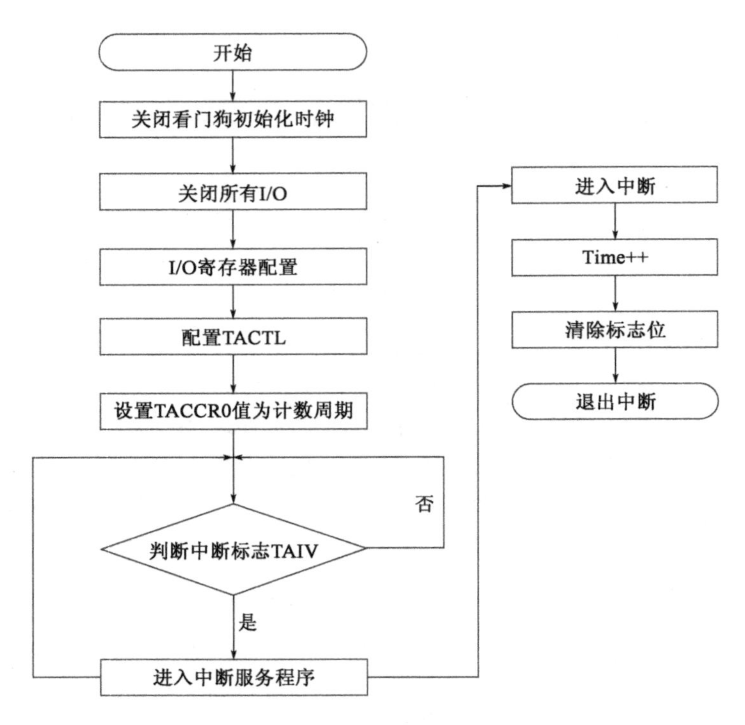

图 5-4　程序设计框图

程序开始运行，关闭看门狗定时器并初始化时钟，关闭所有 I/O 口保护硬件，配置 TACTL，设置 TACCR0 值为计数周期，开启中断。

程序代码：

```
#include <msp430f249.h>
#define uchar unsigned char
#define uint unsigned int
#define ulong unsigned long
uchar NUM[16] = {0x3f,0x06,0x5b,0x4f,0x66,0x6d,0x7d,0x07,0x7f,0x6f,0x77,0x7c,0x39,0x5e,0x79,
0x71};                                          //共阴
int time = 0;

void init_clk()
{
    unsigned char i;
    WDTCTL = WDTPW + WDTHOLD;                   //关闭看门狗
    BCSCTL1& = ~XT2OFF;                         //打开 XT 振荡器
    BCSCTL2| = SELM_2 + DIVM_0 + SELS + DIVS_0;  //MCLK 8M and SMCLK 8M
    do
    {
      IFG1 &= ~OFIFG;                           //清除振荡错误标志
      for(i = 0; i < 0xff; i++)  _NOP();        //延时等待
```

```
    }
    while ((IFG1 & OFIFG) ! = 0);                    //如果标志为 1 继续循环等待
    IFG1& = ~OFIFG;
}

void Close_IO()
{
    P1DIR =0XFF;P1OUT =0XFF;
    P2DIR =0XFF;P2OUT =0XFF;
    P3DIR =0XFF;P3OUT =0XFF;
    P4DIR =0XFF;P4OUT =0XFF;
    P5DIR =0XFF;P5OUT =0XFF;
    P6DIR =0XFF;P6OUT =0XFF;
}
/************************* 主函数 *************************/
void main()
{
    init_clk();                                      //初始化系统时钟
    Close_IO();
    TACTL = TASSEL1 + ID0 + ID1 + TACLR + TAIE;      //计数时钟源为系统时钟,8 分频,允许定时器
                                                       溢出中断,清除计数器
    P3DIR| =0x01;                                    //P3.1 设置为输出模式
    TACTL| = MC0;                                    //增计数模式,计数到 TACCR0
    TACCR0 = 10000;                                  //计数周期为 10000
    _EINT();                                         //开启总中断
    while(1)
    {
        switch(time)
        {
          case 100:
            P3OUT^ =0x01;
            P2OUT = NUM[9];
            time + +;
            break;
          case 150:
            P3OUT^ =0x01;
            P2OUT = NUM[9];
            time + +;
            break;
          case 200:
            P3OUT^ =0x01;
            P2OUT = NUM[8];
            time + +;
```

```
        break;
    case 250:
        P3OUT^=0x01;
        P2OUT=NUM[8];
        time++;
        break;
    case 300:
        P3OUT^=0x01;
        P2OUT=NUM[7];
        time++;
        break;
    case 350:
        P3OUT^=0x01;
        P2OUT=NUM[7];
        time++;
        break;
    case 400:
        P3OUT^=0x01;
        P2OUT=NUM[6];
        time++;
        break;
    case 450:
        P3OUT^=0x01;
        P2OUT=NUM[6];
        time++;
        break;
    case 500:
        P3OUT^=0x01;
        P2OUT=NUM[5];
        time++;
        break;
    case 550:
        P3OUT^=0x01;
        P2OUT=NUM[5];
        time++;
        break;
    case 600:
        P3OUT^=0x01;
        P2OUT=NUM[4];
        time++;
        break;
    case 650:
        P3OUT^=0x01;
```

```
        P2OUT = NUM[4];
        time++;
        break;
    case 700:
        P3OUT^ = 0x01;
        P2OUT = NUM[3];
        time++;
        break;
    case 750:
        P3OUT^ = 0x01;
        P2OUT = NUM[3];
        time++;
        break;
    case 800:
        P3OUT^ = 0x01;
        P2OUT = NUM[2];
        time++;
        break;
    case 850:
        P3OUT^ = 0x01;
        P2OUT = NUM[2];
        time++;
        break;
    case 900:
        P3OUT^ = 0x01;
        P2OUT = NUM[1];
        time++;
        break;
    case 950:
        P3OUT^ = 0x01;
        P2OUT = NUM[1];
        time++;
        break;
    case 1000:
        P3OUT^ = 0x01;
        P2OUT = NUM[0];
        time++;
        break;
    case 1050:
        P3OUT^ = 0x01;
        P2OUT = NUM[0];
        time++;
        break;
```

```
            }
        }
    }

    #pragma vector = TIMERA1_VECTOR
    __interrupt void Timer_A(void)
    {
        switch(TAIV)
        {
            case 2:break;
            case 4:break;
            case 10:time++;
            break;
        }
    }
```

(5)仿真结果

数码管显示10s倒计时,依次显示数字9→8→7→6→5→4→3→2→1→0,每显示一个数字伴随0.5s的声音提示。

5.3 定 时 器 B

定时器B(Timer_B)是一个带3个或7个捕获/比较寄存器的16位的定时/计数器,MSP430x13x和MSP430x15x系列中含有3个捕获/比较寄存器,称Timer_B3;MSP430x14x和MSP430x16x系列中含有7个捕获/比较寄存器,称Timer_B7。Timer_B和Timer_A的结构几乎相同,只是Timer_B比Timer_A在捕获/比较模块中增加了比较锁存器。

5.3.1 定时器B的结构

Timer_B的结构如图5-5所示。

增加的比较锁存器使得用户可以更灵活地控制比较数据更新的时机。多个比较锁存器还能成组工作,以达到同步更新比较数据的目的。这一功能在实际中经常应用,例如同步更新PWM信号的周期或占空比。

在默认状态下,当比较数据被写入Timer_B的捕获/比较寄存器后,将立即传送到比较锁存器,此时Timer_B和Timer_A的比较模式完全相同。

(1)Timer_B与Timer_A的共同点

①都有4种工作模式。

②具有可选、可配置的计数器输入时钟源。

③有多个独立可配置捕获/比较模块。

④有多个具有8种输出模式的可配置输出单元。

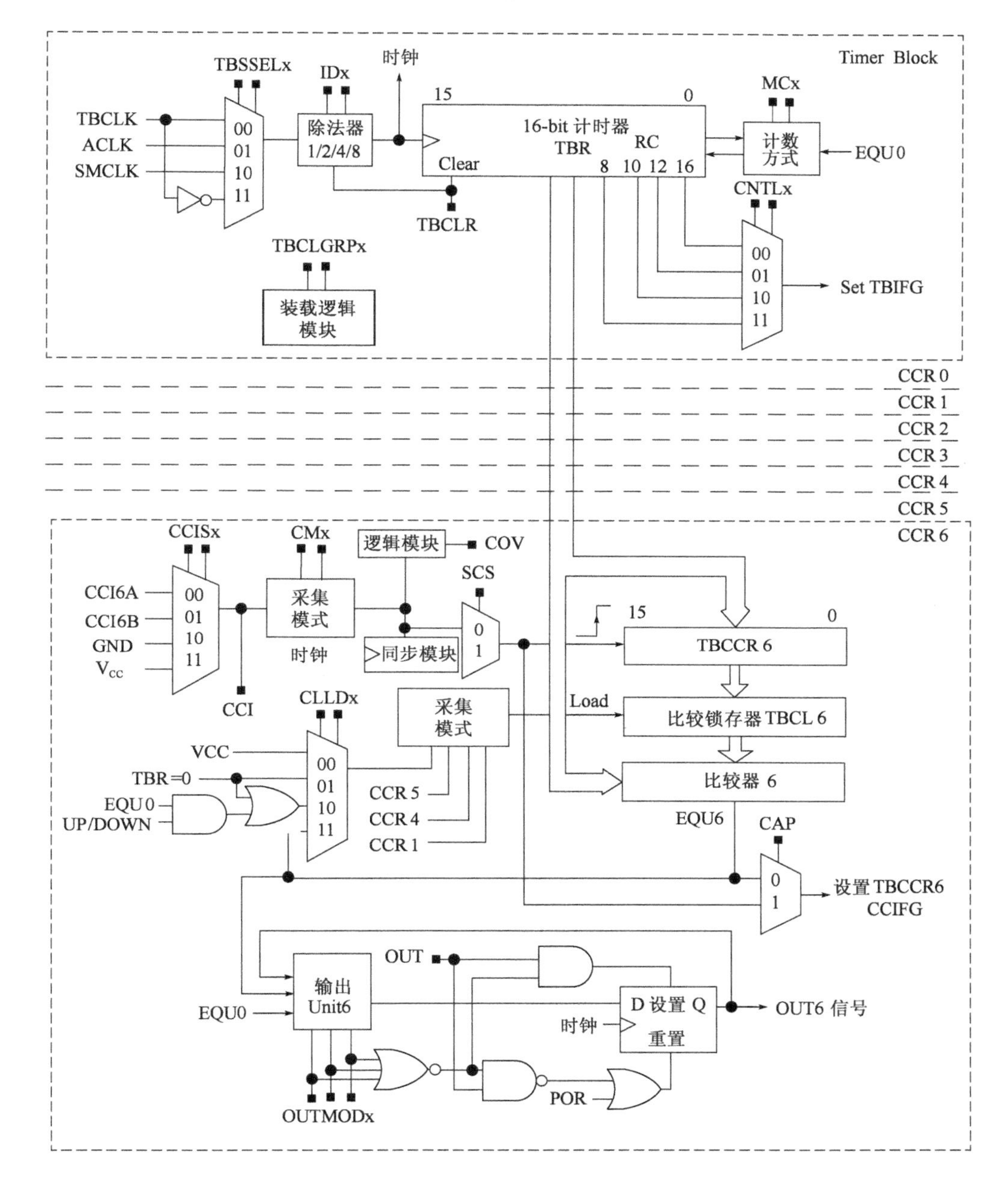

图 5-5 Timer_B 结构图

⑤DMA 使用。

⑥中断功能强大,中断可能源自计数器的溢出,也可能源自各捕获/比较模块上发生的捕获事件或比较事件。

(2)Timer_B 与 Timer_A 的不同点

①Timer_B 计数长度为 8 位、10 位、12 位和 16 位可编程,而 Timer_A 的计数长度固定为 16 位。

②Timer_B 中没有实现 Timer_A 中的 SCCI 寄存器位的功能。

③Timer_B 在比较模式下的捕获/比较寄存器功能与 Timer_A 不同,增加了比较锁存器。

④有些型号芯片中的 Timer_B 输出实现了高阻输出。

⑤比较模式的原理稍有不同:在 Timer_A 中,CCRx 寄存器中保存与 TAR 相比较的数据;而在 Timer_B 中,CCRx 寄存器中保存的是要比较的数据,但并不直接与定时器 TBR 相比较,而是将 CCRx 送到与之相对的锁存器之后,由锁存器与定时器 TBR 相比较。从捕获/比较寄存器向比较存储器传输数据的时机也是可以编程的,可以是在写入捕获/比较寄存器后立即传输,也可以是由一个定时事件来触发。

⑥Timer_B 支持多重的、同步的定时功能;多重的捕获/比较功能;多重的波形输出功能(PWM 信号)。而且,通过对比较数据的两级缓冲,可以实现多个 PWM 信号周期的同步更新。

5.3.2 定时器 B 的主要寄存器

Timer_B 的寄存器说明如表 5-3 所示。

Timer_B 的寄存器 表 5-3

寄存器	缩写	寄存器类型	地址	初始状态
Timer_B 控制寄存器	TBCTL	读/写	0180H	POR 复位
Timer_B 计数器	TBR	读/写	0190H	POR 复位
捕获器/比较控制寄存器 0	TBCCTL0	读/写	0182H	POR 复位
捕获器/比较控制器 0	TBCCR0	读/写	0192H	POR 复位
捕获器/比较控制寄存器 1	TBCCTL1	读/写	0184H	POR 复位
捕获器/比较控制器 1	TBCCR1	读/写	0194H	POR 复位
捕获器/比较控制寄存器 2	TBCCTL2	读/写	0186H	POR 复位
捕获器/比较控制器 2	TBCCR2	读/写	0196H	POR 复位
捕获器/比较控制寄存器 3	TBCCTL3	读/写	0188H	POR 复位
捕获器/比较控制器 3	TBCCR3	读/写	0198H	POR 复位
捕获器/比较控制寄存器 4	TBCCTL4	读/写	018AH	POR 复位
捕获器/比较控制器 4	TBCCR4	读/写	019AH	POR 复位
捕获器/比较控制寄存器 5	TBCCTL5	读/写	018CH	POR 复位
捕获器/比较控制器 5	TBCCR5	读/写	019CH	POR 复位
捕获器/比较控制寄存器 6	TBCCTL6	读/写	018EH	POR 复位
捕获器/比较控制器 6	TBCCR6	读/写	019EH	POR 复位
中断向量寄存器	TBIV	只读	011EH	POR 复位

(1)TBCTL(Timer_B 控制寄存器)

TBCTL 控制寄存器中包含全部关于定时器及其操作的控制位。POR 信号后所有位都自动复位,但在 PUC 信号后不受影响。TBCTL 的各个位如下:

15	14	13	12	11	10	9	8
Unused	TBCLGRPx		CNTLx		Unused	TBSSELx	
rw-0	rw-0	rw-0	rw-0	rw-0	rw-0	rw-0	rw-0

7	6	5	4	3	2	1	0
IDx		MCx		Unused	TBCLR	TBIE	TBIFG
rw-0	rw-0	rw-0	rw-0	rw-0	rw-0	rw-0	rw-0

Unused　Bit 15　未使用。

TBCLGRP　Bit 13~14　TBCLx 组。
00:每个 TBCLx 锁存器独立加载。
01:TBCL1+TBCL2(TBCCR1 CLLDx 位控制更新)。
　TBCL3+TBCL4(TBCCR3 CLLDx 位控制更新)。
　TBCL5+TBCL6(TBCCR5 CLLDx 位控制更新)。
10:TBCL1+TBCL2+TBCL3(TBCCR1 CLLDx 位控制更新)。
　TBCL4+TBCL5+TBCL6(TBCCR4 CLLDx 位控制更新)。
11:TBCL0+TBCL1+TBCL2+TBCL3+TBCL4+TBCL5+TBCL6(TBCCR1 CLLDx 位控制更新)。

CNTLx　Bit 11~12　计数长度。
00:16bit,TBR(max)=0FFFFh。
01:12bit,TBR(max)=0FFFh。
10:10bit,TBR(max)=03FFh。
11: 8bit,TBR(max)=0FFh。

Unused　Bit 10　未使用。

TBSSELx　Bit 8~9　TB 时钟源选择。
00:TBCLK。
01:ACLK。
10:SMCLK。
11:TBCLK 的反向信号。

IDx　Bit 6~7　输入分频,为输入时钟分频选择。
00:/1。
01:/2。
10:/4。
11:/8。

MCx	Bit 4 ~ 5	模式控制，当 TB 不用于节省功耗时，设 MCx = 00h。 00：停止模式，定时器停止。 01：增模式，定时器计数到 TBCL0。 10：连续模式，定时器计数到 TBmax。 11：增减模式，定时器计数到 TBCL0 然后减到 0000h。
TBCLR	Bit 2	定时器清零。置位该位会复位 TBR 时钟分频和计数方向。 TBCLR 位会自动复位并读出值为 0。
TBIE	Bit 1	TB 中断使能。使能 TBIFG 的中断请求。 0：中断禁止。 1：中断允许。
TBIFG	Bit 0	TB 中断标志位。 0：无中断挂起。 1：中断挂起。

(2) TBR(Timer_B 寄存器)

TBR(0 ~ 15 位)是 Timer_B 的寄存器，各位说明如下：

15	14	13	12	11	10	9	8
TBRx							
rw - 0	rw - 0	rw - 0	rw - 0	rw - 0	rw - 0	rw - 0	rw - 0
7	6	5	4	3	2	1	0
TBRx							
rw - 0	rw - 0	rw - 0	rw - 0	rw - 0	rw - 0	rw - 0	rw - 0

TBRx	Bits 15 ~ 0	Timer_B 寄存器。

TBR 寄存器是定时器 B 的计数。

(3) TBCCTLx(Timer_B 捕获/比较控制寄存器)

TBCCTLx 为捕获/比较寄存器，各位说明如下：

15	14	13	12	11	10	9	8
CMx		CCISx		SCS	CLLDx		CAP
rw - 0	rw - 0	rw - 0	rw - 0	rw - 0	rw - 0	r - 0	rw - 0
7	6	5	4	3	2	1	0
OUTMODx			CCIE	CCI	OUT	COV	CCIFG
rw - 0	rw - 0	rw - 0	rw - 0	r	rw - 0	rw - 0	rw - 0

CMx	Bit 15 ~ 14	捕获模式。 00:不捕获。 01:上升沿捕获。 10:下降沿捕获。 11:上升和下降沿捕获。
CCISx	Bit 13 ~ 12	捕获/比较选择,用于选择 TBCCRx 的输入信号,详细说明见数据手册。 00:CCIxA。 01:CCIxB。 10:GND。 11:VCC。
SCS	Bit 11	同步捕获源,用于同步捕获的输入信号和时钟。 0:异步捕获。 1:同步捕获。
CLLDx	Bit 10 ~ 9	比较锁存装载,选择比较锁存装载事件。 00:TBCCRx 写入时 TBCLx 装载。 01:TBR 计数到 0 时 TBCLx 装载。 10:TBR 计数到 0 时 TBCLx 装载(递增或连续模式时);TBR 计数到 TBCL0 或 0 时装载(增减模式)。 11:TBR 计数到 TBCLx 时 TBCLx 装载。
CAP	Bit 8	捕获模式。 0:比较模式。 1:捕获模式。
OUTMODx	Bit 7 ~ 5	输出模式位。在模式 2、3、6、7 下 EQUx = EQU0,这些模式对 TBCL0 无效。 000:OUT 位的值。 001:置位。 010:翻转/复位。 011:置位/复位。 100:翻转。 101:复位。 110:翻转/置位。 111:复位/置位。
CCIE	Bit 4	捕获比较中断允许位,该位允许相应的 CCIFG 标志中断请求。 0:中断禁止。 1:中断使能。
CCI	Bit 3	捕获/比较输入。所选择的输入信号可以通过该位读取。

OUT	Bit 2	对于输出模式 0,该位直接控制输出状态。 0:输出低电平。 1:输出高电平。
COV	Bit1	捕获溢出位,指一个捕获溢出发生。COV 必须通过软件进行复位。 0:没有发生。 1:有发生。
CCIFG	Bit 0	捕获/比较中断标志位。 0:没有中断挂起。 1:有中断挂起。

(4)TBIV(Timer_B 中断向量寄存器)

TBIV 为 Timer_B 中断向量寄存器,各位说明如下:

15	14	13	12	11	10	9	8
0	0	0	0	0	0	0	0
r-0	r-0	r-0	r-0	r-0	r-0	r-0	r-0

7	6	5	4	3	2	1	0
0	0	0	0	TBIVx			0
r-0	r-0	r-0	r-0	r-0	r-0	r-0	r-0

TBIVx 的 Bits15 ~ 0,Timer_B 中断向量值如表 5-4 所示。

Timer_B 的中断优先级 表 5-4

TBIV 内容	中　断　源	中 断 标 志	中断优先级
00H	无中断挂起	—	
02H	捕获/比较 1	TBCCR1 的 CCIFG	最高
04H	捕获/比较 2	TBCCR2 的 CCIFG	
06H	捕获/比较 3(部分器件有)	TBCCR3 的 CCIFG	
08H	捕获/比较 4(部分器件有)	TBCCR4 的 CCIFG	
0AH	捕获/比较 5(部分器件有)	TBCCR5 的 CCIFG	
0CH	捕获/比较 6(部分器件有)	TBCCR6 的 CCIFG	
0EH	定时器溢出	TBIFG	最低

5.3.3 定时器 B 的中断管理

以下两个中断向量与 16 位 Timer_B 模块相关。

(1)TBCCR0 CCIFG 的 TBCCR0 中断向量。

(2)其他所有 CCIFG 标志位和 TBIFG 的 TBIV 中断向量。

在捕获模式下,当一个定时值被相关联的 TBCCRx 寄存器捕获时,任何 CCIFG 标志位置位。在比较模式下,当 TBR 计数到相关联的 TBCLx 值时,任何 CCIFG 标志位被置位。软件也可以置位或清除任何 CCIFG 标志位。当相应的 CCIE 位和 GIE 位置位时,所有 CCIFG 标志位需要一个中断。

TBCCR0 中断向量:

TBCCR0 CCIFG 标志位具有 Timer_B 的最高中断优先级且有一个专用的中断向量。当 TBCCR0 中断请求服务时,TBCCR0 CCIFG 标志位自动复位。

捕获/比较 TBCCR0 中断标志位如图 5-6 所示。

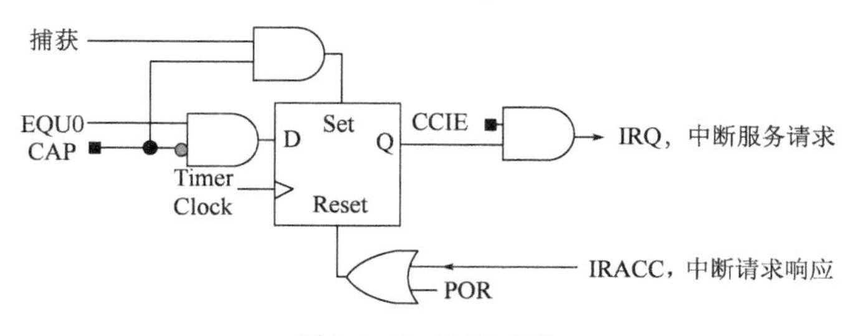

图 5-6　TBxCCR0 中断

TBIV(中断向量发生器):

TBIFG 标志位和 TBCCRx CCIFG 标志位(除了 TBCCR0 CCIFG)优先结合到源单一中断向量。中断向量寄存器 TBIV 用于决定哪个标志位需要中断。

最高优先级使能中断(除了 TBCCR0 CCIFG)在 TBIV 寄存器上产生一个数(详见寄存器)。该数能被评估或添加到程序计数器上从而自动进入相应的软件程序。使能 Timer_B 不影响 TBIV 的值。

对于任意访问,读或写,TBIV 寄存器自动复位最高等待中断标志位。如果一个中断标志位置位,另一个中断在服务初始中断后立即产生。例如,当中断服务程序访问 TBIV 寄存器时,TBCCR1 和 TBCCR2 CCIFG 标志位被置位,TBCCR1 CCIFG 则被自动复位。中断服务程序的 RET1 指令被执行后,TBCCR2 CCIFG 标志位将产生另一个中断。

5.3.4 “定时器 B 实验”的 PROTEUS 设计与仿真实训

(1)实训内容

实现 P4.1(TB1)、P4.2(TB2)、P4.3(TB3)、P4.4(TB4)输出四路 PWM 波。

(2)必备知识

PWM 基本原理:

脉冲宽度调制(PWM)简称脉宽调制。它是利用微处理器的数字输出来对模拟电路进行控制的一种非常有效的技术。

周期是指某些特征多次重复出现,其接续两次出现所经过的时间,用 T 表示。

占空比是指在一串理想的脉冲序列中(如方波),正脉冲的持续时间与脉冲总周期的比值,通常用 D 表示。设定占空比不同,其高低电平所占宽度不同,就可以得到所需要的 PWM 波了。

PWM 主要分为两种调试方法,第一种是调节 PWM 的频率,第二种是调节 PWM 的占空比。

固定的占空比,不同频率的 PWM,如图 5-7 所示。

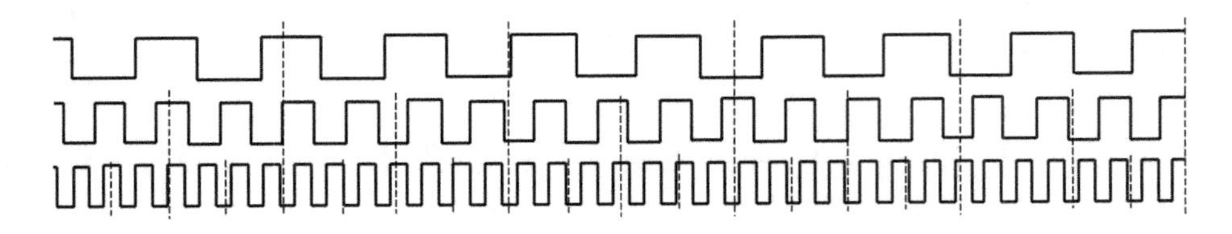

图 5-7　不同频率的 PWM

固定的频率，不同占空比的 PWM，如图 5-8 所示。

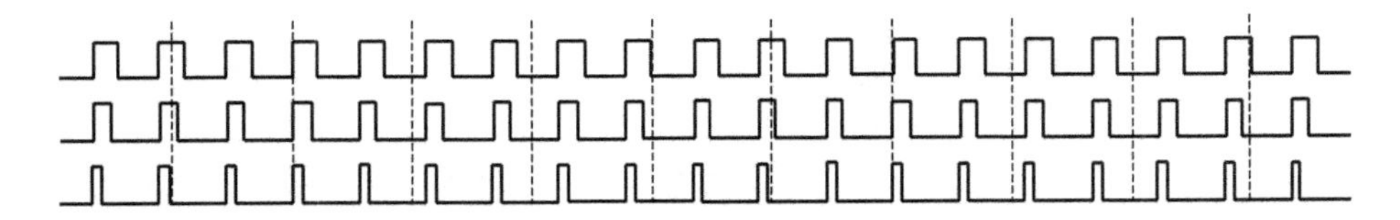

图 5-8　不同占空比的 PWM

(3) Proteus 仿真电路设计(二维码 5-2)

二维码 5-2
Proteus 仿真电路图

(4) 程序设计

本实训程序设计框图如图 5-9 所示。

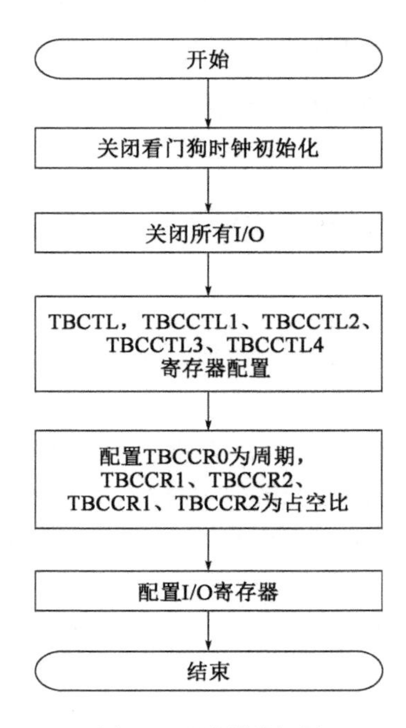

图 5-9　程序设计框图

程序代码：

```
#include <msp430x24x.h>
void Clk_Init()
{
  unsigned char i;
  BCSCTL1& = ~XT2OFF;                          //打开 XT 振荡器
  BCSCTL2| =SELM_2 +SELS;                      //MCLK 8M and SMCLK 8M
  do
  {
    IFG1 &=  ~OFIFG;                           //清除振荡错误标志
    for(i = 0; i < 0xff; i++)   _NOP();        //延时等待
  }
  while ((IFG1 & OFIFG) != 0);                 //如果标志为 1 继续循环等待
  IFG1& = ~OFIFG;
}
/************************ 关闭所有 I/O 口 ************************/
void Close_IO()
{
  /* 下面六行程序关闭所有的 I/O 口 */
  P1DIR = 0XFF;P1OUT = 0XFF;
  P2DIR = 0XFF;P2OUT = 0XFF;
  P3DIR = 0XFF;P3OUT = 0XFF;
  P4DIR = 0XFF;P4OUT = 0XFF;
  P5DIR = 0XFF;P5OUT = 0XFF;
  P6DIR = 0XFF;P6OUT = 0XFF;
}
void main( void )
{
  WDTCTL = WDTPW + WDTHOLD;                    //关闭看门狗
  Clk_Init();                                  //时钟初始化
  Close_IO();                                  //关闭 I/O 口
  TBCTL = TBSSEL1 + TBCLR + MC0;               //MCLK 为时钟源,清 TAR,增计数模式
  TBCCR0 = 10000 - 1;                          //设定 PWM 周期
  TBCCTL1 = OUTMOD_7;                          //CCR1 输出为 reset/set 模式
  TBCCR1 = 8000;                               //CCR1 的 PWM 占空比设定
  TBCCTL2 = OUTMOD_7;                          //CCR2 输出为 reset/set 模式
  TBCCR2 = 6000;                               //CCR2 的 PWM 占空比设定
  TBCCTL3 = OUTMOD_7;                          //CCR2 输出为 reset/set 模式
  TBCCR3 = 4000;                               //CCR2 的 PWM 占空比设定
  TBCCTL4 = OUTMOD_7;                          //CCR2 输出为 reset/set 模式
  TBCCR4 = 2000;                               //CCR2 的 PWM 占空比设定
  P4DIR| = 0X1e;                               //P4.1、P4.2 输出,对应 TA1,TA2
```

```
    P4SEL| =0X1e;                         //TA1,TA2 输出功能
    while(1);
}
```

(5)仿真结果(二维码5-3)

示波器测试P4.1(TB1)、P4.2(TB2)、P4.3(TB3)、P4.4(TB4)口,可以观察占空比为80%、60%、40%、20%的方波。

二维码5-3
示波器仿真结果

5.4 看门狗定时/计数器

在工业现场,由于供电电源、空间电磁干扰或其他原因往往会引起强烈的干扰噪声。这些干扰作用于数字器件,极易使其产生误动作,引起单片机程序跑飞,若不进行有效处理,程序就不能回到正常运行状态,从而失去应有的控制功能。为了保证系统的正常工作,一方面要尽量减少干扰源对系统的影响;另一方面,在系统受到影响之后要能尽快地恢复,看门狗就起这个作用。

看门狗的用法:在正常工作期间,一次看门狗定时时间将产生一次器件复位。如果通过编程使看门狗定时时间稍大于程序执行一遍所用的时间,并且程序执行过程中都有对看门狗定时器清零的指令,使计数器重新计数,当程序正常运行时,就会在看门狗定时时间到达之前执行看门狗清零指令,不会产生看门狗溢出。如果由于干扰使程序跑飞,则不会在看门狗定时时间到达之前执行看门狗清零指令,看门狗就会产生溢出,从而产生系统复位,CPU需要重新运行用户程序,程序再次恢复到正常运行状态。

5.4.1 看门狗定时器的结构

看门狗定时器结构如图5-10所示。它是一个特殊的定时器,其功能是当程序运行发生时序故障时能使系统重新启动。当发生故障的时间满足规定的定时时间后,产生一个非屏蔽中断,使系统复位。当在调试程序或预计程序运行在某段内部可能瞬时产生时序错误时,选用设置看门狗定时中断可以避免程序运行出错。如果看门狗不需要在应用程序中设定,可以将其配置为一个间隔定时器,并在设定时间内产生中断。

WDT模块还具有定时器的功能,可以通过WDTTMSEL位进行选择,也可以通过设置WDTCNTCL来使WDTCNT从0开始计数,其定时按选定的时间周期产生中断请求。当WDT工作在定时器模式时,WDTCTL中断标志位在定时时间到时置位。因该模式下中断源是单源的,当得到中断服务时WDTCTL标志位复位。

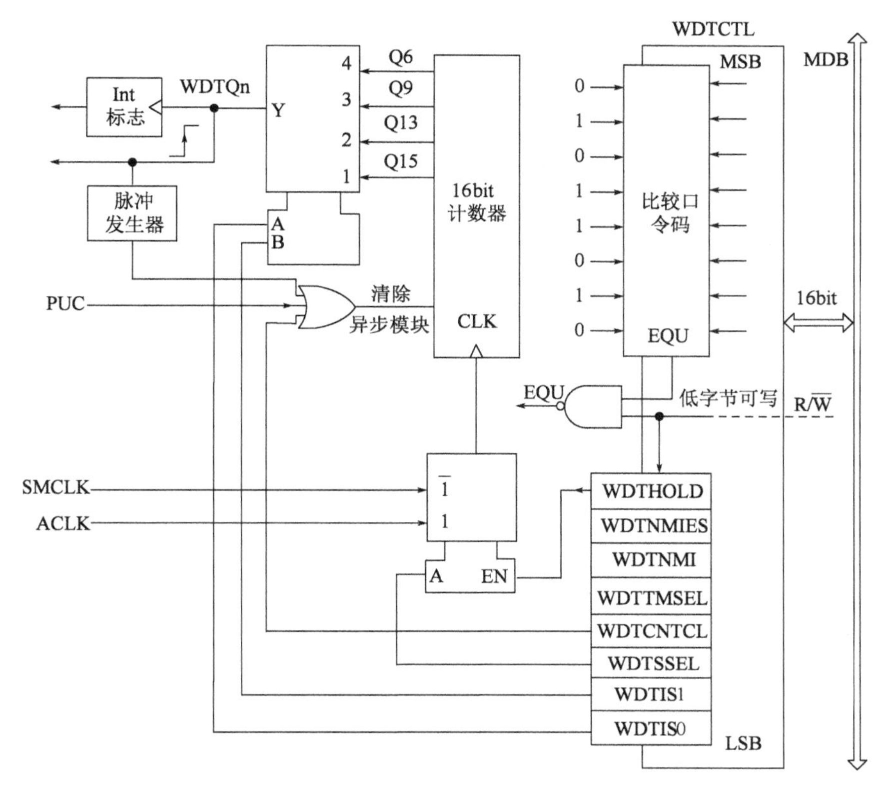

图5-10 看门狗定时器的结构

5.4.2 WDT 工作模式

用户通过 WDTCTL 寄存器中的 WDTTMSEL 和 WDTHOLD 控制位设置 WDT 工作在看门狗模式、定时器模式和低功耗模式。

(1)看门狗模式

WDTTMSEL 设置为 0 时,WDT 工作在看门狗模式。该模式下,一旦 WDT 到达定时时间或写入错误的口令都会触发 PUC 信号。PUC 后 WDT 自动配置成看门狗模式,SMCLK 作为时钟源,复位间隔时间为 32ms。用户必须在初始定时间隔到来之前重新设置或停止看门狗,否则将再次产生 PUC。用户软件一般都需要进行如下操作:

①WDT 初始化:设置合适的时间(通过 WDTSSEL、WDTIS0、WDTIS1、WDTIS2 位来选定)。

②周期性地对 WDTCNT 进行清零:防止 WDT 溢出,保证 WDT 的正确使用(WDTCTL = WDTPW + WDTCNTCL)。

在看门狗模式下,如果计数器超过了定时时间,就会产生复位和激活系统上电清除信号,系统从上电复位的地址重启动。如果系统不用看门狗功能,应该在程序开始处禁用看门狗功能(WDTCTL = WDTPW + WDTHOLD)。

(2)定时器模式

WDTTMSEL 设置为 1 时,WDT 工作在定时器模式。定时间隔到了以后,不会产生 PUC, WDTIFG 标志置位,产生选定时间的周期性中断,定时时间通过 WDTCTL 的 WDTCNTCL 置位时开始计数。

在定时器模式下改变定时时间时,需要注意以下几点:

①改变定时时间而不同时清除 WDTCNT 将导致不可预料的系统复位或中断。定时时间改变和计数器清除应该在一条指令中完成(WDTCTL = WDTPW + WDTCNTCL + WDTIS0)。

②计数器清除和定时器时间选择应同时进行,否则可能引起不可预料的系统复位或中断。

③正常计数时,改变时钟源可能导致 WDTCNT 额外的计数时钟。

(3)低功耗模式

MSP430 系列单片机在不同低功耗模式下,可使用不同的时钟信号。实际应用的需求和时钟类型决定了应该如何设置 WDT。例如,当时钟来源于 DCO、高级模式的 XT1 或 XT2 的 SMCLK 或 ACLK 时,用户如果想使用低功耗模式,则 WDT 不应该设置为看门狗模式,否则 SMCLK 或 ACLK 保持使能,增加了 LMP3 模式下的功耗。

当系统不需要 WDT 工作时,可设置 WDTHOLD = 1 来关闭 WDT,以降低功耗。

5.4.3 看门狗定时器寄存器

看门狗寄存器主要有三个,分别是 WDTCTL、IE1、IFG1,表 5-5 为三个寄存器的说明,接下来将详细介绍这三个寄存器。

看门狗寄存器　　表 5-5

寄存器	简称	寄存器类型	地址	初始状态
看门狗定时器控制寄存器	WDTCTL	读/写	0120h	06900h,PUC
SFR 中断使能寄存器 1	IE1	读/写	0000h	复位,PUC
SFR 中断标志寄存器 1	IFG1	读/写	0002h	复位,POR

(1)WDTCTL(看门狗定时寄存器)

WDT 可以通过 WDTCTL 寄存器配置为看门狗或定时器模式。WDTCTL 寄存器还包含了配置$\overline{RST}$/NMI 引脚的控制位。WDTCTL 是一个 16 位的、受口令保护的、可读写的寄存器。任何读或写都必须使用字指令,并且写访问还必须将写保护字 05AH 放到指令的高字节上。如果高字节中写入的值不是 05AH,那么将产生系统复位,而读 WDTCTL 的值,得到的高字节总是 069H。

WDTCTL 由两部分组成,高 8 位用作口令、低 8 位是对 WDT 操作的控制命令。WDTCTL 寄存器的各个位和说明如下:

15	14	13	12	11	10	9	8
WDTPW,读出为 069H,写入为 05AH							
7	6	5	4	3	2	1	0
WDTHOLD	WDTNMIES	WDTNMI	WDTTMSEL	WDTCNTCL	WDTSSEL	WDTISx	
rw-0	rw-0	rw-0	rw-0	rw-0	rw-0	rw-0	

WDTPW　　Bit 15~8　　看门狗定时器口令。读出为 069H,写入为 05AH。否则会导致系统复位。

WDTHOLD	Bit 7	看门狗定时器保持。当不使用看门狗定时器/计数器时置为1,可降低功耗。 0:看门狗定时器/计数器使能。 1:看门狗定时器/计数器停止。
WDTNMIES	Bit 6	看门狗定时器 NMI 边沿选择。当 WDTNMI = 1 时,该位选择 NMI 中断的边沿方式,此时改变该位将触发一个 NMI。为了避免产生意外的 NMI 中断,可以在 WDTNMI =0 时改变该位。 0:NMI 上升沿有效。 1:NMI 下降沿有效。
WDTNM	Bit 5	看门狗定时器 NMI 选择,$\overline{\text{RST}}$/NMI 引脚功能选择位。 0:复位功能。 1:NMI 功能。
WDTTMSEL	Bit 4	看门狗定时器工作模式选择。 0:看门狗模式。 1:定时器模式。
WDTCNTCL	Bit 3	看门狗定时器计数器清除位,该位为 1 则清除计数器值为0。清除后该位自动归0。 0:不清除计数器。 1:WDTCNT 清零。
WDTSSEL	Bit 2	看门狗定时器时钟源选择。 0:SMCLK。 1:ACLK。
WDTIx	Bit 1 ~0	看门狗定时器间隔选择。 00:WDT 时钟源/32768。 01:WDT 时钟源/8192。 10:WDT 时钟源/512。 11:WDT 时钟源/64。

(2)IEI(中断允许寄存器)

IEI 寄存器是一个 8 位寄存器,主要用来进行中断使能设置。IEI 寄存器的各个位和说明如下:

7	6	5	4	3	2	1	0
			NMIIE				WDTIE
			rw -0				rw -0

Unused	Bit 7 ~5	这些位能被用于其他的模块。

NMIE	Bit 4	NMI 中断允许。该位使能 NMI 中断。因为在 IE1 中的其他位可能被用于其他模块,所以建议使用 BIS. B 或 BIC. B 指令置位或清除该位。 0:中断禁止。 1:中断允许。
Unused	Bit 3 ~ 1	这些位能被用于其他的模块。
WDTIE	Bit 0	看门狗定时器中断允许。在看门狗模式下,该位不用设置。同样,由于 IE1 中的其他位可能被用于其他模块,所以建议使用 BIS. B 或 BIC. B 指令置位或清除该位。 0:中断禁止。 1:中断允许。

(3)IFG1(中断标志寄存器)

IFG1 寄存器是一个 8 位寄存器,该寄存器主要用来进行中断标志位的设置。IFG1 寄存器的各个位和说明如下:

7	6	5	4	3	2	1	0
			NMIIFG				WDTIFG
			rw - 0				rw - 0

Unused	Bit 7 ~ 5	未使用。
NMIIFG	Bit 4	NMI 中断标志位。NMIIFG 必须用软件清除。因为在 IFG1 中的其他位可能被用于其他模块,建议使用 BIS. B 或 BIC. B 指令清除 NMIIFG。 0:没有中断挂起。 1:有中断挂起。
Unused	Bit 3 ~ 1	未使用。
WDTIFG	Bit 0	看门狗定时器中断标志位。看门狗模式下,WDTIFG 保持置位直到被软件复位。在定时器模式下,WDTIFG 被自动复位。同样,由于 IFG1 中的其他位可能被用于其他模块,建议使用 BIS. B 或 BIC. B 指令清除 WDTIFG。 0:没有中断挂起。 1:有中断挂起。

5.4.4 "看门狗定时器实验"的 Proteus 设计与仿真实训

(1)实训内容

利用看门狗定时器,实现 LED 灯每隔 250ms 闪烁一次。

(2)必备知识

①掌握 Proteus 和 IAR 软件的设置和操作。

②掌握看门狗定时器的基本知识。

(3)Proteus 仿真电路设计

Proteus 仿真电路设计见二维码 5-4。

二维码 5-4
Proteus 仿真电路图

(4)程序设计

本实训程序设计框图,如图 5-11 所示。

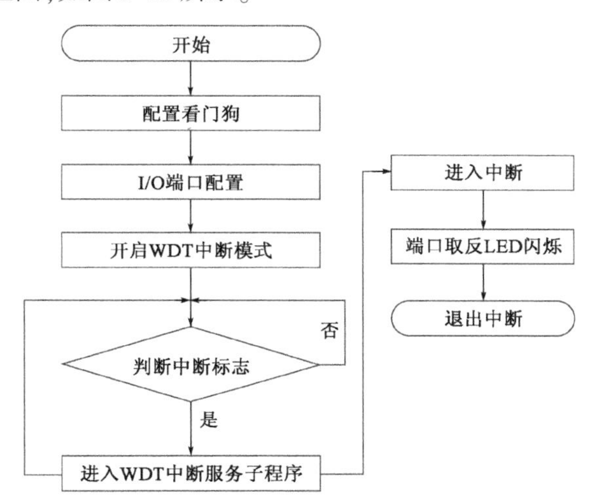

图 5-11　程序设计框图

程序开始运行,设置看门狗定时器,将 3.7 口设置为输出模式,开启中断模式,配置完毕。看门狗定时器每隔 250ms 将 3.7 口设为低电平,LED 灯实现闪烁。

程序代码:

```
#include < msp430x24x. h >
void main( void)
{
  WDTCTL = WDT_ADLY_250;       //设置看门狗定时器间隔为 250ms
  IE1 | = WDTIE;               //使能 WDT 中断
  P3DIR | = BIT7;              //设置 P3.7 为输出,LED 灭
  _BIS_SR( LPM0_bits + GIE);   //进入低功耗模式 0 并开启中断,也可直接开启中断
  _EINT( );
}
/ ************************ 看门狗定时器中断服务子程序 ************************ /
#pragma vector = WDT_VECTOR
__interrupt void watchdog_timer( void)
{
  P3OUT ^= BIT7;               //P3.7 取反,LED 亮
}
```

(5)仿真结果

打开仿真软件,运行已搭建的电路,LED 灯实现闪烁。

第6章

MSP430 通信接口

6.1　通用异步串行接口

UART 工作模式的内部硬件框图如图 6-1 所示。该模块包含以下几个部分：

①波特率部分：控制串行通信数据接收和发送的速度。

②接收部分：接收串行输入的数据。

③发送部分：发送串行输出的数据。

UART 模式的特性包括：

①采用奇偶校验或无校验的 7 或 8 位传输数据。

②独立的发射和接收移位寄存器。

③分开的发射和接收缓冲寄存器。

④最低位或最高位开始的数据发射和接收模式。

⑤对于多处理系统，内建有线路空闲/地址位通信协议。

⑥接收数据时具有从 LPMx 模式自动唤醒的低功耗唤醒功能。

⑦可编程实现分频因子为整数和小数的波特率。

⑧具有错误检测和拟制的状态标志。

⑨具有地址检测的状态标志。

⑩独立的发射和接收中断。

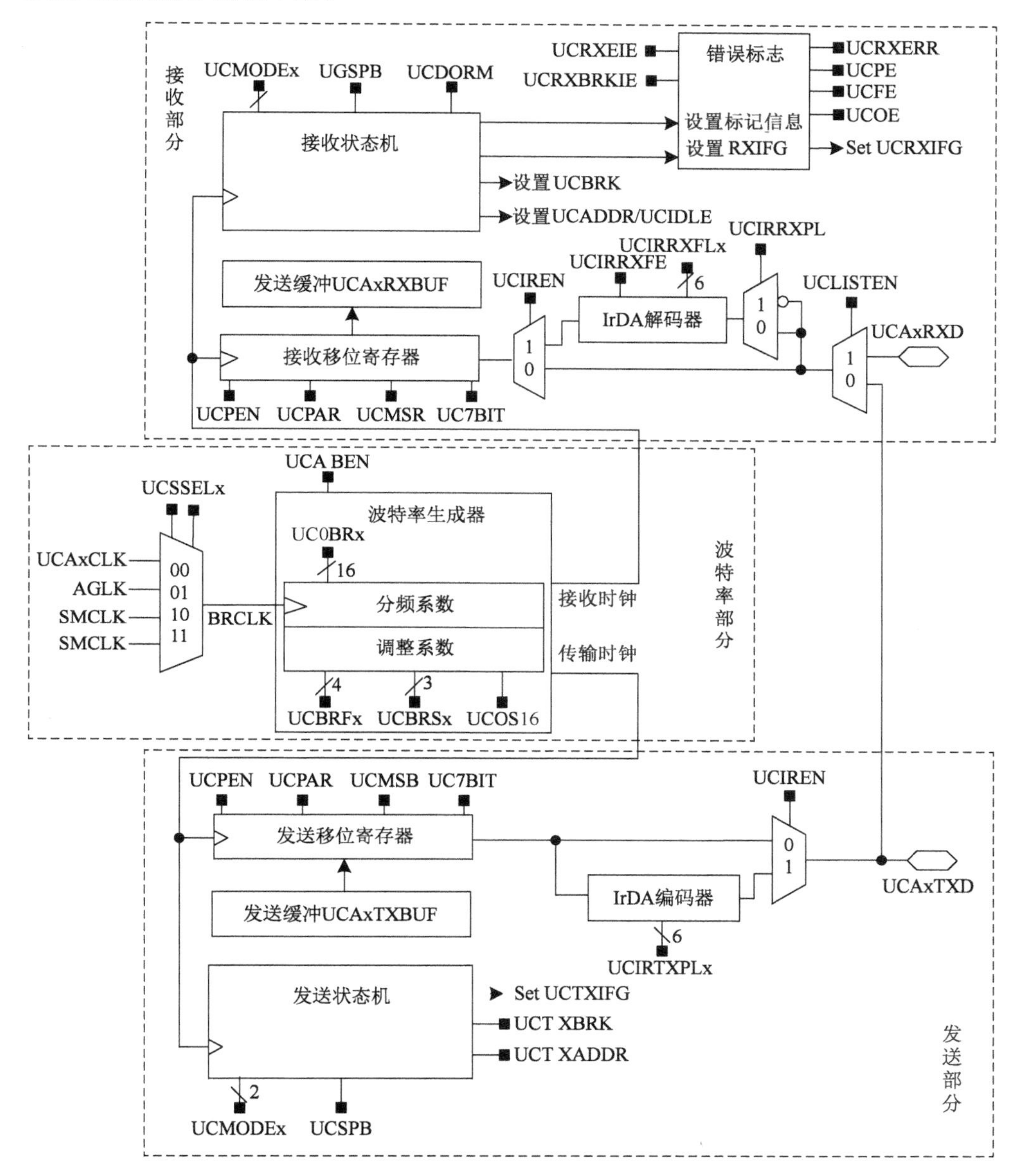

图 6-1　UART 工作模式的内部硬件框图

6.1.1　串行接口初始化/重配置的基本步骤

在 UART 模式下,USCI 异步地以一位速率向另一个设备发送和接收字符。每个字符的时序基于选择的 USCI 波特率,发送和接收使用相同的波特率频率。

(1) USCI 初始化和复位

USCI 通过 PUC 或者置位 UCSWRST 位来复位。在 PUC 之后,UCSWRST 位自动置位,并使 USCI 保持复位状态。当 UCSWRST 置位时,它会重新置位 UCAxRXIE、UCAxTXIE、UCAx-RXIFG、UCRXERR、UCBRK、UCPE、UCOE、UCFE、UCSTOE 和 UCBTOE 位并置位 UCAxTXIFG

位。清除 UCSWRST 将释放 USCI，使其进入操作状态。

(2)初始化或者重配置 USCI 模块步骤

①串口复位通过上电复位或设置 SWRST 位为 1。

②初始化所有的 USART 寄存器(SWRST =1)。

③使能 USART 模块。

④清零 SWRST。

⑤如果需要，则使能中断。

6.1.2 通用异步串行接口的数据格式

异步通信字符格式如图 6-2 所示，包括一个起始位、7 或 8 个数据位、一个奇/偶/无校验位、一个地址位(地址位模式)、一个或两个停止位。每位数据的周期通过所选择的时钟和波特率发生器来确定。

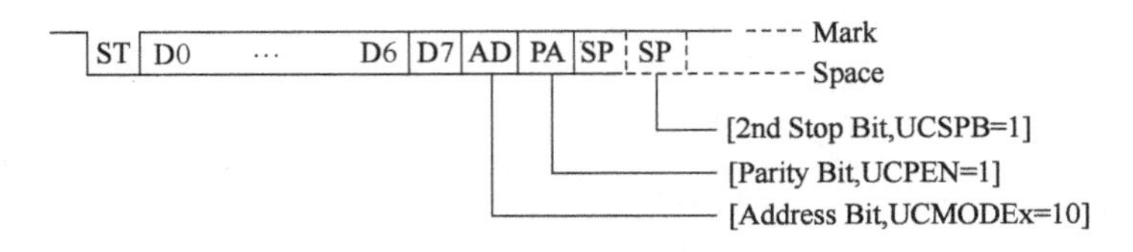

图 6-2 异步通信字符格式

6.1.3 异步多机通信模式

在异步模式下，USCI 支持两种多机通信模式，即线路空闲和地址位多机模式。信息以一个多帧数据块的方式，从一个指定的源传送到一个或多个目的位置。在同一个串行链路上，多个处理机之间可以用这些格式来交换信息，实现了在多处理机通信系统间的有效数据传输。它们也用于使系统的激活状态压缩到最低，以节省电流消耗或处理所用资源。

(1)线路空闲多机模式

线路空闲多机模式用于同类处理器之间的串行通信，其收发格式如图 6-3 所示。在这种模式下，数据块被空闲时间分隔。在字符的第一份停止位之后，收到 10 个或 10 个以上的 1，则表示检测到接收线路空闲。某单片机发送之前，首先借助于 UCIDLE 位判断线路是否空闲，如果空闲，就可以发起一次块传输，接收者可根据块中分配的地址，得知是哪个单片机发送的数据，并进行相应的处理。程序员可以自己规定协议，例如块首位是发送者的地址或者接收者的地址，随后可以是要发送的字节数，再后就是要发送的数据。

当有多机进行通信时，应该充分利用线路空闲多机模式，使用此模式可以使多机通信的 CPU 在接收数据之前首先判断地址，如果地址与自己软件中设定的一致，则 CPU 被激活接收下面的数据；如果不一致，则保持休眠状态，最大限度地降低 UART 的消耗。

(2)地址位多机模式

当 UCMODEx =2 时，异步串行口工作于地址位多机通信模式，如图 6-4 所示。字符块的第一个字符为地址，并有地址标志。当接收到含有地址标志的第一个字符时，UCADDR 被置位，并且接收到的字符会被转入到接收缓冲器 RXBUF 中。

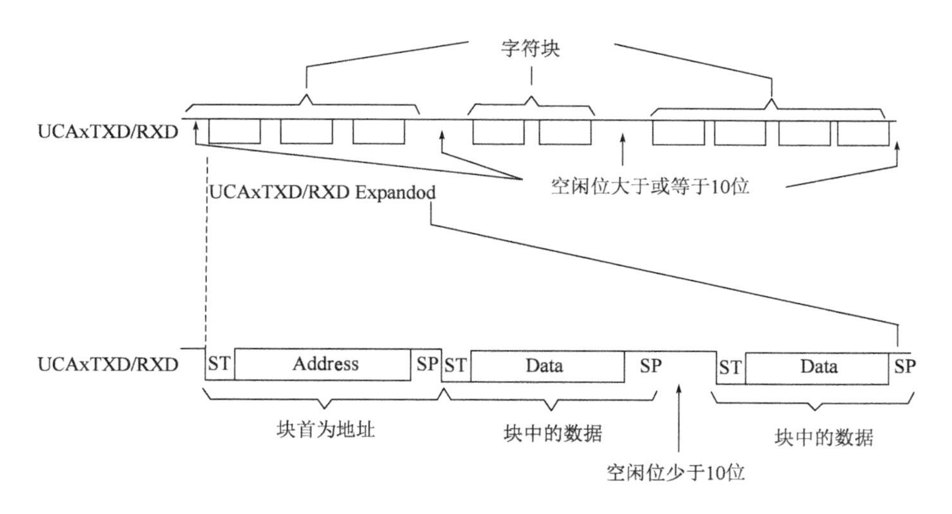

图6-3 线路空闲多机模式

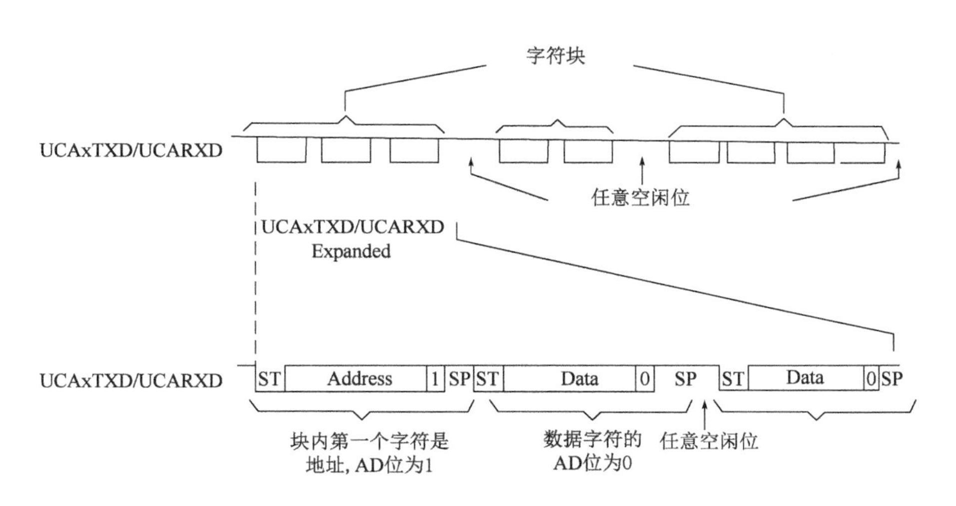

图6-4 地址位多机模式

UCDORM 被用于异步串行口工作于地址位通信模式的数据接收控制。当 UCDORM = 1 时,接收到含有地址标志为 0 的字符不会在接收器组装,更不会被转入到接收缓冲器 RXBUF 中,也不会置位接收标志 UCRXIFG,当然也就不会引起接收中断;如果接收含有地址标志为 1 的字符,则产生中断。若有错误,则相应的错误标志会被置位,用户收到就可以根据错误类型进行相应的处理。值得注意的是,在此情况下接收到的字符不会被转入到 RXBUF 中,接收标志 UCRXIFG 也不会被置位。

如果接收到地址字符,用户就必须软件清除 UCDORM(硬件不会自动清除),以便接收后续的数据块字符,否则就只能接收含有地址标志为 1 的字符。

为在地址工作模式下传送地址,使用 UCTXADDR 进行控制。发送数据块时,UCTXADDR = 1 被加载到要发送的块首字符中,以表示发送的是地址。反之,发送的就是数据。一旦发送开始,UCTXADDR 就会在起始位出现时自动被清除。

6.1.4 串行操作自动错误检测

串行操作可自动检测以下错误：

(1)FE 标志帧错误：若接收的停止位为0,则产生帧错误,帧错误标志置1。在多停止位模式,只检测第一个停止位。

(2)PE 奇偶校验错误：若接收字符中 1 的个数与它的校验位标识不相符,且被装入接收缓存,则发生校验错误,PE 将被置 1。

(3)OE 溢出错误：若一个字符还没有被读出,下一个字符就写入接收缓存 URXBUF,那么前一个字符就会因被覆盖而丢失,出现溢出(同步或异步情况相同),OE 将被置 1。

(4)BRK 打断检测标志：若从丢失的第一个停止位开始连续出现至少 10 位低电平,则 RXD 线路将被识别打断。当发生一次打断时,该位被设置为 1,表示打断过接收过程。

6.1.5 UART 波特率的产生

USCI 波特率发生器可以从非标准源频率产生标准波特率。通过设定 UCOS16 位可以选择两种模式中的一种。

(1)低频波特率的产生。当 UCOS16 =0 时,就选择了低频模式。这种模式允许从低频时钟源(来源 32768Hz 晶振的 9600 波特率)上产生波特率。通过采用低输入频率减少模块的电源消耗。在高频和高分频设置下用这种模式将导致在更小的窗口下采用多数表决方式,因此降低了多数表决方式的优势。

在低频模式下,波特率发生器采用分频器和调整器来产生位时钟定时信号。这种方式支持产生不是整数的波特率。在这种方式下,最大 USCI 波特率是 UART 源时钟频率 BRCLK 的 1/3。

每一位的定时如图 6-5 所示。对接收到的每一位,多数表决决定这一位的值。这些采样点发生在 $N/2-1/2$、$N/2$、$N/2+1/2$BRCLK 周期。N 值是每个 BITCLK 时钟中 BRCLKs 的数目。

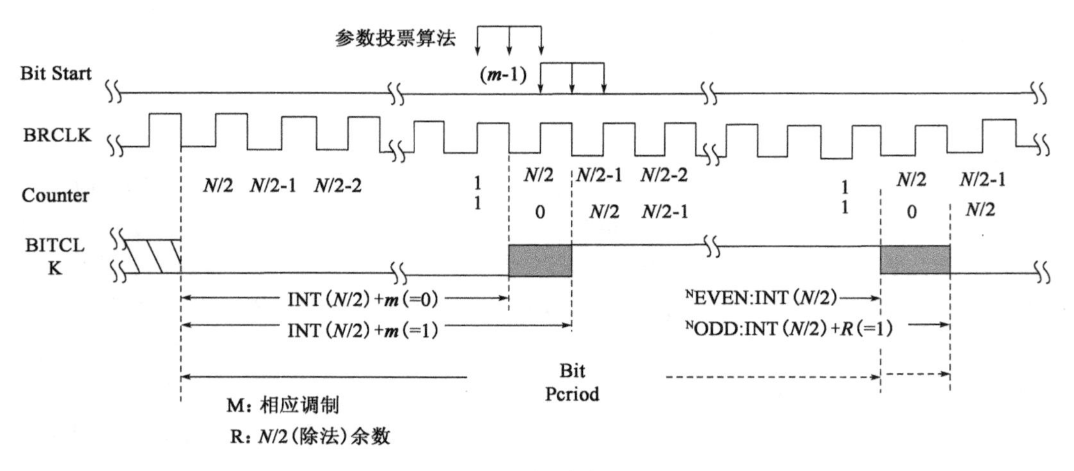

图 6-5 波特率定时

(2)过采样波特率的产生。当 UCOS16 =1 时,就选择了过采样模式。这种模式支持以高输入时钟频率采样 UART 位流。这导致以位时钟周期的 1/16 的多数表决原则。当 1rDA 编码器和解码器使能时,这种模式也支持 3/16 位时间的 1rDA 脉冲。

这种模式使用一个分频器和一个调整器产生 BITCLK16 时钟，此时钟比 BITCLK 快 16 倍。附加的分频器和调整器从 BITCLK16 产生 BITCLK 时钟。这种方式支持 BITCLK16 和 BITCLK 产生不是整数的波特率。在这种方式下，最大 USCI 波特率是 UART 源时钟频率 BRCLK 的 1/16。当 UCBRx 设置为 0 或 1 时，第一分频和调整过程被绕过并且 BITCLK 等于 BITCLK16。在这种情况下，BITCLK16 没有调整的可能，因此 UCBRFx 位被忽略。

6.1.6 异步模式下的寄存器

在 UART 模式下的 USCI 寄存器如表 6-1 和表 6-2 所示。

USCI_A0 控制和状态寄存器 表 6-1

寄存器	缩写	读写类型	地址	初始状态
USCI_A0 控制寄存器 0	UCA0CTL0	读/写	060H	PUC 复位
USCI_A0 控制寄存器 1	UCA0CTL1	读/写	061H	PUC 后 001H
USCI_A0 波特率控制寄存器 0	UCA0BR0	读/写	062H	PUC 复位
USCI_A0 波特率控制寄存器 1	UCA0BR1	读/写	063H	PUC 复位
USCI_A0 调整控制寄存器	UCA0MCTL	读/写	064H	PUC 复位
USCI_A0 状态寄存器	UCA0STAT	读/写	065H	PUC 复位
USCI_A0 接收缓冲寄存器	UCA0RXBUF	读	066H	PUC 复位
USCI_A0 发送缓冲寄存器	UCA0TXBUF	读/写	067H	PUC 复位
USCI_A0 自动波特率控制寄存器	UCA0ABCTL	读/写	05DH	PUC 复位
USCI_A0 IrDA 发送控制寄存器	UCA0IRTCTL	读/写	05EH	PUC 复位
USCI_A0IrDA 接收控制寄存器	UCA0IRRCTL	读/写	05FH	PUC 复位
SFR 中断使能寄存器 2	IE2	读/写	001H	PUC 复位
SFR 中断标志寄存器 2	IFG2	读/写	003H	PUC 后 00AH

USCI_A1 控制和状态寄存器 表 6-2

寄存器	缩写	读写类型	地址	初始状态
USCI_A1 控制寄存器 0	UCA1CTL0	读/写	0D0H	PUC 复位
USCI_A1 控制寄存器 1	UCA1CTL1	读/写	0D1H	PUC 后 001H
USCI_A1 波特率控制寄存器 0	UCA1BR0	读/写	0D2H	PUC 复位
USCI_A1 波特率控制寄存器 1	UCA1BR1	读/写	0D3H	PUC 复位
USCI_A1 调整控制寄存器	UCA1MCTL	读/写	0D4H	PUC 复位
USCI_A1 状态寄存器	UCA1STAT	读/写	0D5H	PUC 复位
USCI_A1 接收缓冲寄存器	UCA1RXBUF	读	0D6H	PUC 复位
USCI_A1 发送缓冲寄存器	UCA1TXBUF	读/写	0D7H	PUC 复位
USCI_A1 自动波特率控制寄存器	UCA01ABCTL	读/写	0CDH	PUC 复位
USCI_A1 IrDA 发送控制寄存器	UCA1IRTCTL	读/写	0CEH	PUC 复位
USCI_A1 IrDA 接收控制寄存器	UCA1IRRCTL	读/写	0CFH	PUC 复位
USCI_A1/B1 中断使能寄存器 2	UC1IE	读/写	006H	PUC 复位
USCI_A1/B1 中断标志寄存器 2	UC1IFG	读/写	007H	PUC 后 00AH

(1)UCAxCTL0(USCI_Ax 控制寄存器 0)

UCAxCTL0 寄存器各个位和说明如下:

7	6	5	4	3	2	1	0
UCPEN	UCPAR	UCMSB	UC7BIT	UCSPB	UCMODEx		UCSYNC
rw -0	rw -0	rw -0	rw -0	rw -0	rw -0	rw -0	rw -0

UCPEN　Bit 7　奇偶使能。
0:奇偶禁止。
1:奇偶使能。

UCPAR　Bit 6　奇偶选择。
0:奇校验。
1:偶校验。

UCMSB　Bit 5　控制接收和发送移位寄存器的方向。
0:低位先发送。
1:高位先发送。

UC7BIT　Bit 4　数据位长度。选择 7 位或 8 位字符长度。
0:8 位。
1:7 位。

UCSPB　Bit 3　停止位选择。
0:1 个停止位。
1:2 个停止位。

UCMODEx　Bit 2 ~ 1　USCI 模式。
00:UART 模式。
01:空闲线路多机模式。
10:地址位多机模式。
11:自动波特率检测的 UART 模式。

UCSYNC　Bit 0　同步模式允许位。
0:异步模式。
1:同步模式。

(2)UCAxCTL1(USCI_Ax 控制寄存器 1)

UCAxCTL1 寄存器的各个位和说明如下:

7	6	5	4	3	2	1	0
UCSSELx		UCRXEIE	UCBRKIE	UCDORM	UCTXADDR	UCTXBRK	UCSWRST
rw -0	rw -0	rw -0	rw -0	rw -0	rw -0	rw -0	rw -1

UCSSELx　Bits 7 ~ 6　USCI 时钟源选择位。
00:UCLK。

		01:ACLK。
		10:SMCLK。
		11:SMCLK。
UCRXEIE	Bit 5	接收出错中断允许位。 0:不允许中断。 1:允许中断。
UCBRKIE	Bit 4	接收暂停字符中断允许。 0:接收暂停字符不置位 UCAxRXIFG。 1:接收暂停字符置位 UCAxRXIFG。
UCDORM	Bit 3	睡眠状态。使 USCI 处于睡眠模式 0:非睡眠模式。 1:睡眠模式。
UCTXADDR	Bit 2	发送地址。 0:下一帧是数据。 1:下一帧是地址。
UCTXBRK	Bit 1	发送暂停。对将要写到发送缓存的数据带暂停。为了产生需要的暂停/同步域,在带自动波特率检测的 UART 模式中 055H 必须写到 UCAxTXBUF 中。否则 0H 必须写到发送缓存中。 0:发送的下一帧不是暂停。 1:下一帧发送的是暂停或者暂停同步。
UCSWRST	Bit 0	软件复位使能。 0:禁止。USCI 复位释放。 1:使能。USCI 在复位状态保持。

(3)UCAxBR0、UCAxBR1(USCI_AX 波特率控制寄存器)

UCAxBR0 寄存器各个位如下:

7	6	5	4	3	2	1	0
UCBRx							
rw	rw	rw	rw	rw	rw	rw	rw

UCAxBR1 寄存器各个位如下:

7	6	5	4	3	2	1	0
UCBRx							
rw	rw	rw	rw	rw	rw	rw	rw

UCBRx　　Bits 7 ~ 0　　波特率发生器的时钟的分频因子设置。

(4)UCAxMCTL(USCI_Ax 调整控制寄存器)

UCAxMCTL 寄存器的各个位和说明如下：

7	6	5	4	3	2	1	0
UCBRFx				UCBRSx			UCOS16
rw -0	rw -0	rw -0	rw -0	rw -0	rw -0	rw -0	rw -0

UCBRFx　Bit 7 ~4　选择第一个调试阶段。这些位决定了 UCOS16 =1 时 BITCLK16 的调整位图。在 UCOS16 =0 时忽略这些位。

UCBRSx　Bit 3 ~1　选择第二个调试阶段。这些位决定 BITCLK16 的调整位图。

UCOS16　Bit 0　过采样模式允许。
0:禁止。
1:允许。

(5)UCAxSTAT(USCL_Ax 状态寄存器)

UCAxSTAT 寄存器用来确定波特率的小数部分。UCAxSTAT 的各个位和说明如下：

7	6	5	4	3	2	1	0
UCLISTEN	UCFE	UCOE	UCPE	UCBRK	UCRXERR	UCADDR UCIDLE	UCBUSY
rw -0	rw -0	rw -0	rw -0	rw -0	rw -0	rw -0	rw -1

UCLISTEN　Bit 7　帧听允许位。
0:禁止。
1:允许。

UCFE　Bit 6　帧错误标志。
0:没有错误。
1:有错误。

UCOE　Bit 5　溢出标志。
0:没有溢出。
1:有溢出。

UCPE　Bit 4　校验错误标志位。
0:没有错误。
1:校验错误。

UCBRK　Bit 3　打断校验位。
0:没有打断。
1:有打断。

UCRXERR　Bit 2　接收出错标志。这一位表示接收的字符有错误。当 UCRXERR = 1 时,一个或更多的错误标志(UCFE、UCPE、UCOE)都会被置位。当接收缓冲被读时,UCRXERR 标志会被清 0。

		0:没有检测到接收错误。 1:检测到接收错误。
UCADDR	Bit 1	在地址位多机模式接收的地址。 0:接收到的字符是数据。 1:接收到的字符是地址。
UCIDLE	Bit 1	在线路空闲多机模式中检测线路空闲。 0:没有检测到线路空闲。 1:检测到线路空闲。
UCBUSY	Bit 0	USCI 忙。 0:USCI 不活动。 1:USCI 进行发送或接收。

(6)UCAxRXBUF(USCI_Ax 接收缓冲寄存器)

UCAxRXBUF 寄存器的各个位和说明如下:

7	6	5	4	3	2	1	0
UCRXBUFx							
rw	rw	rw	rw	rw	rw	rw	rw

UCRXBUFx	Bit 7 ~0	接收数据缓冲区用户可以访问,此缓冲区包含来自接收移位寄存器最后接收的字符。读接收缓冲 UCRXBUFx 复位接收错误位 UCADDR 或 UCIDLE 位和 UCAxRXIFG 位。在 7 位数据模式中,UCAxRXBUF 是低位优先即 LSB,MSB 一直是复位的。

(7)UCAxTXBUF(USCI_Ax 发送缓冲寄存器)

UCAxTXBUF 寄存器的各个位和说明如下:

7	6	5	4	3	2	1	0
UCRXBUFx							
rw	rw	rw	rw	rw	rw	rw	rw

UCAxTXBUF	Bit 7 ~0	发送数据缓冲区用户可以访问,发送缓冲区将数据保持到数据移入发送移位寄存器并发送到 XCAxTXD。对发送数据缓冲区进行写操作可以清 UCAxTXIFG 标志。UCAxTXBUF 的最高位优先即 MSB 不用 7 位数据,此位是复位状态。

(8)UCAxIRTCTL(USCI_Ax 的 IRDA 发送控制寄存器)

UCAxIRTCTL 寄存器的各个位和说明如下:

7	6	5	4	3	2	1	0
UCIRTXPLx						UCIRTXCLK	UCIREN
rw-0	rw-0	rw-0	rw-0	rw-0	rw-0	rw-0	rw-0

UCIRTXPLx　Bit 7~2　发送脉冲宽度。
脉冲宽度$t_{PULSE}=(UCIRTXPLx+1)/(2\times f_{IRTCLK})$。

UCIRTXCLK　Bit 1　IrDA 发送脉冲时钟选择。
0:BRCLK。
1:当 UCOS16=1 时,选择 BITCLK16;否则,选择 BRCLK。

UCIREN　Bit 0　IrDA 编码器/解码器允许。
0:IrDA 编码器/解码器禁止。
1:IrDA 编码器/解码器允许。

(9)UCAxIRRCTL(USCI_Ax 的 IrDA 接收控制寄存器)

UCAxIRRCTL 寄存器的各个位和说明如下:

7	6	5	4	3	2	1	0
UCIRRXFLx						UCIRRXPL	UCIRRXFE
rw-0	rw-0	rw-0	rw-0	rw-0	rw-0	rw-0	rw-0

UCIRRXFLx　Bit 7~2　接收过滤器长度。接收最小脉冲宽度计算如下:
$t_{MIN}=(UCIRRXFLx+4)/(2\times f_{IRTCLK})$。

UCIRRXPL　Bit 1　IrDA 接收输入 UCAxRXD 极性。
0:IrDA 收发器发送高电平,当检测到光脉冲时。
1:IrDA 收发器发送低电平,当检测到光脉冲时。

UCIRRXFE　Bit 0　IrDA 接收过滤器允许。
0:接收过滤器禁止。
1:接收过滤器允许。

(10)UCAxABCTL(USCI_Ax 的自动波特率控制寄存器)

UCAxABCTL 寄存器的各个位和说明如下:

7	6	5	4	3	2	1	0
Reserved		UCDELIMx		UCSTOE	UCBTOE	Reserved	UCABDEN
r-0	r-0	rw-0	rw-0	rw-0	rw-0	r-0	rw-1

Reserved　Bit 7~6　保留位。

UCDELIMx　Bit 5~4　打断/同步分隔符长度。
00:1 位时长。
01:2 位时长。

		10:3 位时长。
		11:4 位时长。
UCSTOE	Bit 3	同步域超时错误。
		0:没有错误。
		1:同步域长度超出可测量时间。
UCBTOE	Bit 2	打断超时错误。
		0:没有错误。
		1:打断域长度超出 22 位时长。
Reserved	Bit 1	保留位。
UCABDEN	Bit 0	自动波特率检测允许。
		0:波特率检测禁止。不测量打断和同步域的长度。
		1:波特率检测允许。测量打断和同步域的长度,波特率的设置因此改变。

(11)IE2(USCI_A0 中断使能寄存器 2)

IE2 寄存器的各个位和说明如下:

7	6	5	4	3	2	1	0
						UCA0TXIE	UCA0RXIE
						rw -0	rw -0

UCA0TXIE	Bit 1	USCI_A0 发送中断使能。
		0:中断禁止。
		1:中断使能。
UCA0RXIE	Bit 0	USCI_A0 接收中断使能。
		0:中断禁止。
		1:中断使能。

(12)IFG2(中断标志寄存器 2)

IFG2 寄存器的各个位和说明如下:

7	6	5	4	3	2	1	0
						UCA0TXIFG	UCA0RXIFG
						rw -1	rw -0

UCA0TXIFG	Bit 1	USCI_A0 发送中断标志。
		0:没有中断等待。
		1:中断等待。
UCA0RXIFG	Bit 0	USCI_A0 接收中断标志。
		0:没有中断等待。
		1:中断等待。

(13)UC1IE(USCI_A1 中断使能寄存器)

UC1IE 寄存器的各个位和说明如下:

7	6	5	4	3	2	1	0
Unused						UCA1TXIE	UCA1RXIE
rw-0	rw-0	rw-0	rw-0			rw-0	rw-0

Unused　　Bits 7~2　　未使用。

UCA1TXIE　　Bit 1　　USCI_A1 发送中断使能。

0:中断禁止。

1:中断使能。

UCA1RXIE　　Bit 0　　USCI_A1 接收中断使能。

0:中断禁止。

1:中断使能。

(14)UC1IFG(USCI_A1 中断标志寄存器)

UC1IFG 寄存器的各个位和说明如下:

7	6	5	4	3	2	1	0
Unused						UCA1TXIFG	UCA1RXIFG
rw-0	rw-0	rw-0	rw-0			rw-1	rw-0

Unused　　Bits 7~2　　未使用。

UCA1TXIFG　　Bit 1　　USCI_A1 发送中断标志。

0:没有中断等待。

1:中断等待。

UCA1RXIFG　　Bit 0　　USCI_A1 接收中断标志。

0:没有中断等待。

1:中断等待。

6.1.7 “UART 实验”的 PROTEUS 设计与仿真实训

(1)实训内容

使用 UART0 在 9600 波特率下,每接收一个数据转发一个数据,并将每次接收到的数据的 ASCⅡ二进制码在数码管显示。

(2)必备知识

掌握 MSP430 系列单片机串口及串口中断的使用方法。

(3)Proteus 仿真电路设计

二维码 6-1 是 Proteus 的仿真电路设计的原理图。

二维码 6-1
Proteus 仿真电路图

(4)程序设计

本实训程序设计框图,如图 6-6 所示。

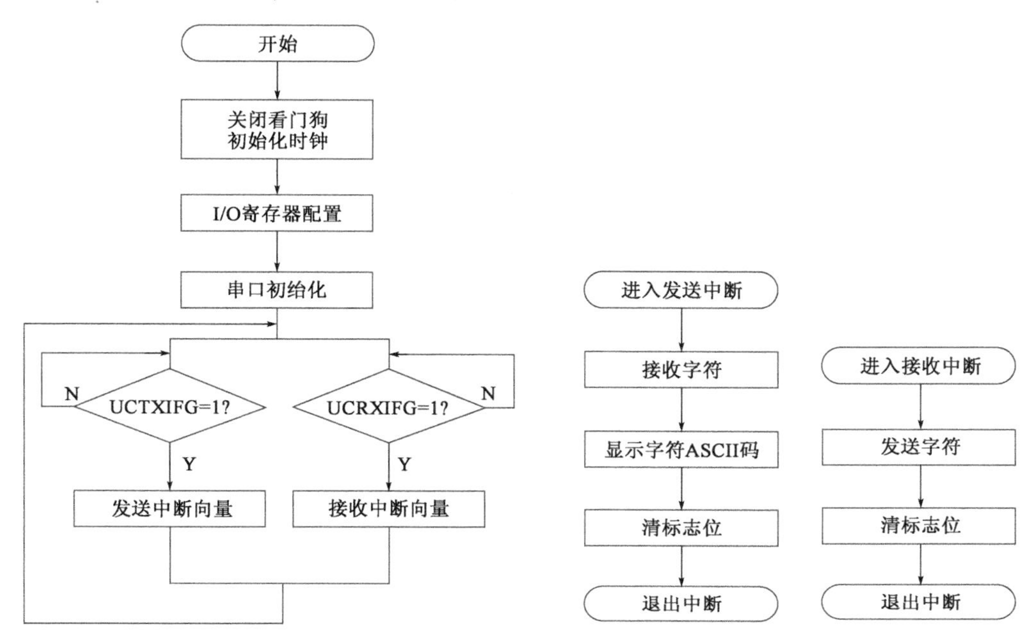

图 6-6 程序设计框图

程序代码:

```
#include <msp430f249.h>
typedef unsigned char uchar;
typedef unsigned int uint;
char string[8];
char i,j;
/************************* 时钟初始化 *************************/
void Clk_Init()
{
  unsigned char i;
  BCSCTL1& = ~XT2OFF;                  //使能 XT2 引脚
  BCSCTL2| =SELM_2 +SELS;              //主系统时钟为 8M 和子系统时钟为 8M
  do
  {
    IFG1& = ~OFIFG;                    //清除 IFG1 的振荡错误标志
    for(i =0;i <0xff;i + + ) _NOP( );  //延时等待 i <255
  }
  while((IFG1&OFIFG)! =0);             //检测振荡器故障标志位
  IFG1& = ~OFIFG;                      //清除 IFG1 的振荡错误标志
}

/************************* 关闭所有 I/O 口 *************************/
```

```
void SendData( uchar Data)
{
  UCA0TXBUF = Data;//TX - > RXed character
  while( ! (IFG2&UCA0TXIFG)) ;        //判断是否就绪
}

void SendChars( char  * p)
{
  uchar len;
  len = strlen( p) ;
  while( len)
  {
    SendData( * p) ;
    p + + ;
    len - - ;
  }
}

void main( void)
{
  WDTCTL = WDTPW + WDTHOLD;          //关闭看门狗
  Clk_Init( ) ;                      //时钟初始化,外部8M晶振
  P1DIR = 0xff;                      //配置P1口
  P1OUT = 0;
  P3SEL| = 0x30;                     //选择P3.4和P3.5作为UART通信端口
  UCA0CTL1 | = UCSSEL_1;
  UCA0BR0 = 0x03;                    //波特率为32kHz/9600 = 3.41Hz
  UCA0BR1 = 0x00;
  UCA0MCTL = UCBRS1 + UCBRS0;        //配置UCBRSx = 1,UCBRSx = 0
  UCA0CTL1& = ~UCSWRST;              //使能USCI逻辑
  IE2| = UCA0RXIE;                   //使能并接收中断
  SendChars( "Press any Key..... \r" ) ;
  _BIS_SR( LPM0_bits + GIE) ;
}
#pragma vector = USCIAB0TX_VECTOR
__interrupt void USCI0TX_ISR( void)    //UART中断服务程序
{
  UCA0TXBUF = UCA0RXBUF;             //把接收到的数据发送到发送寄存器,并开始发送
  IE2& = ~UCA0TXIE;
}
#pragma vector = USCIAB0RX_VECTOR
__interrupt void USCI0RX_ISR( void)
{
```

```
    UCA0TXBUF = UCA0RXBUF;              //把接收到的数据发送到发送寄存器,并开始发送
    P1OUT = UCA0RXBUF;                  //配置 LED 端口
    IE2& = ~UCA0TXIE;
}
```

(5)仿真结果

双击 MSP430F249 单片机,选择可执行文件 *.hex,设置参数 ACLK = 32768Hz。运行后可以在发送数据虚拟终端输入字符,每输入一个字符,显示一次,同时在数码管显示该字符的 16 进制 ASCII 码。

6.2 SPI 接口

6.2.1 SPI 接口概述

在同步通信模式下,MSP430 通过 UCxSIMO、UCxSOMI、UCxCLK、UCxSTE 中的 3 或 4 根线与外部设备进行连接。当 USCI 控制寄存器 UCAxCTL0 的 UCSYNC = 1 时,MSP430 工作于 SPI 模式;UCAxCTL0 的 MCMODEx 字段的值,决定 SPI 工作是 2 线制还是 4 线制。其内部硬件如图 6-7 所示。

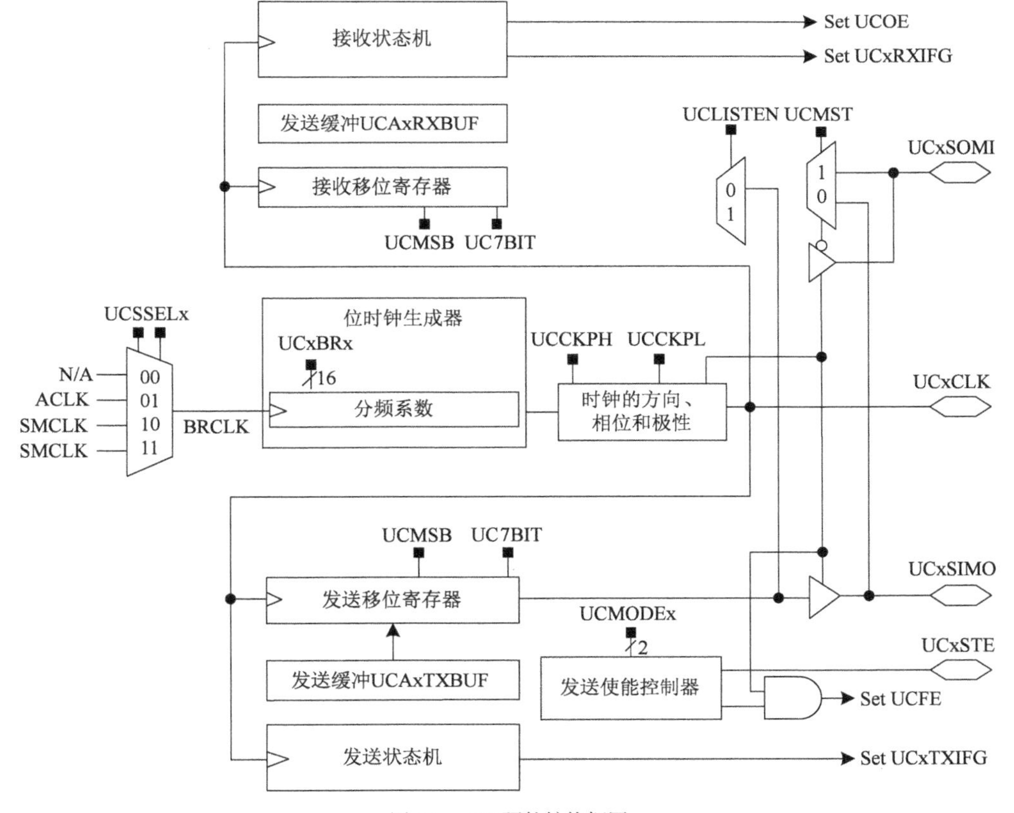

图 6-7 SPI 硬件结构框图

SPI 模式的特性包括：

①7 或 8 位传输数据长度。

②最低位或最高位开始的数据发送和接收模式。

③3 线或 4 线的操作模式。

④具有主、从两种操作模式。

⑤独立的发送和接收移位寄存器。

⑥分开的发送和接收缓冲寄存器。

⑦连续的发送和接收操作。

⑧可选时钟极性和相位控制。

⑨主机模式下，时钟频率可变。

⑩独立的发送和接收中断。

⑪从机模式可在 LMP4 低功耗模式下工作。

6.2.2 SPI 初始化或重新配置流程

SPI 初始化及重新配置流程如下：

(1)置位 SWRST = 1。

(2)当 SWRST = 1 时，初始化 USART 寄存器。

(3)通过 MEx、SFRs(USPIEx)使能 USART 模块。

(4)软件清零 SWRST = 0。

(5)可通过 IEx、SFRs(URXIEx、UTXIEx)使能中断。

6.2.3 SPI 模式引脚

引脚 SIMO、SOMI、SCLK 和 STE 用于 SPI 模式，其中 MISO、MOSI、SCLK 在主机模式和从机模式下存在差别，如表 6-3 所示。

SOMI、SIMO、SCLK 的含义 表 6-3

引　脚	含　义	主 机 模 式	从 机 模 式
SIMO	从入主出	数据输出引脚	数据输入引脚
SOMI	从出主入	数据输入引脚	数据输出引脚
SCLK	USCI 时钟	输出时钟	输入时钟

6.2.4 SPI 操作方式

SPI 是全双工的，即主机在发送的同时也能够接收数据，传送的速率由主机编程决定。主机提供时钟 UCLK 与数据，从机利用这一时钟接收数据，或在这一时钟下送出数据。主机可在任何时候初始化发送控制时钟。时钟的极性和相位也是可以选择的，具体的配置根据总线上各设备接口的功能决定。4 线 SPI 模式用附加数据线，允许从机数据的发送和接收，它由主机控制。

(1)SPI 主机模式

控制寄存器中 MM = 1 时，USART 模块被配置为 SPI 主机模式，与另一个 SPI 从机设备连接如图 6-8 所示。USART 模块通过 UCLK 引脚上的 UCLK 信号控制串行通信在第一个 UCLK

周期,数据由 SIMO 引脚移出,并在相应的 UCLK 周期的中间,从 SOMI 引脚锁存数据。在主机发送端,当数据被传送到发送缓冲寄存器 UxTXBUF 中后,USART 立即开始数据发送。如果发送移位寄存器为空,则 UxTXBUF 中的数据被传送到发送移位寄存器中,并在 SIMO 引脚发送,其中最高有效位先发送。在接收端,SOMI 引脚上的数据以先高后低右对齐的方式移入移位寄存器,然后再将数据移入接收缓存 UxRXBUF,并设置中断标志 URXIFG,以表明接收到一个数据。如果此时前一数据未被读取,则溢出位 OE = 1。

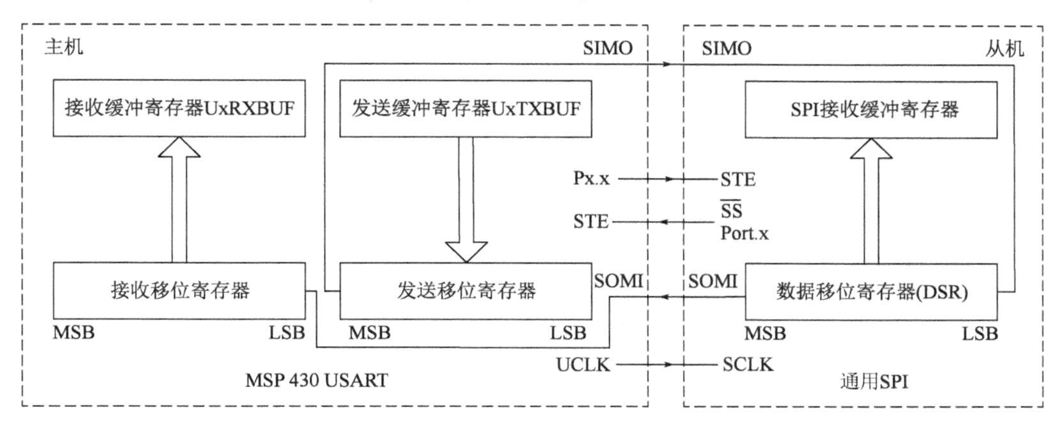

图 6-8 SPI 主机模式

用户程序可以使用接收中断标志和发送中断标志完成协议的控制。在发送端,当数据从移位寄存器中发送给从机之后,可立即用 UTXIFG 标志产生的中断从缓存中移入移位寄存器,开始一次发送操作。从机接收定时应能确保及时获取数据。URXIFG 标志指示数据移出/移入完成。主机可利用 URXIFG 来确定从机已经准备好接收新数据,但是 UTXIFG 标志不代表数据移入/移出完成。

在使用 4 线通信时,由激活的主机 STE 信号防止与别的主机发生总线冲突。主机在 STE 信号为高电平时正常工作。当 STE 信号被设置为低电平时,例如另一设备申请成为主机时,当前的主机应作出如下反应:

①驱动 SPI 总线的 SIMO 和 UCLK 引脚为输入。

②出错标志位 FE 和 URCTL 中的中断标志位 URXIFG 置位。

这样,总线冲突就被消除,即 SIMO 和 UCLK 两引脚不在驱动总线线路,同时用出错标志 FE 通知系统的完备性被破坏。当 STE 为低电平时,SIMO 和 UCLK 引脚被强制为输入;当 STE 为高电平时,系统将返回到由相应控制位定义的状态。在 3 线模式中,STE 输入信号与控制无关。

(2)SPI 从机模式

当选择 MM = 0 时,USART 工作在从机模式。USART 模块为从机在同步模式的连接如图 6-9所示。在从机模式下,通信用的串行时钟来源于外部主机,从机的 UCLK 引脚为输入状态。数据传输速率由主机发出的串行时钟确定,而不由内部的波特率发生器决定。在开始 UCLK 之前,由 UxTXBUF 装入移位寄存器中的数据在主机提供的 UCLK 信号的作用下,通过从机的 SOMI 引脚对外发送给主机。同时,SIMO 引脚上的串行数据移入接收寄存器中。如果接收中断标志 URXIFG = 1,则表明数据已经接收并已传送到接收缓存。当新数据写入接收缓存时,前一个数据还没有被读出,则溢出标志 OE 置位。

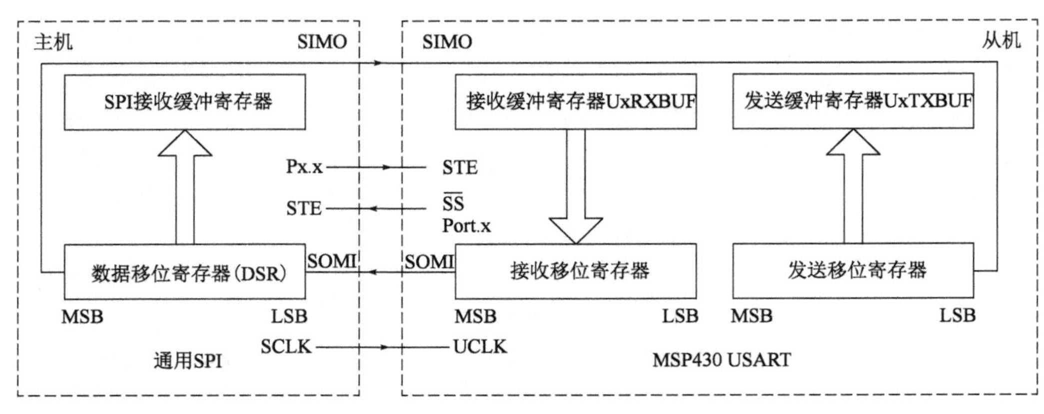

图 6-9　SPI 从机模式

在使用 4 线同步通信时,STE 信号被从机用作发送和接收允许信号,它由主机提供。当 STE =1 时,该从机禁止接收和发送;当 STE =0 时,该从机被允许接收和发送。在已经启动的接收操作过程中,STE =1,则接收操作也将在中途被停止,直到 STE =0。

6.2.5　SPI 使能

在 SPI 模式下,SPI 是否使能将由接收/发送位 USPIEx 决定。若 USPIEx =0,则 USART 当前操作完成后停止;若当前无操作,则立刻停止。若上电清除或置位 SWART,则立刻禁止 USART,且使传输数据停止。

主、从机模式下发送使能示意图分别如图 6-10 和图 6-11 所示。当 USPIEx =0 时,数据写入 UxTXBUF 无效,不发送。仅在 USPIEx =1 和 BRCLK 有效时,写入 UxTXBUF 的数据才会发送。

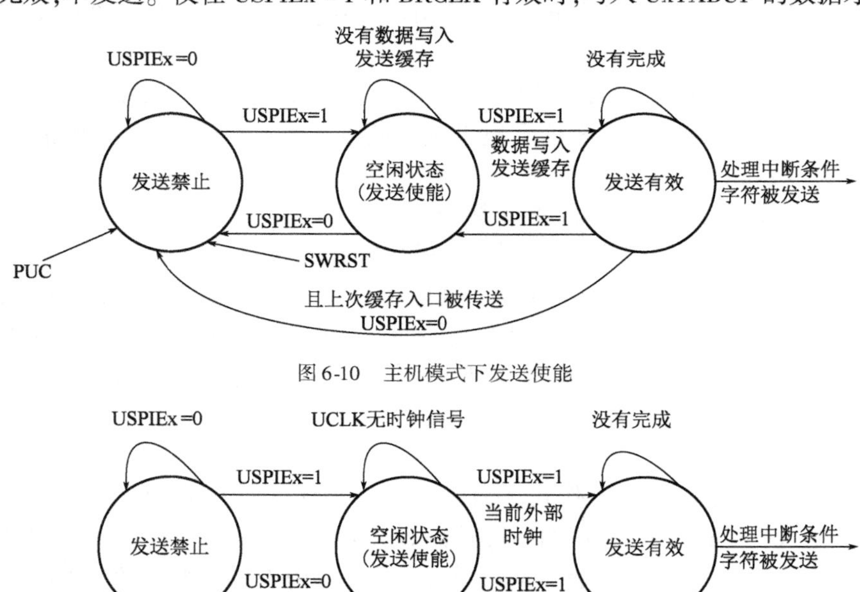

图 6-10　主机模式下发送使能

图 6-11　从机模式下发送使能

主、从机模式下接收使能示意图分别如图 6-12 和图 6-13 所示。只有当 USPIEx = 0 时，接收才使能。

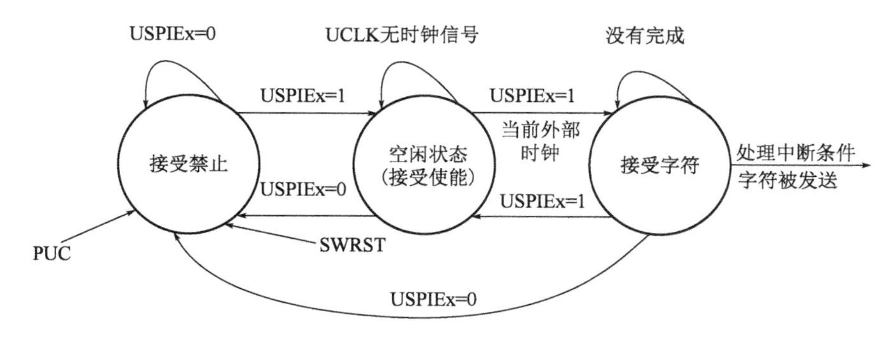

图 6-12 主机模式下接收使能

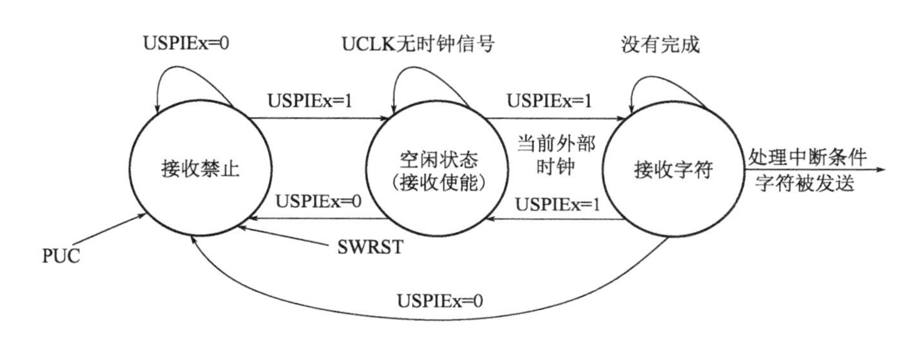

图 6-13 从机模式下接收使能

6.2.6 SPI 中断

USART 的发送模块和接收模块分别有独立的中断向量。在实际使用中，一般通过中断来完成数据的发送和接收。

(1) USART 发送中断

当 UxTXBUF 准备好接收新的数据时，UTXIFGx 中断标志被置位。如果总中断和 USATR 发送中断均被允许，则会产生中断请求。当中断请求被响应或有新的数据写入 UxTXBUF 时，UTXIFGx 被自动复位。当发生 PUC 或 SWRST = 1 时，UTXIFGx 被置位，UTXIEx 被复位，如图 6-14所示。注意：当 UTXIFGx = 0 并且 USPIE = 1 时，往 UxTXBUF 中写入数据会导致错误的数据传输。

(2) USART 接收中断

每当有数据被收到并且装入到 UxRXBUF 中时，USART 接收中断标志位被置位。如果总中断允许 GIE 和 USART 发送中断均被允许，则会产生中断请求。URXIFGx 和 URXIEx 在发生 PUC 和 SWRST 发送中断均被允许，则会产生中断请求。URXIFGx 和 URXIEx 在发生 PUC 和 SWRST = 1 后均被复位。如果中断服务程序被启动或 UxRXBUF 被读出，则 URXIFGx 自动复位，如图 6-15 所示。

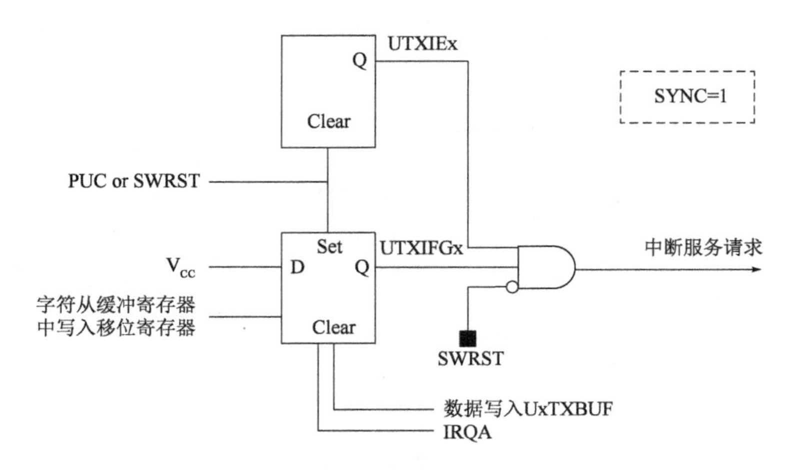

图 6-14　SPI 模式发送中断逻辑结构图

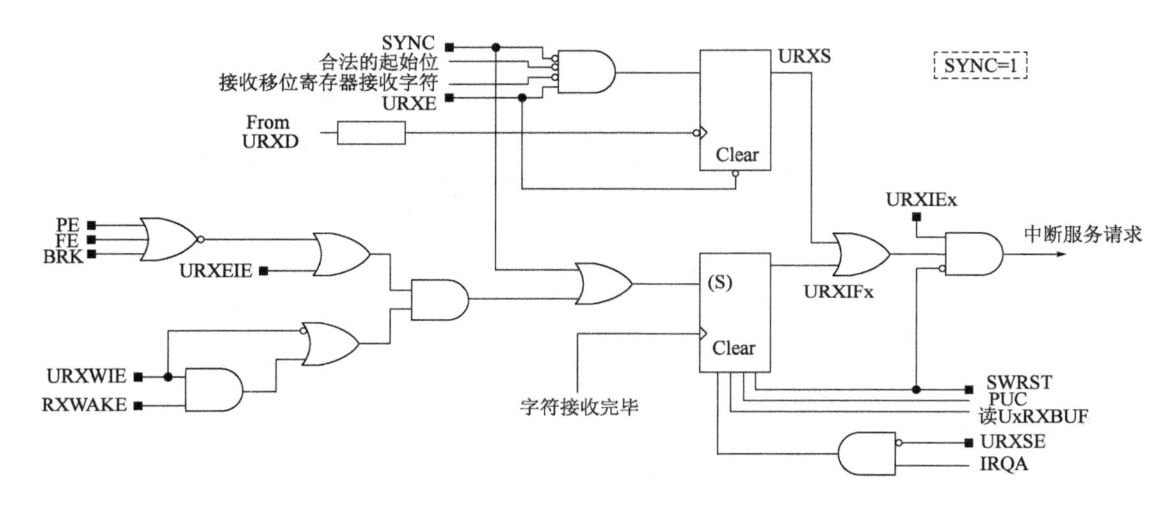

图 6-15　SPI 接收中断状态转移图

6.2.7　SPI 串行时钟控制

SPI 总线上的 UCLK 信号总是由主机提供的。当 UxCTL 寄存器中的 MM 标志位置位（即为主机）时，波特率发生器工作，提供时钟信号，由 UCLK 端口输出。注意 SPI 同步通信中不使用调整寄存器 UxMCTL，推荐将其设为零。当 UxCTL 寄存器中的 MM 标志位为零（即为从机）时，波特率发生器不起作用，时钟信号由外部主机提供，由 UCLK 端口输入。

作为主机方式工作时，波特率的计算公式如下：

$$波特率 = \frac{BRCLK}{N} = \frac{BRCLK}{UBR + \frac{1}{n}\sum_{i=0}^{n-1} m_i}$$

式中：BRCLK——时钟频率；

N——目标分频因子；

UBR——UBR0 与 UBR1 组合成的 16 位值；

n——总字符位数；

m_i——调整器寄存器(UxMCTL)中的各数据位(1 或 0)。

注意：波特率的最大值 = BRCLK/2。

当不能整除时，BITCLK 能够通过调整器逐位调整来满足时序需要。设置调整器位时，每一位的时序通过 BRCLK 周期展开。每次发送或接收数据位时，调整控制寄存器的下一位控制该位的时序。当清除调整位，以保持由 UBR 给定的分频因子时，可通过一个时序设置整位增加分频因子。起始位的时序是由 UBR + m_0定义的，接着的下一位是由 UBR + m_1定义，以此类推。调整从 LSB 依次开始，当字符长度超过 8 位时，调整顺序从m_0重新开始，直到所有位处理完毕。

SPI 时序示意图如图 6-16 所示。

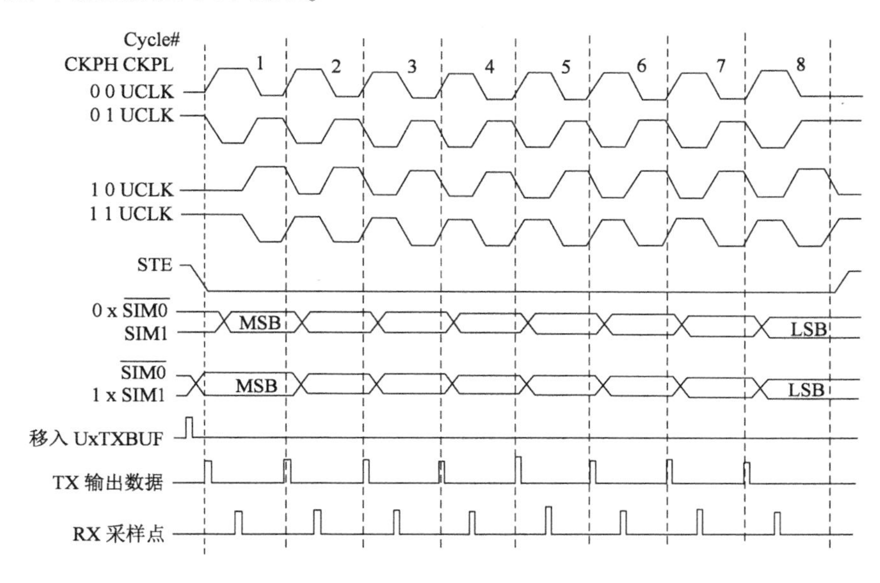

图 6-16　USART SPI 时序示意图

6.2.8　同步模式的寄存器

在 SPI 模式下的 USCI 寄存如表 6-4 和表 6-5 所示。

USCI_A0 和 USCI_B0 的寄存器　　表 6-4

寄　存　器	缩　　写	读 写 类 型	地　　址	初 始 状 态
USCI_A0 控制寄存器 0	UCA0CTL0	读/写	060H	PUC 复位
USCI_A0 控制寄存器 1	UCA0CTL1	读/写	061H	PUC 后 001H
USCI_A0 波特率控制寄存器 0	UCA0BR0	读/写	062H	PUC 复位
USCI_A0 波特率控制寄存器 1	UCA0BR1	读/写	063H	PUC 复位
USCI_A0 调整控制寄存器	UCA0MCTL	读/写	064H	PUC 复位
USCI_A0 状态寄存器	UCA0STAT	读/写	065H	PUC 复位
USCI_A0 接收缓冲寄存器	UCA0RXBUF	读	066H	PUC 复位

续上表

寄 存 器	缩 写	读写类型	地 址	初始状态
USCI_A0 发送缓冲寄存器	UCA0TXBUF	读/写	067H	PUC 复位
USCI_B0 控制寄存器 0	UCB0BR0	读/写	068H	PUC 后 001H
USCI_B0 控制寄存器 1	UCBOBR1	读/写	069H	PUC 后 001H
USCI_B0 位速率控制寄存器 0	UCB0RXBUF	读/写	06AH	PUC 复位
USCI_B0 位速率控制寄存器 1	UCB0TXBUF	读/写	06BH	PUC 复位
USCI_B0 状态寄存器	UCA0ABCTL	读/写	06DH	PUC 复位
USCI_B0 接收缓冲寄存器	UCA0IRTCTL	读	06EH	PUC 复位
USCI_B0 发送缓冲寄存器	UCA0IRRCTL	读/写	06FH	PUC 复位
SFR 中断使能寄存器 2	IE2	读/写	001H	PUC 复位
SFR 中断标志寄存器 2	IFG2	读/写	003H	PUC 后 00AH

USCI_A1 和 USCI_B1 的寄存器 表 6-5

寄 存 器	缩 写	读写类型	地 址	初始状态
USCI_A1 控制寄存器 0	UCA1CTL0	读/写	0D0H	PUC 复位
USCI_A1 控制寄存器 1	UCA1CTL1	读/写	0D1H	PUC 后 001H
USCI_A1 波特率控制寄存器 0	UCA1BR0	读/写	0D2H	PUC 复位
USCI_A1 波特率控制寄存器 1	UCA1BR1	读/写	0D3H	PUC 复位
USCI_A1 调整控制寄存器	UCA1MCTL	读/写	0D4H	PUC 复位
USCI_A1 状态寄存器	UCA1STAT	读/写	0D5H	PUC 复位
USCI_A1 接收缓冲寄存器	UCA1RXBUF	读	0D6H	PUC 复位
USCI_A1 发送缓冲寄存器	UCA1TXBUF	读/写	0D7H	PUC 复位
USCI_B1 控制寄存器 0	UCB1BR0	读/写	0D8H	PUC 后 001H
USCI_B1 控制寄存器 1	UCB1BR1	读/写	0D9H	PUC 后 001H
USCI_B1 位速率控制寄存器 0	UCB1RXBUF	读/写	0DAH	PUC 复位
USCI_B1 位速率控制寄存器 1	UCB1TXBUF	读/写	0DBH	PUC 复位
USCI_B1 状态寄存器	UCA1ABCTL	读/写	0DDH	PUC 复位
USCI_B1 接收缓冲寄存器	UCA1IRTCTL	读	0DEH	PUC 复位
USCI_B1 发送缓冲寄存器	UCA1IRRCTL	读/写	0DFH	PUC 复位
USCI_A1/B1 中断使能寄存器	UC1IE	读/写	006H	PUC 复位
USCI_A1/B1 中断标志寄存器	UC1IFG	读/写	007H	PUC 后 00AH

(1) UCAxCTL0(USCI_Ax 控制寄存器 0)和 UCBxCTL0(USCI_Bx 控制寄存器 0)各位定义和说明如下：

7	6	5	4	3	2	1	0
UCCKPH	UCCKPL	UCMSB	UC7BIT	UCMST	UCMODEx		USYYNC =1
rw -0	rw -0	rw -0	rw -0	rw -0	rw -0	rw -0	

UCCKPH　Bit 7　时钟相位选择。

0:数据变化是在第一个 UCLK 边沿和捕获在后面的边沿。

1:数据捕获是在第一个 UCLK 边沿和变化在后面的边沿。

UCCKPL　Bit 6　时钟极性选择。

0:无活动时钟状态为低。

1:无活动时钟状态为高。

UCMSB　Bit 5　最高有效位选择。控制接收和发送寄存器的方向。

0:LSB 先发。

1:MSB 先发。

UC7BIT　Bit 4　字符长度。选择 7 位或者 8 位字符长度。

0:8 位数字。

1:7 位数字。

UCMST　Bit 3　主模式选择。

0:从机模式。

1:主机模式。

UCMODEx　Bit 2 ~1　USCI 模式。

当 UCSYNC =1 时,UCxMODEx 位选择同步模式。

00:3 线 SPI。

01:4 线 SPI(UCxSTE 高位有效),当 UCxSTE =1 时从机使能。

10:4 线 SPI(UCxSTE 低位有效),当 UCxSTE =0 时从机使能。

11:IIC 模式。

UCSYNC　Bit 0　同步模式使能。

0:异步模式。

1:同步模式。

(2)UCAxCTL1(USCI_Ax 控制寄存器 1)和 UCBxCTL1(USCI_Bx 控制寄存器 1)各位定义和说明如下:

7	6	5	4	3	2	1	0
UCSSELx		Unused					UCSWRST
rw -0	rw -0	rw -0(1) r -0(2)	rw -0	rw -0	rw -0	rw -0	rw -1

UCSSELx　Bit 7 ~6　USCI 时钟源选择。这些位在主模式下选择 BRCLK 作为时钟源。UXCLK 一直用于从模式下。

		00:NA。
		01:ACLK。
		10:SMCLK。
		11:SMCLk。
Unused	Bit 5 ~ 1	未使用。
UCSWRST	Bit 0	软件复位使能。
		0:关闭,USCI 复位释放工作。
		1:使能,USCI 逻辑在复位状态。

(3)UCAxBR0(USCI_Ax 位速率控制寄存器 0)和 UCBxBR0(USCI_Bx 位速率控制寄存器 0)

各位定义如下:

7	6	5	4	3	2	1	0
UCBRx-low byt							
rw	rw	rw	rw	rw	rw	rw	rw

(4)UCAxBR1(USCI_Ax 位速率控制寄存器 1)和 UCBxBR1(USCI_Bx 位速率控制寄存器 1)各位定义如下:

7	6	5	4	3	2	1	0
UCBRx-high byte							
rw	rw	rw	rw	rw	rw	rw	rw

USBx	Bit 7 ~ 0	位时钟预定标度器。{UCxxBR0 + UCxxBR1 * 256}的 16 位值构成标度值。

(5)UCAxSTAT(USCI_Ax 状态寄存器)和 UCBxSTAT(USCI_Bx 状态寄存器)

各位定义和说明如下:

7	6	5	4	3	2	1	0
UCLISTEN	UCFE	UCOE	Unused				UCBUSY
rw - 0	rw - 0	rw - 0	rw - 0(1) r - 0(2)	rw - 0	rw - 0	rw - 0	rw - 1

UCLISTEN	Bit 7	使能 UCLISTEN 位选择回送模式。
		0:禁止。
		1:使能。
UCFE	Bit 6	框架错误标志位。该位用于 4 线模式中指示总线冲突。
		0:无错误。
		1:总线存在冲突。

UCOE	Bit 5	超限错误标志位。当一位字符被转移到数据接收缓冲区时而前一位字符还没有读取时,这一位此时有效。当接收缓冲区读取字符时 UCOE 会自动清0,而且允许软件对其清0,否则将不能正确地工作。 0:无错误。 1:存在超限错误。
Unused	Bit 4 ~ 1	未使用。
UCBUSY	Bit 0	USCI 忙状态。该位用来指示数据的发送和接受工作是否正在进行。 0:无活动。 1:发送或接收中。

(6)UCAxRXBUF(USCI_Ax 的接收缓冲寄存器)和 UCBxRXBUF(USCI_Bx 的接收缓冲寄存器)

各位定义如下:

7	6	5	4	3	2	1	0
UCRXBUFx							
r	r	r	r	r	r	r	r

UCRXBUFx	Bit 7 ~ 0	接收数据缓冲区是用户可进入的而且它包括上一次数据接收移位寄存器接收到的字符。读取缓冲区时使接收错误位和 UCxRXIFG 复位。在 7 位数据模式中,接收缓冲区时 LSB 有效而 MSB 一直处于复位状态。

(7)UCAxTXBUF(USCI_Ax 的发送缓冲寄存器)和 UCBxTXBUF(USCI_Bx 的发送缓冲寄存器)

各位定义如下:

7	6	5	4	3	2	1	0
UCTXBUFx							
rw	rw	rw	rw	rw	rw	rw	rw

UCTXBUFx	Bit 7 ~ 0	数据发送缓冲区时用户可以进入的,而且一直保持数据,等待数据被转移到发送寄存器且被发送。发送缓冲区写数据同时也就清除了发送标志位。在 7 位数据模式中,其 MSB 不被使用复位。

(8)IE2(中断使能寄存器 2)

IE2 各位定义和说明如下:

7	6	5	4	3	2	1	0
				UCB0TXIE	UCB0RXIE	UCA0TXIE	UCA0RXIE
				rw-0	rw-0	rw-0	rw-0

UCB0TXIE　Bit 3　USCI_B0 发送中断使能。
0:中断关闭。
1:中断允许。

UCB0RXIE　Bit 2　USCI_B0 接收中断使能。
0:中断关闭。
1:中断允许。

UCA0TXIE　Bit 1　USCI_A0 发送中断使能。
0:中断关闭。
1:中断允许。

UCA0RXIE　Bit 0　USCI_A0 接收中断使能。
0:中断关闭。
1:中断允许。

(9)IFG2(中断标志寄存器2)

IFG2 各位定义和说明如下:

7	6	5	4	3	2	1	0
				UCB0TXIFG	UCB0RXIFG	UCA0TXIFG	UCA0RXIFG
				rw-1	rw-0	rw-1	rw-0

UCB0TXIFG　Bit 3　USCI_B0 发送中断标志。
0:无中断请求。
1:有中断请求。

UCB0RXIFG　Bit 2　USCI_B0 接收中断标志。
0:无中断请求。
1:有中断请求。

UCA0TXIFG　Bit 1　USCI_A0 发送中断标志。
0:无中断请求。
1:有中断请求。

UCA0RXIFG　Bit 0　USCI_A0 接收中断标志。
0:无中断请求。
1:有中断请求。

(10)UC1IE(USCI_A1 和 USCI_B1 中断使能寄存器)

UC1IE 各位定义如下:

7	6	5	4	3	2	1	0
Unused				UCB1TXIE	UCB1RXIE	UCA1TXIE	UCA1RXIE
rw – 0	rw – 0	rw – 0	rw – 0	rw – 0	rw – 0	rw – 0	rw – 0

Unused　Bit 7 ~ 4　未使用。

UCB1TXIE　Bit 3　USCI_B1 发送中断使能。
0：中断关闭。
1：中断允许。

UCB1RXIE　Bit 2　USCI_B1 接收中断使能。
0：中断关闭。
1：中断允许。

UCA1TXIE　Bit 1　USCI_A1 发送中断使能。
0：中断关闭。
1：中断允许。

UCA1RXIE　Bit 0　USCi_A1 接收中断使能。
0：中断关闭。
1：中断允许。

(11) UC1IFG（USCI_A1 和 USCI_B1 标志寄存器）

UC1IFG 各位定义和说明如下：

7	6	5	4	3	2	1	0
Unused				UCB1TXIFG	UCB1RXIFG	UCA1TXIFG	UCA1RXIFG
rw – 0	rw – 0	rw – 0	rw – 0	rw – 1	rw – 0	rw – 1	rw – 0

Unused　Bit 7 ~ 4　未使用。

UCB1TXIFG　Bit 3　USCI_B1 发送中断标志，当 UCB1TXBUF 为空时该位置 1。
0：无中断请求。
1：有中断请求。

UCB1RXIFG　Bit 2　USCI_B1 接收中断标志，当 UCB1RXBUF 接收到一个完整的字符时该位置 1。
0：无中断请求。
1：有中断请求。

UCA1TXIFG　Bit 1　USCI_A1 发送中断标志，当 UCA1TXBUF 为空时该位置 1。
0：无中断请求。
1：有中断请求。

UCA1RXIFG　Bit 0　USCI_A1 接收中断标志，当 UCA1RXBUF 接收到一个完整的字符时该位置 1。
0：无中断请求。
1：有中断请求。

6.2.9 “SPI 实验”的 Proteus 设计与仿真实训

(1)实训内容

使用 MSP430F249 和 74164 完成对共阴极 7 段数码管的译码显示。

(2)必备知识

74164 是时钟上升沿触发的 8 位串口输入并口输出移位寄存器,其真值表如表 6-6 所示,只用两根线与 MCU 相连,就可以实现对数码管的译码,从而大大节省了 MCU 和外部器件间的连接管脚。

真 值 表 表 6-6

输入端				输出端			
Reset(9 脚)	CLK(8)	串行输入端		QA(3)	QB(4)	…	QH(13)
		A(1)	B(2)				
L	X	X	X	L	L	…	L
H	下降沿	X	X	保持不变			
H	上升沿	L	X	L	QAn	…	QGn
H	上升沿	X	L	L	QAn	…	QGn
H	上升沿	H	H	H	QAn	…	QGn

(3)Proteus 仿真电路设计

二维码 6-2 是 Proteus 仿真电路设计图。

二维码 6-2
Proteus 仿真电路图

(4)程序设计

本实训程序设计流程图如图 6-17 所示。

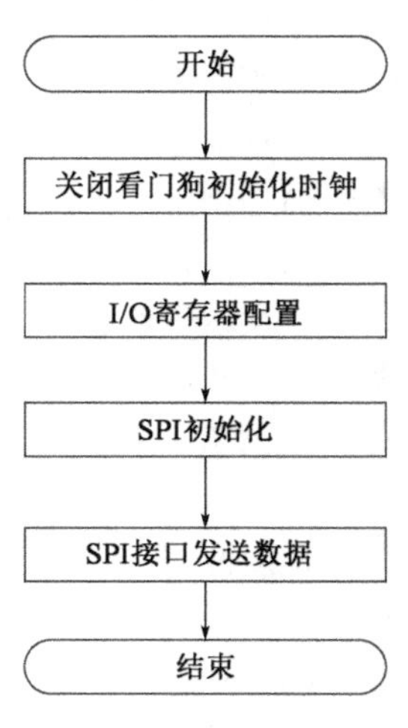

图 6-17 程序设计框图

程序代码:

```
#include <MSP430x24x.h>
#define uchar unsigned char
#define uint unsigned int
#define LCK_SET P1OUT|=1
#define LCK_CLR P1OUT&=~1
uchar const table[]={0x3f,0x06,0x5b,0x4f,0x66,0x6d,0x7d,0x07,
                     0x7f,0x6f,0x77,0x7c,0x39,0x5e,0x79,0x71};//共阴数码管段选码表,无小数点
unsigned char Data;
volatile unsigned int i;
void delayms(uint t)
{
  uint i;
  while(t--)
    for(i=1330;i>0;i--);
}

void SendSpi(uchar Data)
{
  while (!(IFG2&UCA0TXIFG));                    //判断 UCA0 发送缓冲是否就位
  UCA0TXBUF=Data;
}

void main(void)
{
  WDTCTL=WDTPW+WDTHOLD;                         //关闭看门狗
  P3SEL|=0x11;                                  //选择 P3.0 口的外设功能
  UCA0CTL0|=UCCKPH+UCMSB+UCMST+UCSYNC;          //3pin, 8bit SPI 服务器
  UCA0CTL1|=UCSSEL_2;                           //设置子系统时钟
  UCA0BR0|=0x02;                                //波特率为 SMCLK/2
  UCA0BR1=0;                                    //配置 USCI 端口
  UCA0MCTL=0;                                   //无调制
  UCA0CTL1&=~UCSWRST;                           //初始化
  P1DIR=0x01;
  P1SEL=0;
  Data=0x0FF;                                   //加载初始数据
  while(1);
  {
    Data++;                                     //设置断点
    SendSpi(table[Data%16]);                    //求余
    LCK_CLR;
    LCK_SET;
```

```
    delayms(100);                              //延时
  }
}
```

(5)仿真结果

双击 MSP430F249 单片机,选择可执行文件 *.hex,设置参数 SMCLK = 1MHz。仿真结果为数码管循环显示 0 ~ F。

6.3 I²C 模块

通用同步/异步收发器 USART0 支持 I²C 通信,本节介绍 I²C 模块的具体使用方法。MSP430X15X 和 MSP430X16X 单片机有 I²C 模块。

6.3.1 I²C 模块简介

内嵌 IC 控制模块(I²C)为 MSP430 微处理器与 I²C 器件提供了通信接口,只需通过两条 I²C 串行总线就可实现数据通信。I²C 模块结构如图 6-18 所示。外部器件挂在 I²C 总线上,从 USART 口串行地收发数据。

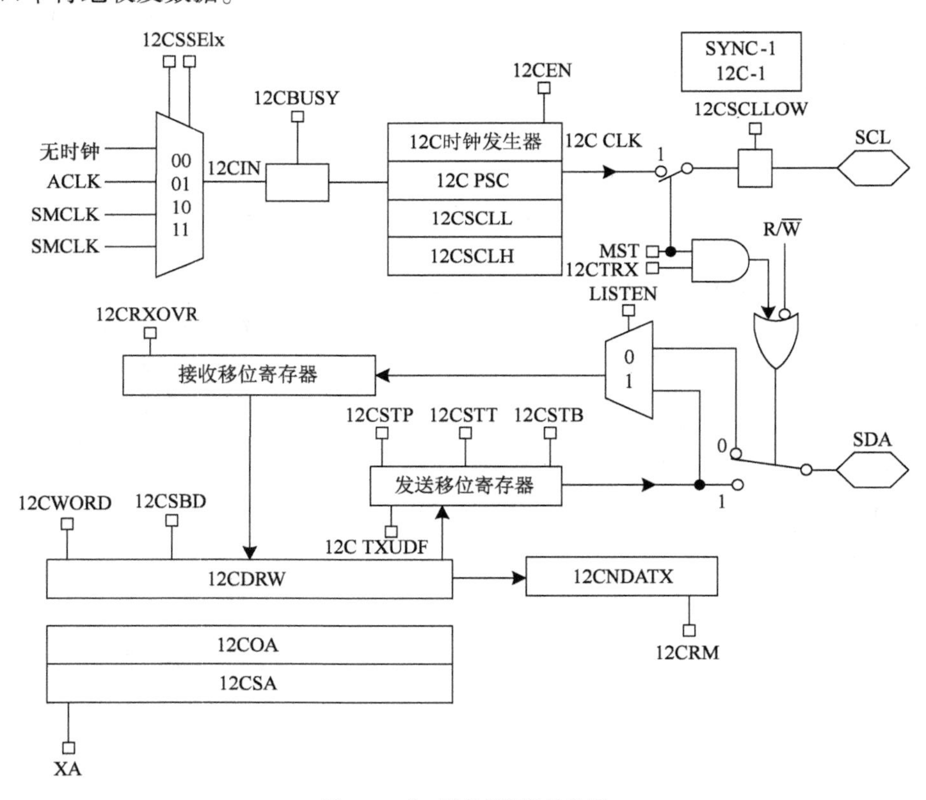

图 6-18　I²C 模块的硬件结构图

I²C 模块具有以下主要特点:

(1)符合飞利浦半导体 V2.1 版本 I²C 规范。

①字节/字格式传输。
②7 位和 10 位器件寻址模式。
③全呼功能。
④开始/重启/停止。
⑤多主机发送/从机接收模式。
⑥多主机接收/从机发送模式。
⑦结合主机发送/接收和接收/发送模式。
⑧标准模式下可达至 100Kb/s,且快速模式下可达 400Kb/s。
(2)内嵌 FIFO,可用于缓存读写。
(3)可编程时钟发生器。
(4)16 位宽的数据存取,最大限度地提高总线吞吐量。
(5)自动数据字节计数。
(6)低功耗设计。
(7)从接收开始检测,自动从 LPMX 模式唤醒。
(8)丰富的中断能力。
(9)仅适用于 USART0。

6.3.2 I²C 模块的操作

(1)I²C 模块初始化和复位

通过 PUC 信号或者对 UCSWRST 置位都可以对 USCI 进行复位。一旦出现 PUC 信号,UCSWRST位将自动置位,并使 USCI 复位。为选择 I²C 操作模式,UCMODEx 必须设置成 11。当完成模块初始化后,即可进行数据的发送和接收。清除 UCSWRST 可以释放 USCI,使其进入操作状态。为避免不可预测行为的出现,当 UCSWTST 置位时应该对 USCI 进行配置或者重新配置。

在 I²C 状态下设置 UCSWRST 有以下影响:
①I²C 通信停止。
②SDA 和 SCL 处于高阻态。
③UCBx12CSTAT 的第 0 ~6 位清 0。
④UCBxTXIE 和 UCBxRXIE 清 0。
⑤UCBxTXIFG 和 UCBxRXIFG 清 0。
⑥其他位和寄存器保持不变。
USCI 模块初始化或者重新配置推荐步骤如下:
①置位 UCSWRST。
②配置端口。
③软件清除 UCSWTST 位。
④通过设置 UCxTXIE 和 UCxRXIE 或二者之一来使能中断。
(2)I²C 寻址方式
I²C 模式支持 7 位和 10 位的寻址方式。
①7 位寻址方式。7 位寻址方式的格式如图 6-19 所示。第一个字节由 7 位从地址和 R/W

位组成。每个字节传输完毕接收设备都会发送一个响应位(ACK)。

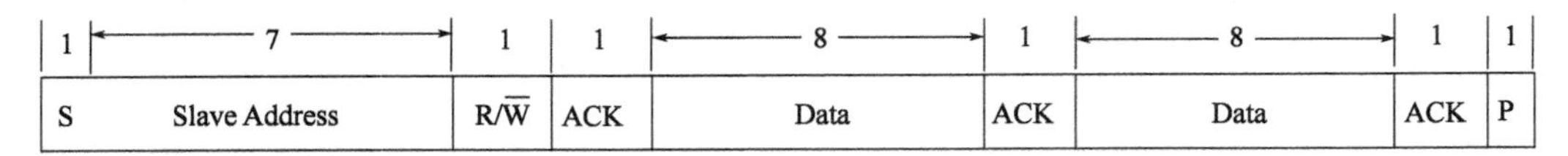

图 6-19　I^2C 模式下 7 位地址格式

②10 位寻址方式。10 位寻址的格式如图 6-20 所示,第一个字节由 11110b 加上 10 位从地址的高两位和 R/W 位构成。每个字节结束后由接收方发送 ACK 应答信号。下一个字节是 10 位地址剩下的 8 位数据,在这之后是 ACK 应答信号和 8 位数据。

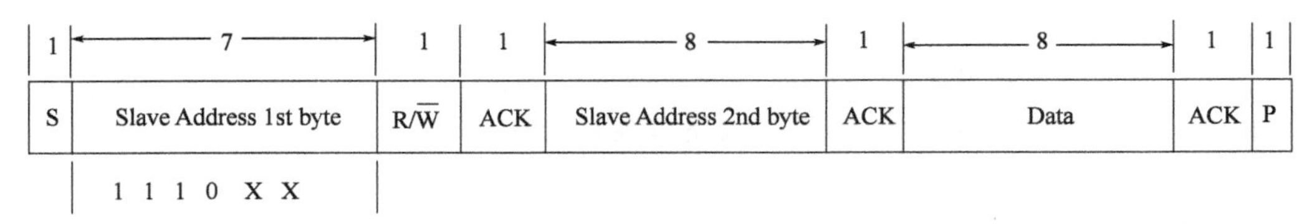

图 6-20　I^2C 模式下 10 位地址格式

③再次起始条件。主设备可以在不停止当前传输状态的情况下,通过再次发送一个起始位来改变 SDA 上数据流的传输方向。这被称为再次起始。再次起始位产生后,从设备的地址和标示数据流方向的 R/W 位需要重新发送。再次起始条件格式如图 6-21 所示。

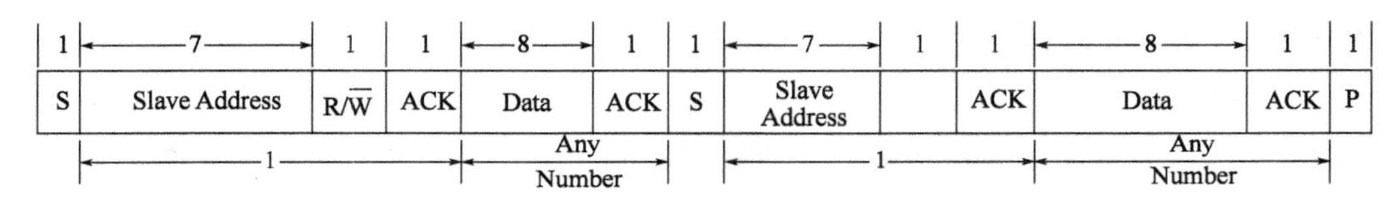

图 6-21　I^2C 模式下地址格式和重复的启动条件

(3)I^2C 模块传输特性

I^2C 模块能在两个设备之间传输信息,采用的方法是总线的电气特性、总线仲裁和时钟同步。

①电气特性:

A. 起始位:当 SCL = 1 时,SDA 上有下降沿。

B. 停止位:当 SCL = 1 时,SDA 上有上升沿。

当 SCL 为高电平时,SDA 的数据必须保持稳定,如图 6-22 所示,否则由于起始位和停止位的电气边沿特性,SDA 上数据发生改变将被识别成起始位或者停止位。所以,只有当 SCL 为低电平时才允许 SDA 上的数据改变。停止位之后总线被认为空闲,空闲状态时 SDA 和 SCL 都是高电平。当一个字节发送或接收完毕并需要 CPU 干预时,SCL 一直保持为低电平。

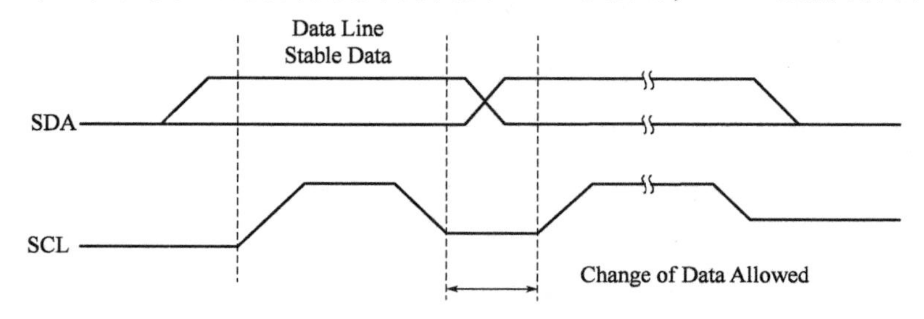

图 6-22　I^2C 总线上的传送

起始位和停止位都是由主设备产生的，主设备为数据传输产生时钟信号。当 SCL 信号为高电平，且 SDA 上数据由高到低变化时，SDA 上的该位数据将被识别成起始位。当 SDA 上数据由低到高变化时，将被识别成停止位。起始位之后总线被认为忙，有数据在传输，忙标志位 IICBB 置位，停止位之后 I^2CBB 清零。

主设备在传输每个数据位时都会产生一个时钟脉冲，I^2C 模块操作的是字节数据，如图 6-23所示。组成 7 位从地址的起始位后的第一个字节和 $R/\overline{W}$位中，当 $R/\overline{W}=0$ 时，主设备发送数据到从设备。当 $R/\overline{W}=1$ 时，主设备接收从设备发送的数据。在每个字节的第 9 个 SCL 时钟接收器发送应答信号 ACK。

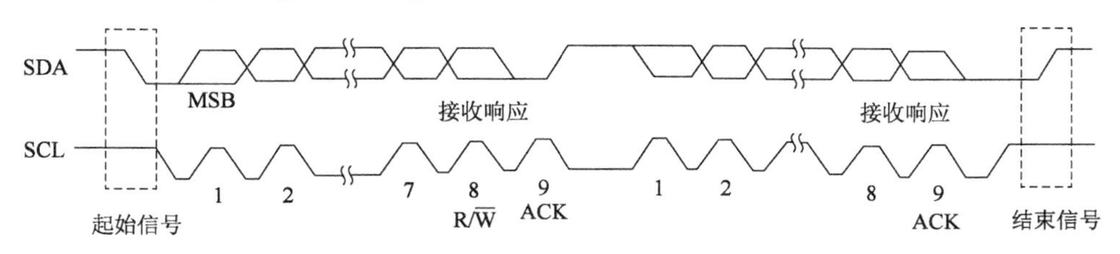

图 6-23 I^2C 模块数据传输

②总线仲裁。

当两个或多个主发送设备在总线上同时开始发送数据时，总线仲裁过程能够避免总线冲突。

当两个设备同时发出起始位进行数据传输时，相互竞争的设备使它们的时钟保持同步，正常发送数据。没有检测到冲突之前，每个设备都认为只有自己在使用总线。

仲裁过程中使用数据，就是相互竞争的设备发送到 SDA 线上的数据。第一个检测到自己发送的数据和总线上数据不匹配的设备就会失去仲裁能力。如果两个或更多的设备发送的第一个字节的内容相同，那么仲裁就发生在随后的传输中。当发生竞争时，如果某个设备当前发送位的二进制数值与前一个时钟节拍发送的内容相同，那么它在仲裁过程中就获得较高的优先级。两个设备的仲裁过程如图 6-24 所示，第一个主发设备产生的逻辑高电平被第二个主发送设备产生的逻辑低电平否决，因为前一个节拍总线上是低电平。失去仲裁的第一个主发送设备转变成从接收模式，并且设置仲裁失效中断标志 ALIFG。

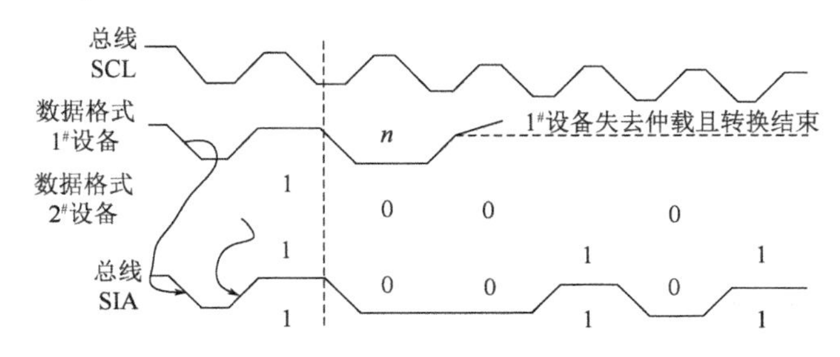

图 6-24 两个设备之间的仲裁过程

如果系统中有多个主设备，就必须用仲裁来避免总线冲突和数据丢失。仲裁不能发生在以下场合：

A. 重复起始位和数据位之间。

B. 停止位和数据位之间。

C. 重复起始位和停止位之间。

③时钟的产生和同步。

I^2C 模块的各种操作需要位 IICSSELx 来选择时钟源，寄存器 I^2CPSC、I^2CSCLH、I^2CSCLL 决定主模式下 SCL 时钟频率，如图 6-25 所示。I^2C 模块的时钟源频率至少为 SCL 频率的十分之一。另外，当 $I^2CPSC>4$ 时，会产生不可预料的结果。I^2CSCLH 和 I^2CSCLL 寄存器用于设置 SCL 频率。

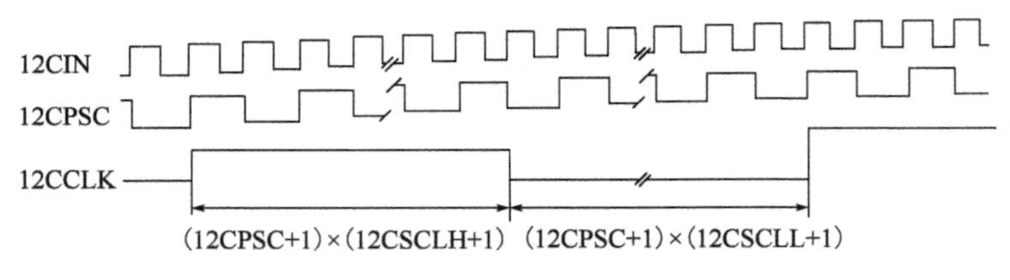

图 6-25　I^2C 模块 SCL 时钟的产生

仲裁过程中，要对来自不同主设备的时钟进行同步处理。在 SCL 上第一个产生低电平的主设备强制其他主设备也发送低电平，SCL 保持为低，如果某些主设备已经结束低电平状态，就开始等待，直到所有的主设备都结束低电平时钟，如图 6-26 所示。同步过程某个快速设备的速度可能被其他设备降低。

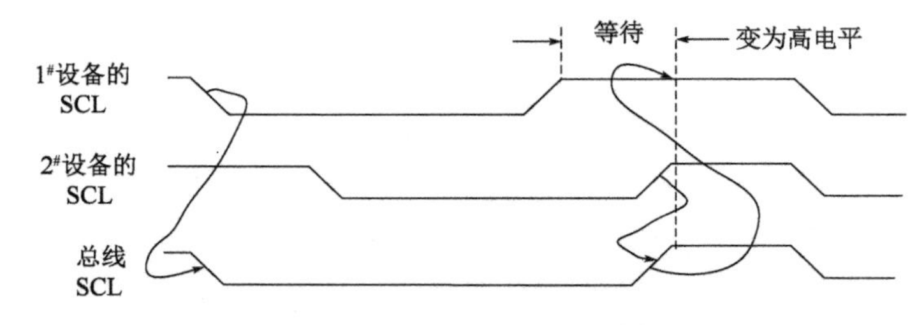

图 6-26　I^2C 模块时钟同步

(4) I^2C 模块的传送模式

I^2C 模块的传送模式为主从式，对系统中的某一器件来说，有 4 种可能的工作方式：主机发送方式、从机发送方式、主机接收方式、从机接收方式。

①主机模式

A. 主机发送模式

设置 UCSLA10 = 0 或 1 决定从器件的地址宽度，并写入 UC12CSA 寄存器，UCRT = 1 为发送模式，UCSTT = 1 则产生起始条件。

主机检测到 I^2C 总线有效时，就会产生起始条件，发送从机地址，并且 TXIFG 被置位，一旦接收到从机的应答信号，主机的 UCSTT 就会被清除。

主机在传输从机地址期间，如果仲裁没有丢失，则写入到数据缓冲器 TXDBUF 中的数据就会被传送。如果在收到从机应答信号之前，没有把要发送的数据写入发送缓冲器，则总线在 SCL 为低时保持应答周期，直到数据被写入到数据缓冲器 TXDBUF。只要主机的 UCTXSTP 和 UCTXSTT 仍未被置位，数据传送或者总线将被保持。

主机在收到来自于从机的应答后，UCTXSTP = 1 会产生一个停止条件。如果在传送从地址期间，或者正在向数据缓冲器 TXBUF 写入数据时，置位主机的 UCTXSTP 会立即产生停止条件，就像没有数据发送给从机一样。传送单个数据时，字节正在被传送，或者任何传送开始的期间,UCTXSTP 都应该被置位,此种情况是没有新的数据写入到发送数据缓冲器 TXDBUF 的情形,只有地址被传出。当数据从数据缓冲寄存器转移到输出移位寄存器时,主机的 UCTXDIFG被置位,表示传送已经开始,此时主机也可以置位 UCTXSTP。

主机置位 UCTXSTT 产生起始条件,在这种情况下,UCRT 应该被置位,或者清除发送器和接收器,如果有必要,此时可向从地址寄存器 UCIICSA 写入其他从机地址。

如果从器件不应答数据传输,主机的 UCNACKIFG 将会被置位,此时主机必须发出停止条件或重复起始条件。如果数据已经被写入数据缓冲寄存器,则将被放弃。

模块初始化之后,主发送端模块需要做初始化工作:

a. 将目标从地址写进 UCBx12CSA 寄存器。

b. 通过 UCSLA10 位选择从地址的大小。

c. 将 UCTR 置位,使主机工作在发送模式。

d. 将 USTXSTT 置位,产生一个起始条件。

B. 主机接收模式

主机的初始化完成后,通过 UCSLA10 = 0 或 1 决定从器件的地址宽度,并写入 UC12CSA 寄存器,UCRT = 0 为接收模式,UCSTT = 1 则产生起始条件。

主机检测到 I^2C 总线有效时,就会产生起始条件,发送从机地址,并且 TXIFG 置位,主机一旦接收到从器件的应答信号,UCSTT 就会被清除。

主机接收到从器件的应答信号后,接收来自从机的数据和应答信号,并置位 RXDIFG。只要主机的 UCSTT 和 UCTXSTP 不被置位,就一直处于接收来自从机数据的状态。如果主机不读取接收缓冲器 RXBUF,主机就保持接收状态,直到读取接收缓冲器 RXBUF 为止。

如果从机不对地址作出应答,主机的非地址应答中断标志 UCNACKIFG 将会被置位,则需要发出停止条件,或者再次发出起始条件。

②从机模式

A. 从机发送模式

当接收到主机发送的地址并被识别为自己的地址时,从机会根据包含在地址中的读写信息,进入从发送工作状态。从机发送器在时钟信号(由主机产生)的作用下,将串行数据一位一位地发送到数据总线 SDA 上。

如果主机请求从机发送数据,主机会自动配置成接收者,并且 UCRT 和 UCTXIFG 都置位,时钟 SCL 保持为低,一直到欲发送的数据写入发送数据缓冲寄存器为止,然后从机作出地址响应,复位 UCSTTIFG 标志,并且发送数据,一旦数据被转移到发送移位寄存器,UCTXIFG 又会被置位,以备发送新的数据。在主机发送应答信号后,从机就可以将下一个数据写入发送缓冲寄存器 TXBUF。如果主机是由停止条件发送一个 NACK,那么从机的 UCSTPIFG 将被置位。如果 NACK 由重复的起始条件所产生,则主机将重新返回到接收地址的状态。

B. 从机接收模式

当接收到主机发送的地址,并识别为自己的地址时,从机就会根据包含在地址中的读写信息,进入从机接收工作状态。从机接收器在时钟信号(由主机产生)的作用下,就会从数据总线 SDA 上一位一位地接收数据。

如果从机接收到来自于主机的数据,就会自动地变成接收者,并且 UCRT 被复位。接收到一个字节数据后,从机的 UCRXIFG 被置位,并产生一个应答信号,以表明可以接收下一个数据了。

如果从机没有读取接收缓冲器 RXBUF,时钟总线将保持为低。一旦数据被读取,新的数据就可以被转移到接收缓冲器 RXBUF,向主机发送应答信号,接收下一个数据。

(5)I^2C 模块的 DMA 操作

I^2C 模块提供了两个 DMA 触发源,准备接收和发送新数据时都可以触发 DMA 操作。TXDMAEN和 RXDMAEN 是 I^2C 模块的 DMA 传输使能控制位。当位 RXDMAN =1,且 I^2C 模块接收到数据之后,DMA 控制器才能都从 I^2C 模块中传递数据,同时 RXRDYIE 被忽略,RXRDYIFG 将不能引发中断。当 TXDMAN =1 时,DMA 控制器能够传递数据到 I^2C 模块用于发送,同时 TXRDYIE 被忽略,RXRDYIFG 将不会产生中断。

(6)I^2C 模块的低功耗模式

MSP430 的 I^2C 模块可以工作在低功耗模式下,只要 I^2C 模块所需的内部时钟源出现,I^2C 模块就进入活动模式。当 I^2C 模块处于空闲状态时,即 I^2CBUSY =0 时,I^2C 的时钟源和 I^2C 模块结构分离,以降低功耗。当不向 I^2C 模块提供内部的时钟源时,I^2C 模块会根据需要自动激活所选的时钟源,不论时钟源的控制位是否置位,时钟源都会一直有效,直到 I^2C 模块重新回到空闲状态。当 I^2C 模块工作于主模式,即 I^2CSTT =1 时,时钟被激活,且一直保持有效直到传送完成且 I^2C 模块返回到空闲状态。当 I^2C 模块工作于从模式时,即使没有出现内部时钟源,只要 STTIE 和 GIE 中断允许位置位,如果 I^2C 模块检测到起始位,置位 STTIFG 中断标志,则 CPU 被唤醒。此时 SCL 保持为低,暂停总线的进一步活动。中断服务程序必须重新使能 I^2C 的内部时钟源,这样 I^2C 才能释放 SCL 使总线活动恢复正常。当 I^2C 模块激活时钟源时,对于整个器件来说,时钟源都是激活的,那么任何外围设备对时钟源使用都会受到影响。

(7)I^2C 模块中断

MSP430 I^2C 模块中断是多源中断,8 个中断源共用一个中断向量,每个中断源有单独的中断使能控制位,当某个中断被允许,而且 GIE 置位时,对应的中断标志会产生中断请求。I^2C 的中断事件如表 6-7 所示。

I^2C 的中断事件 表 6-7

中 断 标 志	中 断 名 称	中断产生的条件
ALIFG	仲裁失效中断标志	两个或多个设备同时开始发送数据;当 I^2CBB =1 时,软件初始化 I^2C 发送。当仲裁失效时,ALIFG 被置位。当 ALIFG 置位时,MAT 和 I^2CSTP 控制位被清除,并且 I^2C 控制器变成接收
NACKIFG	没有响应中断标志	主设备没有接收到从设备本应发出的响应。NACKIFG 标志只用于主设备
OAIFG	本地地址中断标志	另外的主设备寻址 MSP430 的 I^2C 模块。OAIFG 标志只用于从模式
ARDYIFG	寄存器访问准备好中断	先前的数据发送设备工作完毕而且状态位已经发生改变。该中断用于通知 CPU 进行 I^2C 操作的寄存器已经能够准备好被访问。下列情况时 ARDYIFG 置位:①主机发送,I^2CRM =0 时,所有数据发送完毕;②主机发送,I^2CRM =1 时,所有数据发送完毕并且 I^2CSTP 置位;③主机接收,I^2CRM =0 时,I^2CNDAT 个字节的数据被收到并从 I^2CDR 寄存器读出;④主机接收,I^2CRM =1 时,最后一个字节的数据被接收,I^2CSTP 置位,并且所有的数据都已经从 I^2CDR 寄存器读出;⑤从机发送时,检测到停止位;⑥从机接收时,检测到停止位并且所有的数据都从 I^2CDR 中读出

续上表

中断标志	中断名称	中断产生的条件
RXRDYIFG	接收准备好中断标志	I^2C 已经接收到新的数据。当 I^2CDR 被读取,并且接收缓冲器为空的时候,该标志可以被自动复位。当 $I^2CRXOVR=1$ 时发生接收上溢。该标志只用于接收模式
TXRDYIFG	发送准备好中断标志	当 $I^2CNDAT>0$ 或 $I^2CRM=1$(主传送模式)时,I^2CDR 数据寄存器中已经准备好要发送的新数据,或者另一个主设备正在请求数据(从传送模式)。当 I^2CDR 数据寄存器和传送缓冲器满的时候该标志被自动清除。当 $I^2CTXUDF=1$ 时表示传送下溢。接收模式下该标志没有应用
GCIFG	群呼中断标志	I^2C 模块接收到群呼地址(00H)。该标志应用于接收模式
STTIFG	开始信号检测中断标志	在从模式下,I^2C 模块检测到开始信号。这使得 I^2C 模块可以工作在低功耗模式,此时 I^2C 的时钟源关闭,直到主设备初始化一次新的通信 I^2C 模块才被唤醒。该标志只用于从模式

I^2C 中断是多源中断,所有的 I^2C 中断具有同一个中断向量。中断向量寄存器 I^2CIV 就是用来判断是哪个中断源触发中断的。最高优先级的中断在 I^2CIV 寄存器中产生一个对应的值,中断服务子程序可以据此判断中断的来源并进入对应的软件处理程序。禁止 I^2C 中断并不影响 I^2CIV 中的值。当 RXDMAEN = 1 时,RXRDYIFG 的状态不影响 I^2CIV 的值;当 TXDMAEN = 1 时,TXRDYIFG 的状态不影响 I^2CIV 的值。

6.3.3 I^2C 模块的寄存器

在 I^2C 模式下的 USCI 寄存器如表 6-8 和表 6-9 所示。

USCI_B0 中控制寄存器和状态寄存器 表 6-8

寄存器	缩写	读写类型	地址	初始状态
USCI_B0 控制寄存器 0	UCB0CTL0	读/写	068H	PUC 后 001H
USCI_B0 控制寄存器 1	UCB0CTL1	读/写	069H	PUC 后 001H
USCI_B0 位速率控制寄存器 0	UCB0BR0	读/写	06AH	PUC 复位
USCI_B0 位速率控制寄存器 1	UCB0BR1	读/写	06BH	PUC 复位
USCI_B0 IIC 中断使能寄存器	UCB0IICIE	读/写	06CH	PUC 复位
USCI_B0 状态寄存器	UCB0STAT	读/写	06DH	PUC 复位
USCI_B0 接收缓冲寄存器	UCB0RXBUF	读	06EH	PUC 复位
USCI_B0 发送缓冲寄存器	UCB0TXBUF	读/写	06FH	PUC 复位
USCI_B0 IIC 本地址寄存器	UCB0IICOA	读/写	0118H	PUC 复位
USCI_B0 IIC 从地址寄存器	UCB0IICSA	读/写	001AH	PUC 复位
SFR 中断使能寄存器 2	IE2	读/写	001H	PUC 复位
SFR 中断标志寄存器 2	IFG2	读/写	003H	PUC 后 00AH

USCI_B1 中控制寄存器和状态寄存器　　表 6-9

寄　存　器	缩　　写	读 写 类 型	地　　址	初 始 状 态
USCI_B1 控制寄存器 0	UCB1CTL0	读/写	068H	PUC 后 001H
USCI_B1 控制寄存器 1	UCB1CTL1	读/写	069H	PUC 后 001H
USCI_B1 位速率控制寄存器 0	UCB1BR0	读/写	06AH	PUC 复位
USCI_B1 位速率控制寄存器 1	UCB1BR1	读/写	06BH	PUC 复位
USCI_B1 IIC 中断使能寄存器	UCB1IICIE	读/写	06CH	PUC 复位
USCI_B1 状态寄存器	UCB1STAT	读/写	06DH	PUC 复位
USCI_B1 接收缓冲寄存器	UCB1RXBUF	读	06EH	PUC 复位
USCI_B1 发送缓冲寄存器	UCB1TXBUF	读/写	06FH	PUC 复位
USCI_B1 IIC 本地址寄存器	UCB1IICOA	读/写	0118H	PUC 复位
USCI_B1 IIC 从地址寄存器	UCB1IICSA	读/写	001AH	PUC 复位
USCI_A1/B1 中断使能寄存器	UC1IE	读/写	001H	PUC 复位
USCI_A1/B1 中断标志寄存器	UC1IFG	读/写	003H	PUC 后 00AH

(1)UCB0CTL0(USCI_Bx 控制寄存器 0)

UCB0CTL0 寄存器各个位和说明如下：

7	6	5	4	3	2	1	0
UCA10	UCSLA10	UCMM	Unused	UCMST	UCMODEx = 11		UCSYNC = 1
rw - 0	rw - 0	rw - 0	rw - 0	rw - 0	rw - 0	rw - 0	r - 1

UCA10　Bit 7　本地模式选择。
0:7 位本地地址。
1:10 位本地地址。

UCSLA10　Bit 6　从设备地址模式选择。
0:7 位从设备地址。
1:10 位从设备地址。

UCMM　Bit 5　多主设备的环境选择。
0:单主设备环境。在整个系统中没有其他主机,其地址匹配单元禁用。
1:多主设备环境。

Unused　Bit 4　未使用。

UCMST　Bit 3　主设备模式选择。在多主设备环境中(UCMM = 1),当主设备仲裁释放后,UCMST 位自动被清 0,同时其模式变为从设备。
0:从设备模式。
1:主设备模式。

UCMODEx　Bit 2 ~ 1　USCI 模式。当 UCSYNC = 1 时,UCMODEx 位用于选择同步模式。

00:3 线 SPI。
01:4 线 SPI(STE=1 时,主从模式使能)。
10:4 线 SPI(STE=0 时,主从模式使能)。
11:I^2C 模式。

UCSYNC　Bit 0　同步模式选择位。
0:异步模式。
1:同步模式。

(2)USBxCTL1(USCI_Bx 控制寄存器)

USBxCTL1 寄存器各个位和说明如下:

7	6	5	4	3	2	1	0
UCSSELx		Unused	UCTR	UCTXNACK	UCTXSTP	UCTXSTT	UCSWRST
rw-0	rw-0	rw-0	rw-0	rw-0	rw-0	rw-0	rw-1

UCSSELx　Bit 7~6　USCI 时钟源选择位。这些位选择 BRCLK 的时钟源。
00:UCLK1。
01:ACLK。
10:SMCLK。
11:SMCLK。

Unused　Bit 5　未使用。

UCTR　Bit 4　发送/接收。
0:接收。
1:发送。

UCTXNACK　Bit 3　发送一个 NACK 信号。该位在 NACK 信号发送后自动清 0。
0:响应正常。
1:产生 NACK 信号。

UCTXSTP　Bit 2　在主设备模式下发送 STOP 条件,在从设备模式下该位忽略。
0:不产生 STOP 条件。
1:产生 STOP 条件。

UCTXSTT　Bit 1　在主设备模式下发送 START 条件,在从设备中该位忽略。在主设备接收模式中,NACK 信号在 START 条件重发之前。当 START 信号和地址信息被发送后,该位自动清 0。
0:不产生 START 条件。
1:产生 START 条件。

UCSWRST　Bit 0　软件复位使能。
0:禁止。USCI 复位使操作释放。
1:使能。在复位状态中,USCI 的逻辑被保持。

(3) USCBxBR0、UCBxBR1 (USCI_Bx 状态寄存器)

USCBxBR0 寄存器各个位如下:

7	6	5	4	3	2	1	0
UCBRx-low byte							
rw	rw	rw	rw	rw	rw	rw	rw

UCBxBR1 寄存器各个位如下:

7	6	5	4	3	2	1	0
UCBRx-high byte							
rw	rw	rw	rw	rw	rw	rw	rw

UCBRx,波特率分频因子。一个 16 位的(UCBxBR0 + UCBxBR1 ×256)形成分频因子的数值。

(4) UCBxSTAT (USCI_Bx 状态寄存器)

UCBxSTAT 寄存器各个位和说明如下:

7	6	5	4	3	2	1	0
Unused	UCSCLLOW	UCGC	UCBBUSY	UCNACKIFG	UCSTPIFG	UCSTTIFG	UCALIFG
rw-0	r-0	rw-0	r-0	rw-0	rw-0	rw-0	rw-0

Unused　Bit 7　未使用。

UCSCLLOW　Bit 6　SCL 低电平。
0:SCL 没有被拉为低电平。
1:SCL 被拉为低电平。

UCGC　Bit 5　广播地址接收。接收到一个 START 信号,该位自动清 0。
0:没有接收到广播地址。
1:接收到广播地址。

UCBBUSY　Bit 4　总线是否空闲。
0:总线空闲。
1:总线忙。

UCNACKIFG　Bit 3　没有响应中断标志位。接收到一个 START 条件,该位自动清 0。
0:无中断请求。
1:有中断请求。

UCSTPIFG　Bit 2　停止中断条件标志位。接收到一个 START 条件,该位自动清 0。
0:无中断请求。
1:有中断请求。

UCSTTIFG　Bit 1　开始中断条件标志位。接收到一个 START 条件,该位自动清0。
0:无中断请求。
1:有中断请求。

UCALIFG　Bit 0　仲裁失效中断标志位。
0:无中断请求。
1:有中断请求。

(5)UCBxRXBUF(USCL_Bx 接收缓存寄存器)

UCBxRXBUF 寄存器各个位如下:

7	6	5	4	3	2	1	0
UCRXBUFx							
r	r	r	r	r	r	r	r

UCRXBUFx　Bit 7 ~0　接收数据缓存用户可以访问,并接受来自移位寄存器最后接收到的字符。读 UCBxRXBUF 复位 UCRXIFG。

(6)UCBxTXBUF(USCL_Bx 发送缓存寄存器)

UCBxTXBUF 寄存器各个位如下:

7	6	5	4	3	2	1	0
UCTXBUFx							
rw	rw	rw	rw	rw	rw	rw	rw

UCTXBUFx　Bit 7 ~0　发送数据缓存用户可以访问,并将数据保持到被传送到移位寄存器进行数据传输。对发送缓存进行写操作将 UCBxRXIFG 清0。

(7)UCBxI²COA(USCI_Bx 本地寄存器)

UCBxI²COA 寄存器各个位和说明如下:

15	14	13	12	11	10	9	8
UCGCEN	0	0	0	0	0	I²COAx	
rw -0	r -0	r -0	r -0	r -0	r -0	rw -0	rw -0

7	6	5	4	3	2	1	0
I²COAx							
rw -0	rw -0	rw -0	rw -0	rw -0	rw -0	rw -0	rw -0

UCGCEN　Bit 15　广播响应使能。
0:不响应广播。

		1:响应广播。
I^2COAx	Bits 9 ~ 0	I^2C 本地地址。I^2COAx 包含了 USCI_Bx 中 I^2C 控制器的本地地址。该地址是正确合理的。在 7 位寻址方式中,第 6 位为最高位,9 ~ 7 位忽略。在 10 位寻址方式中,第 9 位为最高位。

(8)UCBx12CSA(USCI_Bx 从设备地址寄存器)

UCBx12CSA 寄存器各个位如下:

15	14	13	12	11	10	9	8
0	0	0	0	0	0	12CSAx	
rw -0	r -0	r -0	r -0	r -0	r -0	rw -0	rw -0

7	6	5	4	3	2	1	0
12CSAx							
rw -0	rw -0	rw -0	rw -0	rw -0	rw -0	rw -0	rw -0

12CSAx	Bit 9 ~ 0	I^2C 从设备模式的地址。IICSAx 包含了 USCI_Bx 模块寻址的扩展设备的从地址。该地址是正确合理的。在 7 位寻址方式中,第 6 位为最高位,9 ~ 7 位忽略。在 10 位寻址方式中,第 9 位为最高位。

(9)UCBxIICIE(USCI_Bx 中断使能寄存器)

UCBxIICIE 寄存器各个位和说明如下:

7	6	5	4	3	2	1	0
Reserved				UCNACKIE	UCSTPIE	UCSTTIE	UCALIE
rw -0	r -0	rw -0	r -0	rw -0	rw -0	rw -0	rw -0

Reserved	Bit 7 ~ 4	未使用。
UCNACKIE	Bit 3	未响应中断。 0:中断禁止。 1:中断使能。
UCSTPIE	Bit 2	停止条件中断使能控制。 0:中断禁止。 1:中断使能。
UCSTTIE	Bit 1	开始条件中断使能控制。 0:中断禁止。 1:中断使能。
UCALIE	Bit 0	仲裁失效中断使能控制。 0:中断禁止。 1:中断使能。

(10)IE2(中断使能寄存器2)

IE2寄存器各个位和说明如下：

7	6	5	4	3	2	1	0
				UCB0TXIE	UCB0RXIE		
				rw－0	rw－0		

UCB0TXIE　　Bit 3　　USCI_B0 发送中断使能。
0：中断禁止。
1：中断使能。

UCB0RXIE　　Bit 2　　USCI_B0 接收中断使能。
0：中断禁止。
1：中断使能。

(11)IFG2(中断标志寄存器2)

IFG2寄存器各个位和说明如下：

7	6	5	4	3	2	1	0
				UCB0TXIFG	UCB0RXIFG		
				rw－1	rw－0		

UCB0TXIFG　　Bit 3　　USCI_B0 发送中断标志位。当UCB0TXBUF空时该位置为1。
0：无中断请求。
1：有中断请求。

UCB0RXIFG　　Bit 2　　USCI_B0 接收中断标志位。当UCB0TXBUF接收到完整的字符后该位置1。
0：无中断请求。
1：有中断请求。

(12)UC1IE USCI_B1(中断使能寄存器)

UC1IE寄存器各个位和说明如下：

7	6	5	4	3	2	1	0
Unused				UCB1TXIE	UCB1RXIE		
rw－0	rw－0	rw－0	rw－0	rw－0	rw－0		

Unused　　Bit 7～4　　未使用。

UCB1TXIE　　Bit 3　　USCI_B1 发送中断使能。
0：中断禁止。
1：中断使能。

UCB1RXIE	Bit 2	USCI_B1 接收中断使能。 0:中断禁止。 1:中断使能。

(13) UC1IFG(USCI_B1 中断标志寄存器)

UC1IFG 寄存器各个位和说明如下:

7	6	5	4	3	2	1	0
Unused				UCB1TXIFG	UCB1RXIFG		
rw -0	rw -0	rw -0	rw -0	rw -1	rw -0		

Unused	Bit 7 ~4	未使用。
UCB1TXIFG	Bit 3	USCI_B1 发送中断标志。当 UCB1TXBUF 空的时候该位置为 1。 0:无中断请求。 1:有中断请求。
UCB1RXIFG	Bit 2	USCI_B1 接收中断标志。当 UCB1TXBUF 接收到完整的字符后该位置 1。 0:无中断请求。 1:有中断请求。

6.3.4 “I^2C 实验”的 PROTEUS 设计与仿真实训

(1)实训内容

实现对 24C02C 存储器的读写操作。

(2)必备知识

24C02C 提供 2Kb 的串行电可擦写可编程只读存储器(EEPROM),组织形式为 256b × 8b 字长。

(3) Proteus 仿真电路设计

二维码 6-3 是 Proteus 的仿真电路设计的原理图。

二维码 6-3

Proteus 仿真电路图

(4)程序设计

本实训程序设计流程图,如图 6-27 所示。

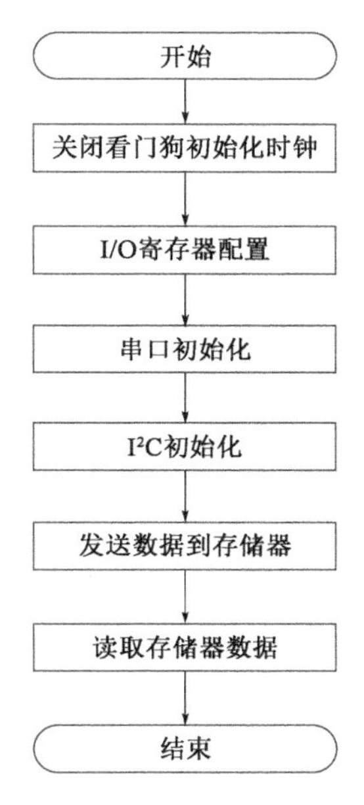

图6-27　程序设计框图

程序代码：

```
#include <msp430.h>
                                    //注意:两次发送间隔必须要有延时,否则不能再次
                                      发送,串口发送格式:

unsigned char PTxData[250];         //定义 Tx Data 为指针
unsigned char PRxData[250];         //定义 Rx Data 为指针
void UartInit(void)
{
  if(CALBC1_1MHZ==0xFF)             //校准常数是否擦除
  {
    while(1);                       //加载中断处理器
  }
  DCOCTL=0;                         //选择最低的 DCOx 和 MODx 工作模式
  BCSCTL1=CALBC1_1MHz;              //设置 DCO
  DCOCTL=CALDCO_1MHz;
  P3SEL|=0x30;                      //P3.4,5=USCI_A0 TXD/RXD 模式
  UCA0CTL1|=UCSSEL_2;               //SMCLK
  UCA0BR0=104;                      //1MHz 9600;(104)decimal=0x068h
  UCA0BR1=0;                        //1MHz 9600
  UCA0MCTL=UCBRS0;                  //调制 UCBRSx=0
  UCA0CTL1&=~UCSWRST;               //USCI 状态机初始化
}
```

```
void UartSend( unsigned char Data)
{
  UCA0TXBUF = Data;                       //TX - > RXed character
  while( ! (IFG2&UCA0TXIFG) ) ;           //USCI_A0 TX 发送缓冲区空
}

void IICInit( void)
{
  UCB0CTL1 | = UCSWRST;                   //使能 SW 复位
  UCB0CTL0 = UCMST + UCMODE_3 + UCSYNC;   //I²C 服务器为同步模式
  UCB0CTL1 = UCSSEL_2 + UCSWRST;          //使用 SMCLK,保持 SW 复位
  UCB0BR0 = 12;                           //fSCL = SMCLK/12 = ~100kHz
  UCB0BR1 =0;
  UCB0I2CSA =0xA0 > >1;                   //注意地址需要右移一位,24C02C 地址为 0XA0,故要
                                            写入 0X50
                                          //7 位地址模式,器件会发送一位读写位,正好 8 位。
  UCB0CTL1& = ~UCSWRST;                   //清除 SW 复位,恢复操作
}

/ ********************************************
函数名称:Ucb0I2c_Start( void)
功    能:I²C 主机模式,发送写起始条件
参    数:无
返 回 值:无
******************************************** /
void Ucb0I2c_Start( void)
{
  UCB0I2CSA =0x50;                        //从属地址是 0x50
  while( UCB0CTL1&UCTXSTP) ;              //是否停止
  UCB0CTL1 | = UCTR + UCTXSTT             //I²C TX,开始条件
  while( ! (IFG2&UCB0TXIFG) ) ;           //等待传送完
  IFG2& = ~UCB0TXIFG;                     //清除 USCI_B0 TX 中断标志
}

void IICSendData( unsigned char Addr ,unsigned char Data )
{
  int i;
  for( i =3000;i >0;i - - ) ;             //两次发送间隔必须要有延时,否则不能再次发送
  Ucb0I2c_Start( ) ;
  UCB0TXBUF = Addr;                       //加载 TX 缓冲器
  while( ! (IFG2&UCB0TXIFG) ) ;           //等待传送完成
  IFG2& = ~UCB0TXIFG;                     //清除 USCI_B0 TX 中断标志
  UCB0TXBUF = Data;                       //加载 TX 缓冲器
```

```
    while(!(IFG2&UCB0TXIFG));                    //等待传送完成
    IFG2& = ~UCB0TXIFG;                          //清除 USCI_B0 TX 中断标志
    UCB0CTL1 | = UCTXSTP;                        //I²C 停止条件
}

void IICReadData( unsigned char Addr )
{
    int i;
    for(i=3000;i>0;i--);                         //两次发送间隔必须要有延时,否则不能再次发送
    Ucb0I2c_Start();
    UCB0TXBUF = Addr;                            //加载 TX 缓冲器
    while(!(IFG2&UCB0TXIFG));                    //等待传送完成
    IFG2& = ~UCB0TXIFG;                          //清除 USCI_B0 TX 中断标志
    UCB0CTL1& = ~UCTR ;                          //I²C RX,读
    UCB0CTL1 | = UCTXSTT;                        //I²C RX,开始条件
    while(!(IFG2&UCB0RXIFG));                    //等待接收完成
    IFG2& = ~UCB0RXIFG;
    PRxData[0] = UCB0RXBUF;                      //读 RX 缓冲器
    while(!(IFG2&UCB0RXIFG));                    //等待接收完成
    IFG2& = ~UCB0RXIFG;
    PRxData[1] = UCB0RXBUF;                      //读 RX 缓冲器
    while(!(IFG2&UCB0RXIFG));                    //等待接收完成
    IFG2& = ~UCB0RXIFG;
    PRxData[2] = UCB0RXBUF;                      //读 RX 缓冲器
    while(!(IFG2&UCB0RXIFG));                    //等待接收完成
    IFG2& = ~UCB0RXIFG;
    PRxData[3] = UCB0RXBUF;                      //读 RX 缓冲器
    while(!(IFG2&UCB0RXIFG));                    //等待接收完成
    IFG2& = ~UCB0RXIFG;
    PRxData[4] = UCB0RXBUF;                      //读 RX 缓冲器
    while(!(IFG2&UCB0RXIFG));                    //等待接收完成
    IFG2& = ~UCB0RXIFG;
    PRxData[5] = UCB0RXBUF;                      //读 RX 缓冲器
    while(!(IFG2&UCB0RXIFG));                    //等待接收完成
    IFG2& = ~UCB0RXIFG;
    PRxData[6] = UCB0RXBUF;                      //读 RX 缓冲器
    while(!(IFG2&UCB0RXIFG));                    //等待接收完成
    IFG2& = ~UCB0RXIFG;
    PRxData[7] = UCB0RXBUF;                      //读 RX 缓冲器
}

int main(void)
{
```

```
    WDTCTL = WDTPW + WDTHOLD;                    //停止看门狗
    P3SEL| =0x06;                                //USCI_B0 引脚分配
    IICInit();
    UartInit();
    while (1)
    {
      IICSendData(0X00,'M');
      IICSendData(0X01,'S');
      IICSendData(0X02,'P');
      IICSendData(0X03,'4');
      IICSendData(0X04,'3');
      IICSendData(0X05,'0');
      IICSendData(0X06,'F');
      IICSendData(0X07,'2');
      IICSendData(0X08,'4');
      IICReadData(0x00);
      UartSend(PRxData[0]);
      UartSend(PRxData[1]);
      UartSend(PRxData[2]);
      UartSend(PRxData[3]);
      UartSend(PRxData[4]);
      UartSend(PRxData[5]);
      UartSend(PRxData[6]);
      UartSend(PRxData[7]);
      UartSend('9');
    }
}
```

(5)仿真结果

双击 MSP430F249 单片机,选择可执行文件 *.hex,设置参数 SMCLK = 1MHz。运行后 MSP430 工作于主设备发送状态,将数据先写入 24C02C 存储器中,然后再从中读取数据并显示在串口虚拟数据终端上。

6.4 USB 模块

6.4.1 USB 总线协议

USB 总线协议在通用性、易用性、稳定性、便利性、高传输速率等方面具有良好特性,其应用范围正在从计算机外设向嵌入式系统领域扩展。其传输速度分为低速(1.5Mbps)、全速(12Mbps)和高速(480Mbps);传输类型分为同步传输、批量传输、中断传输和控制传输;功能设备根据数据量和通信特点又进行了多达 18 种的详细分类,包括人机接口类(HID,如键盘、鼠标)、图像类(如打印机、扫描仪)、大容量存储设备类(MessStorage,如U盘)等。这3种分类是典型分类方式,具体实物可以同时属于3类中的一种,比如鼠标既是低速设备,采用中断传输方式,又属于人机接口类。

在USB接口的技术规范中,将使用USB进行数据传输的双方划分为主机和设备端。主机一般由PC机承担,嵌入式设备作为设备端。按照USB协议的定义,USB设备包括集线器和功能设备两个基本类型。

①集线器(HUB):为访问USB总线提供更多的接入点。

②功能设备:具有特定功能的设备,如鼠标、键盘等。

在一个USB系统中,USB设备总数不超过127个。USB设备接收USB总线上的所有数据流,通过数据流中令牌包的地址域判断所携数据包是不是发给自己的。若地址不符,则简单地丢弃该数据包;若地址相符,则通过响应USB主机的数据包与主机进行数据传输。在逻辑结构上,USB系统中主机与设备间总是以一对一的方式进行逻辑连接的,即无论设备插入第几级HUB上,其总线地位是相同的。

USB总线协议中有两个重要的概念——端点和管道。

①端点(End Point):每个USB设备在主机看来就是一个端点的集合,主机只能通过端点与设备进行通信,使用设备的功能。端点实际上就是设备硬件具有的一定大小的数据缓冲区,这些端点在设备出厂时已经定义。在USB系统中,每个端点都有一定的特性,其中包括传输方式、总线访问频率、带宽、端点号、数据包的最大容量等。端点必须在设备配置后才能生效(端点0除外)。端点0通常为控制端点,用于传输初始化参数,其他端点一般用作数据端点,存放主机与设备间的往来数据。

②管道(Pipe):管道只是逻辑上的概念,是主机端驱动程序的一个数据缓冲区与一个外设端点的连接,它代表一种在两者之间移动数据的能力。一旦设备被配置,管道就存在了。所有的设备必须支持端点0以构筑设备的控制管道。通过控制管道,主机可以获得描述USB设备的完整信息,包括设备类型、电源管理、配置及端点描述等。作为USB即插即用特点的典型体现,只要设备连接到主机上,端点0就可以被访问,即与之相应的管道也就存在了。

当一个USB设备首次接入USB总线时,主机要进行总线枚举,总线枚举是USB设备的重要特征。只有对设备进行了正确的枚举之后,主机才能确认设备的功能,并与设备进行通信,其具体过程如下:

①USB所连接的HUB端口的状态发生改变,HUB将通过状态变化管道来通知主机。此时,设备所连接的端口有电流供应,但是该端口的其他属性将被禁止,以便于主机进行其他操作。

②主机确定有USB设备接入及接入端口,然后等待100ms的时间来使接入过程顺利完成并使设备上电稳定,再发送一个端口使能信号以激活该端口,并发送复位信号。

③HUB向该设备发送设备复位信号,并保持该信号100ms,以使设备充分复位,设备复位后,就可以使用默认地址0来和主机通信。

④主机通过设备的默认管道发出GET_DESCRIPTER命令给USB设备,以获取设备描述符、默认管道的最大数据长度等信息。

⑤主机通过设备的默认管道发出SET_ADDRESS命令给USB设备,为设备分配一个总线上唯一的地址。

⑥主机用新的设备地址发送 GET_CONFIGURATION 命令给 USB 设备,来获取设备所能提供的配置信息。

⑦主机获取了设备的配置信息后,选择其中一个配置,并用 SET_CONFIGURATION 命令所选择的配置种类通知 USB 设备。在该过程结束后,设备可用,总线枚举过程结束。

对于设备从 USB 总线上拔出的情况就相对简单多了。HUB 将发送一个信号通知主机,主机使与该设备相连的端口禁用,及时更新它的拓扑结构并回收设备所占有的主机资源和带宽。

USB 的核心内容是数据通信协议,这也是 USB 协议中最多、最复杂的部分。图 6-28 描述了数据通信模型的层次关系。

数据传输：控制、中断、同步、批量传输
事务：输入、输出、设置事务
包：令牌包、数据包、握手包
域：标识域、数据域、校验域等

图 6-28　数据通信模型层次关系

USB 包含 4 种传输类型:控制、中断、同步、批量传输。其中,中断、同步和批量传输用于端到端的数据传输,控制传输主要用于识别并配置设备,使其能够与 USB 主机通信。控制传输是最复杂的传输类型,是 USB 枚举阶段最主要的数据交换方式。

传输由事务组成,事务按其特点分为 3 种:输入事务、输出事务和设置事务。任何一种传输都由这 3 种事务组成,不同的只是这 3 种事务的组合和搭配情况。事务由包组成,包主要有令牌包、数据包、握手包。对于低速设备还有特殊包——前导包。每个事务一般由 2 ~ 3 个包组成。包由底层的域组成,主要有标识域、数据域、校验域、同步域、地址域、端点域、帧号域等。

目前,USB 设备相当普及,这得益于各大半导体商提供了大量屏蔽底层的库函数,MSP430 新推出的部分芯片有 USB 模块,并发布了相关库函数,用户可以不用理解过多底层协议方面的知识,便可轻松地作出满足要求的应用程序。

6.4.2　USB 传输类型

USB 模块支持控制、批量和中断数据传输类型。按照 USB 规范,将端点 0 保留用于控制端点且为双向。除了控制端点外,USB 模块可以支持多达 7 个输入端点和 7 个输出端点。这些额外的端点可以配置作为批量或中断端点。

1)控制传输

控制传输用于主机与 USB 设备间的配置、命令和状态通信。到 USB 设备的控制传输使用输入端点 0 和输出端点 0。控制传输的 3 种类型为控制写、没有数据阶段的控制写和控制读。注意,在将 USB 设备连接到 USB 前必须初始化控制端点。

(1)控制写传输

主机使用控制写传输向 USB 设备写数据。没有数据阶段传输的控制写传输由启动阶段传输和输入状态阶段传输组成。对于这种类型的传输,写入到 USB 设备的数据包含在启动阶段传输数据包内的两个字节值字段内。控制写传输的阶段介绍如下:

①启动阶段传输

A. 通过适当配置 USB 端点配置模块,初始化输入端点 0 和输出端点 0:使能端点中断(USBIIE = 1)和使能端点(UBME = 1)。输入端点 0 和输出端点 0 的 NAK 位必须清零。

B. 主机发送启动令牌包,地址到输出端点 0 的启动数据包紧随其后。如果无误地接收到数据,UBM 将把数据写入启动缓冲器,将 USB 状态寄存器内的启动阶段传输位置为 1,向主机返回一个 ACK 握手信号,启动阶段传输中断。注意,只要启动传输位(SETUP)置位,不论端点

0 的 NAK 或 STALL 位值为多少,UBM 将为任何数据阶段或状态阶段传输返回一个 NAK 握手信号。

C. 软件响应中断,从缓冲器内读取启动数据包,对命令进行译码。对于不支持或无效的命令,在清除启动阶段传输位之前,软件应当将输出端点 0、输入端点 0、配置寄存器的 STALL 位置位。这将使设备在数据阶段或状态阶段传输时返回一个 STALL 握手信号。对于控制写传输来说,主机用作第一次输出数据包的数据包 ID 将会是 DATA1 包 ID,TOGGLE 位必须匹配。

②数据阶段传输

A. 主机发送一个 OUT 令牌包,地址为输出端点 0 的数据包紧随其后。如果无误地接收到数据包,UBM 将把数据写入输出端点缓冲器(USBOEP0BUF),更新数据计数值,翻转 TOGGLE 位,置位 NAK 位,向主机返回 ACK 握手信号,置位输出端点中断 0 标志(OEPIFG0)。

B. 软件响应中断,从输出端点缓冲器内读取数据包。为了读取数据包,软件首先需要获得 USBOEPBCNT_0 寄存器内的数据计数值。读取数据包以后,为了允许接收来自主机的下一个数据包,软件应当清除 NAK 位。

C. 如果接收数据包时 NAK 位置位,UBM 将简单地向主机返回一个 NAK 握手信号;如果接收数据包时 STALL 位置位,UBM 将简单地向主机返回一个 STALL 握手信号;如果接收数据包时产生 CRC 或位填充错误,将没有握手信号返回到主机。

③状态阶段传输

A. 对输入端点 0,为使能向主机发送数据包,软件置位 TOGGLE,清除 NAK。注意,对于状态阶段传输,将逐个发送带 DATA1 ID 的空数据包。

B. 主机发送一个地址为输入端点 0 的 IN 令牌包。接收到 IN 令牌包以后,UBM 向主机发送空数据包。如果主机无误地接收到数据包,将返回 ACK 握手信号。然后 UBM 将翻转 TOGGLE 位,置位 NAK 位。

C. 如果接收到 IN 令牌包时,NAK 位置位,UBM 将简单地向主机返回一个 NAK 握手信号;如果接收到 IN 令牌包时,STALL 位置位,UBM 将简单地向主机返回一个 STALL 握手信号;如果没有接收到主机发送的握手信号,UBM 将再次发送同一数据包。

(2)控制读传输

主机使用控制读传输从 USB 设备读取数据。控制读传输由启动阶段传输、至少一个输入数据阶段传输和一个输入状态阶段传输组成。控制读传输的阶段介绍如下:

①启动阶段传输

A. 通过适当配置 USB 端点配置模块,初始化输入端点 0 和输出端点 0,使能端点中断(USBIIE = 1)和使能端点(UBME = 1)。输入端点 0 和输出端点 0 的 NAK 位必须清零。

B. 主机发送启动令牌包,地址到输出端点 0 的启动数据包紧随其后。如果无误地接收到数据,UBM 将把数据写入启动缓冲器,将 USB 状态寄存器内的启动阶段传输位置为 1,向主机返回一个 ACK 握手信号,启动阶段传输中断。注意,只要启动传输位(SETUP)置位,不论端点 0 的 NAK 或 STALL 位值为多少,UBM 将为任何数据阶段或状态阶段传输返回一个 NAK 握手信号。

C. 软件响应中断,从缓冲器内读取启动数据包,对命令进行译码。对于不支持或无效的命令,在清除启动阶段传输位之前,软件应当将输出端点 0、输入端点 0、配置寄存器的 STALL

位置位。这将使设备在数据阶段或状态阶段传输时返回一个 STALL 握手信号。读取数据包及对命令解码以后,软件应当清除中断,这将自动清除启动阶段传输状态位。软件也应当置位输入端点 0 配置寄存器内的 TOGGLE 位。对于控制读取传输来说,主机用作第一次输入数据包的数据包 ID 将会是 DATA1 包 ID。

②数据阶段传输

A. 通过软件将发送到主机的数据包写入输入端点 0 缓冲器。为了使能将数据发送到主机,软件也更新数据计数值,然后清除输入端点 0 的 NAK 位。

B. 主机发送一个地址为输入端点 0 的 IN 令牌包。接收到 IN 令牌后,UBM 将数据包传输到主机。如果主机无误地接收到数据包,将返回 ACK 握手信号。UBM 将置位 NAK 位,置位端点中断标志。

C. 软件响应中断,准备向主机发送下一个数据包。

D. 如果接收到 IN 令牌包时 NAK 位置位,UBM 将简单地返回一个 NAK 握手信号到主机;如果接收到 IN 令牌包时 STALL 置位,UBM 将简单地返回一个 STALL 握手信号到主机;如果没有接收到来自主机的握手信号包,UBM 将准备再次发送同一数据包。

E. 软件继续发送数据包,直到将所有数据发送到主机。

③状态阶段传输

A. 对输出端点 0,为使能向主机发送数据包,软件置位 TOGGLE 位,清除 NAK 位。

B. 主机发送一个地址为输出端点 0 的 OUT 令牌包。如果无误地接收到数据包,UBM 将更新数据计数值,翻转 TOGGLE 位,置位 NAK 位,向主机返回一个 ACK 握手信号,置位端点中断标志。

C. 软件响应中断。如果成功完成状态阶段传输,软件应当清除中断和 NAK 位。

D. 如果接收到输入数据包时 NAK 置位,UBM 将简单地向主机返回一个 NAK 握手信号;如果接收到输入数据包时 STALL 置位,UBM 将简单地向主机返回一个 STALL 握手信号;如果接收到数据包时产生 CRC 或位填充错误,将没有握手信号返回到主机。

2) 中断传输

USB 模块支持主机传入及传出两个方向的中断数据传输。如果设备具有一定的响应周期且需要发送或接收较小数量的数据,选择中断传输类型最适合。输入端点 1 ~7 和输出端点 1 ~7 可配置为中断端点。

(1) 中断输出传输

中断输出传输的步骤如下:

①通过软件对适当的端点配置块进行编程,将其中一个输出端点初始化为批量输出端点。这需要进行以下设置:编程配置缓冲器大小和缓冲器基地址、选择缓冲器模式、使能断点中断、初始化翻转位、使能端点及置位 NAK 位。

②主机发送输出令牌包,定位到输出端点的数据包紧随该令牌包。如果无误地接收到数据,UBM 将把数据写入端点缓冲器,更新数据计数值,翻转翻转位,置位 NAK 位,返回 ACK 握手信号到主机且置位端点中断标志。

③软件响应中断,从缓冲器读取数据。为了读取数据包,软件首先需要得到数据计数值。读取数据包后,为了允许接收下一个来自主机的数据包,软件应当清除中断及 NAK 位。

④如果接收数据包时 NAK 置位,UBM 将简单地返回一个 NAK 握手信号给主机;如果接

收数据包时STALL置位,UBM将简单地返回一个STALL握手信号给主机;如果接收数据包时产生CRC或位填充错误,将没有握手信号返回到主机。

在双缓冲模式下,UBM在以翻转位值为基础的X和Y缓冲器之间选择。如果翻转位为0,UBM将从X缓冲器读取数据包。如果翻转位为1,UBM将从Y缓冲器读取数据包。当接收到数据包时,软件通过读取翻转值确定哪个缓冲器包含数据包。然而,当使用双缓冲模式时,软件对端点中断作出反应前,接收到数据包并将其写入X和Y缓冲器的可能性是存在的。在这种情况下,简单地使用翻转位来确定哪个缓冲器包含数据包是行不通的。所以在双缓冲模式下,软件应当读取X缓冲NAK位、Y缓冲NAK位和翻转位确定缓冲器的状态。

(2)中断输入传输

中断输入传输的步骤如下:

①通过软件对适当的端点配置块进行编程,将其中一个输入端点初始化为输入中断端点。这需要进行以下设置:编程配置缓冲器大小和缓冲器基地址、选择缓冲器模式、使能端点中断、初始化翻转位、使能端点及置位NAK位。

②通过软件将发送到主机的数据包写入缓冲器。为了使能发送到主机的数据包,软件也更新了数据计数值,清除了NAK位。

③主机发送一个地址为输入端点的IN令牌包。接收到IN令牌包以后,UBM发送数据包到主机。如果数据包被主机无误地接收,将返回一个ACK握手信号。然后UBM对翻转位进行翻转,置位NAK位,置位端点中断标志。

④软件响应中断并准备将下一个数据包发送到主机。

⑤如果接收IN令牌包时NAK置位,UBM将简单地返回一个NAK握手信号给主机;如果接收数据包时STALL置位,UBM将简单地返回一个STALL握手信号给主机;如果没有接收到主机发送的握手信号,UBM将准备再次发送同一个数据包。

在双缓冲模式下,UBM在以翻转位值为基础的X和Y缓冲器之间选择。如果翻转位为0,UBM将从X缓冲器读取数据包;如果翻转位为1,UBM将从Y缓冲器读取数据包。

3)批量传输

USB模块支持主机传入及传出两个方向的批量数据传输。如果设备没有适当带宽却需要发送或接收大量数据,选择批量传输类型最适合。输入端点1~7和输出端点1~7都可以配置为批量端点。

(1)批量输出传输

批量输出传输的步骤如下:

①通过软件对适当的端点配置块进行编程,将其中一个输出端点初始化为批量输出端点。这需要进行以下设置:编程配置缓冲器大小和缓冲器基地址、选择缓冲器模式、使能端点中断、初始化翻转位、使能端点及置位NAK位。

②主机发送输出令牌包,定位到输出端点的数据包紧随该令牌包。如果无误地接收到收据,UBM将把数据写入端点缓冲器,更新数据计数值,翻转翻转位,置位NAK位,返回ACK握手信号到主机且置位端点中断标志。

③软件响应中断,从缓冲器读取数据。为了读取数据包,软件首先需要得到数据计数值。读取数据包后,为了允许接收下一个来自主机的数据包,软件应当清除中断及NAK位。

④如果接收数据包时NAK置位,UBM将简单地返回一个NAK握手信号给主机;如果接

收数据包时 STALL 置位，UBM 将简单地返回一个 STALL 握手信号给主机；如果接收数据包时产生 CRC 或位填充错误，将没有握手信号返回到主机。

在双缓冲模式下，UBM 在以翻转位值为基础的 X 和 Y 缓冲器之间选择。如果翻转位为 0，UBM 将从 X 缓冲器读取数据包；如果翻转位为 1，UBM 将从 Y 缓冲器读取数据包。当接收到收数据包时，软件通过读取翻转值确定哪个缓冲器包含数据包。然而，当使用双缓冲模式时，软件对端点中断作出反应前，接收到数据包并将其写入 X 和 Y 缓冲器的可能性是存在的。在这种情况下，简单地使用翻转位来确定哪个缓冲器包含数据包是行不通的。所以在双缓冲模式下，软件应当读取 X 缓冲 NAK 位、Y 缓冲 NAK 位和翻转位确定缓冲器的状态。

(2)批量输入传输

批量输入传输的步骤如下：

①通过软件对适当的端点配置块进行编程，将其中一个输入端点初始化为批量输入端点。这需要进行以下设置：编程配置缓冲器大小和缓冲器基地址、选择缓冲器模式、使能端点中断、初始化翻转位、使能端点及置位 NAK 位。

②通过软件将发送到主机的数据包写入缓冲器。为了使能发送到主机的数据包，软件也更新了数据计数值，清除了 NAK 位。

③主机发送一个地址为输入端点的 IN 令牌包。接收到 IN 令牌包以后，UBM 发送数据包到主机。如果数据包被主机无误地接收，将返回一个 ACK 握手信号。然后 UBM 对翻转位进行翻转，置位 NAK 位，置位端点中断标志。

④软件响应中断且准备将下一数据包发送到主机。

⑤如果接收到 IN 令牌包时 NAK 位置位，UBM 将简单地返回一个 NAK 握手信号给主机；如果接收到 IN 令牌包时 STALL 位置位，UBM 将简单地返回一个 STALL 握手信号给主机；如果没有接收到主机的握手信号，UBM 将再次传输同一个数据包。

在双缓冲模式下，UBM 在以翻转位为基础的 X 和 Y 缓冲器之间选择。如果翻转位为 0，UBM 将从 X 缓冲器读取数据包；如果翻转位为 1，UBM 将从 Y 缓冲器读取数据包。

6.4.3 MSP430 USB 模块简介

MSP430 单片机的 USB 模块具有以下特性：

(1)完全符合 USB2.0 规范。

①集成 12Mbps 全速 USB 收发器。

②最大支持 8 个输入端点和输出端点。

③支持控制、中断和批量传输。

④支持 USB 挂起、恢复和远程唤醒。

(2)拥有独立于 PMM 模块的电源系统。

①集成了 3.3V 输出的低功耗线性稳压器(LDO)，该稳压器从 5V 的 VBUS 取电，输出足够驱动整个 MSP430 工作。

②集成了给 PHY 及 PLL 供电的 1.8V LDO。

③可工作于总线供电或自供电模式。

④3.3V 的 LDO 具有限流保护功能。

(3)内部有 48MHz 的 USB 时钟。

①集成可编程锁相环(PLL)。

②高度自由化的输入时钟频率,可使用低成本晶振。

(4)1904B 独立 USB 端点缓存,可以每 8B 为单位进行配置。

(5)当 USB 模块禁止时:

①缓存空间被映射到通用 RAM 空间,为系统提供额外 2KB 的 RAM。

②USB 功能脚变为具有高电流驱动能力的通用 I/O 口。

图 6-29 为 USB 模块的结构图。

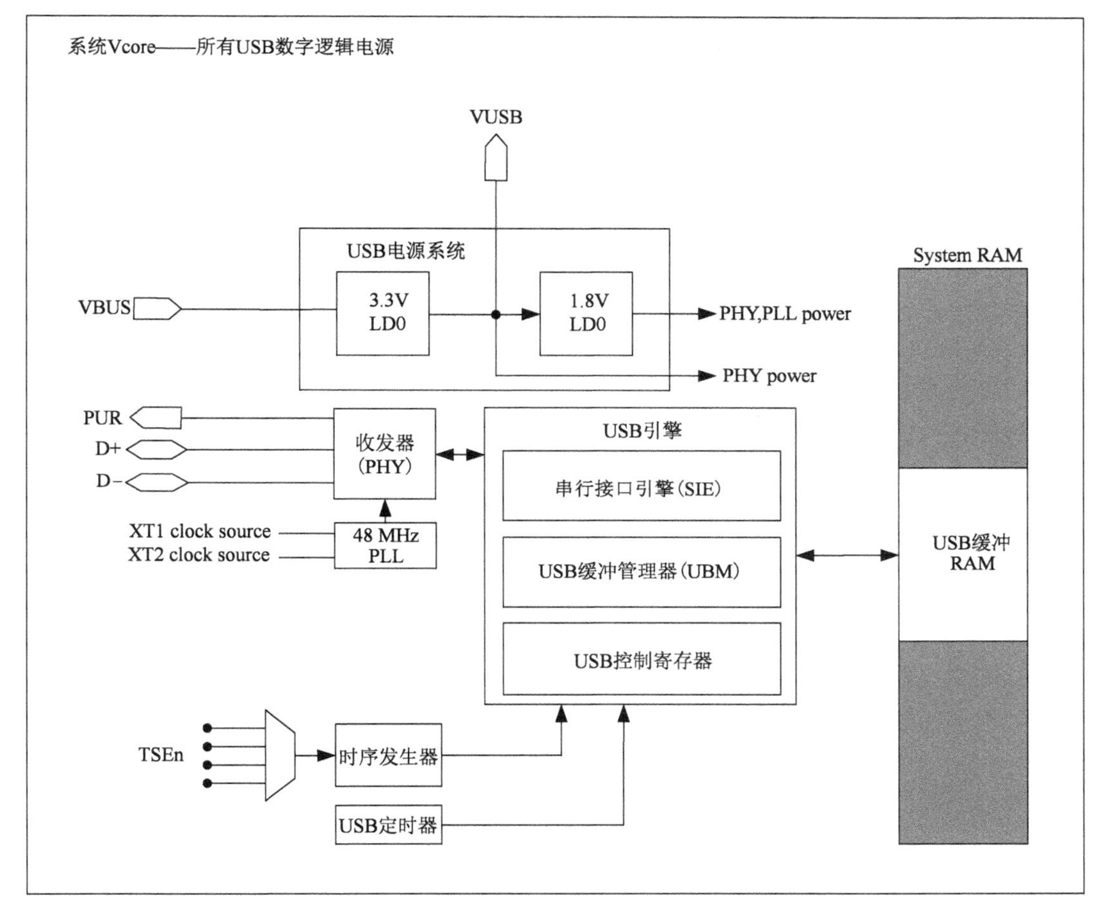

图 6-29 USB 模块结构图

USB 引擎完成 USB 模块所有相关的数据传输,它由 USB 串行接口引擎、USB 缓冲管理器和 USB 控制寄存器组成。USB 接收到的所有数据包被重新整理合并后放入接收缓存的 RAM 中,而在缓存中被标识准备就绪的数据被打包放入一系列的数据包后发送给 USB 主机。

USB 引擎需要一个精确的 48MHz 的时钟信号供采样输入数据流使用,该时钟信号由外部晶振源(XT1 或 XT2)产生的时钟信号通过锁相环后得到,但是要产生所需频率,要求锁相环的输入信号频率大于 1.5MHz。锁相环的输出频率可以在很宽的范围内,非常灵活,允许用户在设计中使用低成本的晶振电路。

USB 缓存是 USB 接口和应用软件交换数据的地方,也是 7 个节点被调用的地方。缓存被设计成可被 CPU 或 DMA 以访问 RAM 的方式访问。

6.4.4 USB 模块操作

USB 模块是一个支持全速率的兼容 USB2.0 规范的高效模块。USB 引擎匹配所有与 USB 有关的规则,主要包括 USB 的串行接口引擎(SIE)、USB 缓冲管理器(UBM)。USB 接收到的所有数据包进行串行化以后放置到 USB 缓冲 RAM 区内的接收缓冲。在 RAM 区中标记为“准备发送”的数据串行打包后发送给 USB 主机。

USB 引擎需要一个精确的 48MHz 时钟用于对输入的数据流进行采样,该时钟由来自系统晶振(XT1/XT2)的 PLL 产生,需要大于 1.5MHz 的晶振。由于 PLL 非常灵活,具有非常宽的频率范围,所以允许设计时使用大多数低成本的晶振。

注意:有些芯片只支持 XT1 的低频模式。PLL 只支持高频率的输入时钟源,如高频模式下的 XT1(HF)或 XT2。对于此类芯片,只能使用 XT2 作为 USB 操作的 PLL 模块的输入,也可使用 XT1 的高频模式或 XT2 的 BYPASS 模式,可参考具体的芯片数据手册获得时钟源信息。

USB 缓存用于 USB 接口和应用软件之间的数据交换,也用于定义端点 1 ~ 7。CPU 或 DMA 可以像访问 RAM 一样访问这个缓冲区。

1)USB 收发器(PHY)

物理层接口(USB 收发器)是直接由 VUSB(3.3V)供电差分线路驱动器,该线路驱动器直接连接到构成 USB 接口信号机制的 DP/DM 引脚。

当 PUSEL 置位时,DP/DM 可配置为 USB 内核逻辑控制的 USB 驱动器。当该位清零时,这两个管脚就变为一对具有强电流通用 I/O 口管脚的“端口 U”。这些引脚可以通过 UPCR 寄存器来配置。端口 U 由 VUSB 供电,独立于 DVCC。这两个引脚无论是用于 USB 功能还是用作通用 I/O,都要使用内部稳压器或外部电源给 VUSB 提供合适的供电。

2)USB 供电系统

USB 模块的供电系统内含双稳压器(3.3V 和 1.8V),当 5V 的 VBUS 可用时,允许整个 MSP430 从 VBUS 供电。作为可选的,供电系统可以只为 USB 模块供电,也可以在一个自供电设备中完全不被使用。供电系统的结构图见图 6-30。

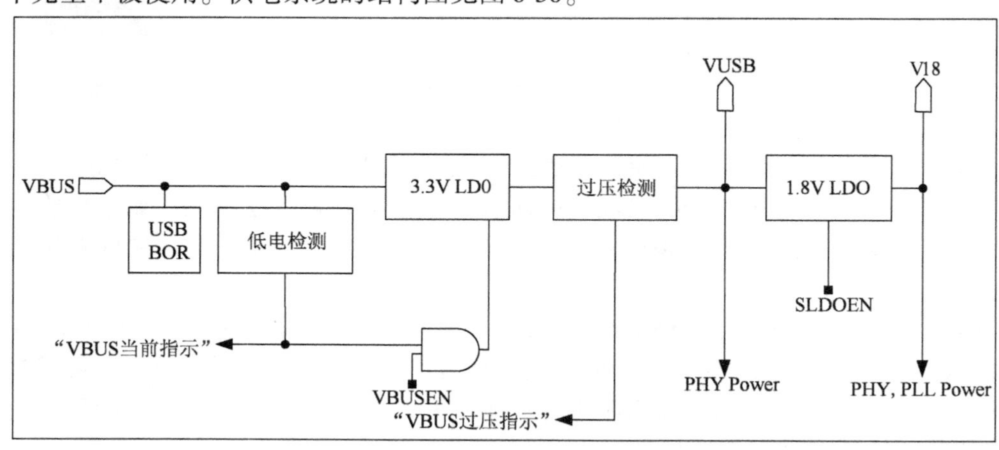

图 6-30 供电系统结构图

3)USB 锁相环(PLL)

PLL 锁相环模块为 USB 操作提供高精度、低抖动的时钟,如图 6-31 所示。

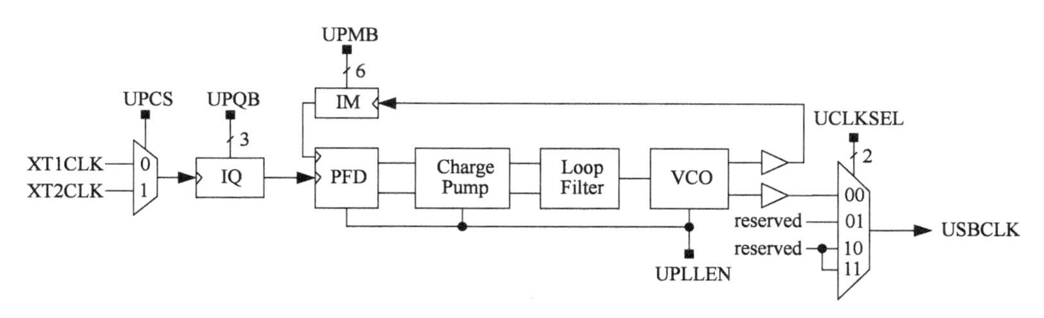

图 6-31 USB-PLL 模块结构图

外部的参考时钟通过 UPCS 位进行选择,允许使用两个外部晶振之一作为参考时钟源。一个受 UPQB 位控制 4 位的预分频计数器允许对参考时钟进行分频产生 PLL 的更新时钟。UPMB 位控制着反馈回路上的分频因子和 PLL 的倍频因子。

如果 USB 设备的操作是在总线供电的模式下,为了使 USB 的电流消耗小于 500μA,则有必要禁止 PLL 工作,通过 UPLLEN 位可使能或禁止 PLL。为使能鉴相器,PFDEN 位必须置位。信号失锁,输入信号无效和超出正常工作频率会反映在对应的中断标志位 OOLIFG、LOSIFG 和 OORIFG 上。

修改分频器分频系数:在设置所需 PLL 的频率时,更新 UPQB(DIVQ)和 UPMB(DIVM)值的动作必须同步进行,以避免寄生频率的残留。UPQB 和 UPMB 的值经计算后先写入缓冲寄存器,再通过写 UPLLDIVB 同时更新 UPQB 和 UPMB 的值。

PLL 可以检测三种错误:当频率在连续 4 个更新周期在同一方向上修正时,将检测到失锁(OOL)错误;当频率在连续 16 个更新周期在同一方向上修正时,将检测到信号丢失(LOS);当频率在连续 32 个更新周期内没有被锁住,将检测到信号超出正常工作频率范围(OOR)。这三种错误将触发它们对应的中断标志位(USBOOLIFG、USBLOSIFG、USBOORIFG)置位,如果对应的中断使能位(USBOOLIE、USBLOSIE、USBOORIE)置位,将触发相应的中断。

推荐使用下面的操作顺序以获得最快的 PLL 启动:①使能 VBUS 和 V18。②等待外部电容充电 2ms,以使 VUSB 达到适当值(在此期间可以初始化 USB 寄存器和缓冲器)。③激活 PLL,使用所需的分频值。④等待 2ms 并检查 PLL,如果仍然保持锁定状态则准备就绪。

4)USB 中断向量

USB 模块使用单一的中断向量发生器寄存器来处理多种 USB 中断。所有和 USB 相关的中断源触发 USBVECINT 向量,该向量包含一个可以识别中断源的 6 位向量值。每个中断源都产生一个不同的可读偏移量,没有中断挂起时中断向量返回 0。

读取中断向量寄存器将清除相应的中断标志,并更新其值。优先级最高的中断将返回 0002H、优先级最低的返回 003EH,对该寄存器执行写操作将清除所有的中断标志。

每个 USB 输入或输出端点都有一个传输中断指示使能位,软件必须设置该位来定义它们对中断事件是否进行标识。为了产生一个中断,对应的中断使能位必须被置位。表 6-10 为 USB 中断功能表。

USB 中断功能表 表 6-10

USBVECINT 值	中 断 源	中断标志位	中断使能位	指示使能位
0000H	无中断	—	—	—
0002H	USB-PWR drop ind.	USBPWRCTL. VUOVLIFG	USBPWRCTL. VUOVLIE	—
0004H	USB-PLL 锁定错误	USBPLLIR. USBPLLOOLIFG	USBPLLIR. USBPLLOOLIE	—
0006H	USB-PLL 信号错误	USBPLLIR. USBPLLOSIFG	USBPLLIR. USBPLLLOSIE	—
0008H	USB-PLL 范围错误	USBPLLIR. USBPLLOORIFG	USBPLLIR. USBPLLOORIE	—
000AH	USB-PWRVBUS 开	USBPWRCTL. VBONIFG	USBPWRCTL. VBONIE	—
000CH	USB-PWRVBUS 关	USBPWRCTL. VBOFFIFG	USBPWRCTL. VBOFFIE	—
000EH	保留	—	—	—
0010H	USB 时间戳事件	USBMAINTL. UTIFG	USBMAINTL. UTIE	—
0012H	输入端口 0	USBIEPIFG. EP0	USBIEPIE. EP0	USBIEPCNFG_0. USBIIE
0014H	输出端口 0	USBOEPIFG. EP0	USBOEPIE. EP0	USBOEPCNFG_0. USBIIE
0016H	RSTR 中断	USBIFG. RSTRIFG	USBIE. RSTRIE	—
0018H	SUSR 中断	USBIFG. SUSRIFG	USBIE. SUSRIE	—
001AH	RESR 中断	USBIFG. RESRIFG	USBIE. RESRIE	—
001CH	保留	—	—	—
001EH	保留	—	—	—
0020H	发起数据包接收	USBIFG. SETUPIFG	USBIE. SETUPIE	—
0022H	发起数据包覆盖	USBIFG. STPOWIFG	USBIE. STPOWIE0	—
0024H	输入端点 1	USBIEPIFG. EP1	USBIEPIE. EP1	USBIEPCNF_1. USBIIE
0026H	输入端点 2	USBIEPIFG. EP2	USBIEPIE. EP2	USBIEPCNF_2. USBIIE
0028H	输入端点 3	USBIEPIFG. EP3	USBIEPIE. EP3	USBIEPCNF_3. USBIIE
002AH	输入端点 4	USBIEPIFG. EP4	USBIEPIE. EP4	USBIEPCNF_4. USBIIE
002CH	输入端点 5	USBIEPIFG. EP5	USBIEPIE. EP5	USBIEPCNF_5. USBIIE
002EH	输入端点 6	USBIEPIFG. EP6	USBIEPIE. EP6	USBIEPCNF_6. USBIIE
0030H	输入端点 7	USBIEPIFG. EP7	USBIEPIE. EP7	USBIEPCNF_7. USBIIE
0032H	输出端点 1	USBOEPIFG. EP1	USBOEPIE. EP1	USBOEPCNF_1. USBOIE
0034H	输出端点 2	USBOEPIFG. EP2	USBOEPIE. EP2	USBOEPCNF_2. USBOIE
0036H	输出端点 3	USBOEPIFG. EP3	USBOEPIE. EP3	USBOEPCNF_3. USBOIE
0038H	输出端点 4	USBOEPIFG. EP4	USBOEPIE. EP4	USBOEPCNF_4. USBOIE
003AH	输出端点 5	USBOEPIFG. EP5	USBOEPIE. EP5	USBOEPCNF_5. USBOIE
003CH	输出端点 6	USBOEPIFG. EP6	USBOEPIE. EP6	USBOEPCNF_6. USBOIE
003EH	输出端点 7	USBOEPIFG. EP7	USBOEPIE. EP7	USBOEPCNF_7. USBOIE

5) USB 功耗

USB 功能的功耗比 MSP430 典型值大。由于大部分 MSP430 的应用情况对电源比较敏感，保证连接到允许 VBUS 供电的总线时只有重要的电源负载，这样 MSP430 USB 模块设计可以保护电池。

USB 模块的两个最耗电的元件是收发器和 PLL。收发器在传输时会消耗大量的电能,但当处在不活动状态时,也就是不进行数据的收发,此时将消耗极小的功耗,这个量被定义成 IIDLE。这个量非常小,以至于在总线供电的应用中,在暂停模式期间保持收发器在活动状态而不带来任何问题。收发器在获得收发所需的电流时总是可以访问 VBUS 电源。

PLL 消耗很大一部分电流,不过它只需要在连接到主机时被激活,并且由主机的 USB 总线供电,当 PLL 禁止时(例如:在 USB 暂停期间),USBCLK 自动选择 VLO 作为时钟源。

6.4.5 USB 模块寄存器

USB 寄存器空间可分成配置寄存器、控制寄存器和 USB 缓冲寄存器,如表 6-11 所示。配置和控制寄存器为分布在外围存储器内的物理寄存器,缓冲寄存器则位于 RAM 内。这些寄存器组的基地址和详细的位定义,可参考芯片的数据手册。

USB 寄 存 器　　表 6-11

寄　存　器	缩　　写	寄存器类型	地 址 偏 移	初 始 状 态
USB 控制器密钥和编码寄存器	USBKEYPID	读/写	00h	0000h
USB-PHY 控制寄存器	USBCNF	读/写	02h	0000h
USB-PHY 控制寄存器	USBPHYCTL	读/写	04h	0000h
USB-PWR 控制寄存器	USBPWRCTL	读/写	08h	1850h
USB-PLL 控制寄存器	USBPLLCTL	读/写	10h	0000h
USB-PLL 分频缓冲寄存器	USBPLLDIVB	读/写	12h	0000h
USB-PLL 中断寄存器	USBPLLIR	读/写	14h	0000h

只有在使能 USB 模块时,可以对 USB 配置寄存器进行写操作。当禁止 USB 模块时,它不再使用 RAM 缓冲存储器。该存储器作为 2KB 的 RAM 块进行操作,可以被 CPU 和 DMA 没有任何限制地使用。

第7章

比较器模块

比较器是为精确比较测量而设计的,如电池电压监测、产生外部模拟信号,以及测量电流、电容、电阻,结合其他模块还可实现精确地 A/D 模数转换功能。比较器是工业仪表、手持式仪表等产品设计中的理想选择。2 系列之前的 MSP430 单片机仅有比较器 A(Comparator_A),2 系列部分产品包括比较器 A 增强模块(Comparator_A 增强),5/6 系列产品升级为比较器 B(Comparator_B)。

7.1 比较器 A 简介

比较器 A(Comparator_A)模块支持高精度斜坡模拟到数字转换,支持电源电压以及外部模拟信号的监控。比较器主要用于电参量的测量比较,便于和外部模拟电路进行连接,减小了单片机硬件系统的复杂性,并能有效地缩减硬件尺寸,适合便携式仪器的开发。比较器 A 模块包括以下特点:

(1)正、负端均有输入多路选择器。

(2)软件选择输出的 RC 滤波器。

(3)比较器输出可作为 Timer_A 的捕获输入。

(4)软件控制端口输入缓冲。

(5)中断功能。

(6)可供选择的参考电压发生器。

(7)比较器和参考电压发生器可待机。

Comparator_A 结构框图,如图 7-1 所示。

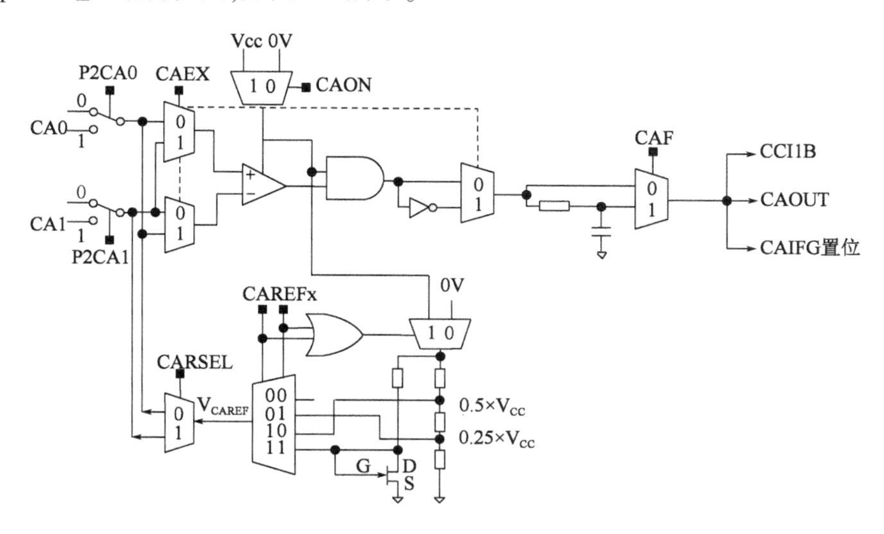

图 7-1 Comparator_A 结构框图

从图 7-1 中可以看出,比较器 A 主要由内部电压发生器、外部电压信号选择输入、电压比较和低通滤波输出部分组成。如比较外部模拟电压与内部参数电压时,外部电压输入后,选择适当的内部参考电压,两者进行比较,并可对信号取反操作,比较后的信号经滤波后输出。如果需要对两个外部电压进行比较,则可以将它们直接输入到比较器正负端,比较后的信号经滤波后输出。

7.2 比较器 A 工作原理

比较器模块通过比较正端与负端的模拟电压产生一定的输出。如果正端的电压高于负端的电压,那么比较器的输出(CAOUT 位)总是高电平;反之,如果正端的电压低于负端的电压,那么比较器的输出(CAOUT 位)总是低电平。

比较器可以通过 CAON 位来打开或关闭。当不使用比较器的时候应该将比较器关闭,这样可以减少电流的消耗;当比较器关闭的时候,输出 CAOUT 总是低电平状态。

P2CA0 以及 P2CA1 分别用来控制 CA0 和 CA1 端口的输入信号是否连接到比较器。当比较器打开时,必须将 CA0 和 CA1 两个端口连接到信号或 V_{CC}或 GND 三者之一,否则会产生意料之外的中断,并且会增加电流的消耗。

CAEX 位用来交换连接到比较器正负端的两个输入信号。当交换发生时,比较器的输出也会翻转。

CAF 用来控制是否使用内部的 RC 滤波器。当 CAF 置位时,使用内部滤波器对比较器的输出信号进行滤波。如果比较器的正端与负端的电压差很小,比较器的输出会产生振荡,如

图7-2所示。比较器输出的振荡会响应信号比较的精度,所以在这种情况下需要使用滤波器对输出进行滤波,以获得准确的输出结果。

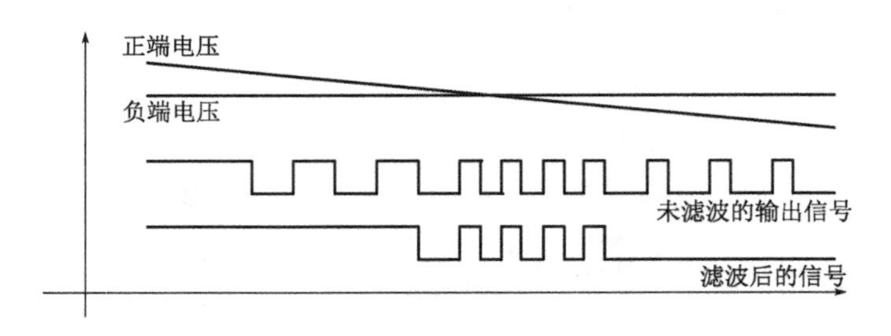

图7-2　比较器输出波形图

参考电压发生器用来产生一个比较的基准电压,既可以从CA0输入,也可以从CA1输入(由CARSEL位控制)。从比较器的结构原理图中可以看出,参考电压发生器其实就是一个电阻分压器,可以产生$0.25 \times V_{CC}$、$0.5 \times V_{CC}$以及二极管阈值电压(约0.55V,电压误差以及温度系数可以参见数据手册)。

比较器具有中断能力,其中断标志为CAIFG,中断向量为0FFF6H。当比较器的输出产生上升沿跳变或下降沿跳变(根据CAIES位选择)时,CAIFG标志位置位。如果此时通过中断使能位GIE置位,并且比较器中断使能位CAIE置位,则比较器向CPU申请中断,CPU接受中断进入中断服务程序后自动清除CAIFG标志位。当然,如果不使用中断,可以根据需要的软件清除CAIFG标志位。

7.3　比较器A基本操作流程

比较器A的基本操作流程如下:

(1)打开比较器单元。

(2)打开参考电压发生器单元(若比较器的输入信号全为外部输入,则可关闭该单元)。

(3)选择相应输入信号(CA0、CA1和内部参考信号),将其连接到比较器的输入端口。

(4)分别将单片机比较器A的外部输入端口CA0和CA1连接到P2.3和P2.4。

(5)选择配置相关寄存器。

(6)使能中断信号(若需要)。

(7)读取比较输出信号。

7.4　比较器A寄存器

比较器A主要涉及3个寄存器,即控制寄存器1、控制寄存器2与禁用端口寄存器,如表7-1所示。

比较器A寄存器 表7-1

寄存器名称	缩　写	寄存器类型	地　址	初始状态
控制寄存器1	CACTL1	读/写	059H	上电复位
控制寄存器2	CACTL2	读/写	05AH	上电复位
禁用端口寄存器	CAPD	读/写	05BH	上电复位

(1)CACTL1(比较器A控制寄存器1)

CACTL1寄存器1各个位和说明如下：

7	6	5	4	3	2	1	0
CAEX	CARSEL	CAREF1	CAREF0	CAON	CAIES	CAIE	CAIFG

CAEX　　Bit 7　　比较器的输入端。控制比较器A的输入信号和输出方向。

CARSEL　　Bit 6　　选择内部参考源加到比较器A的正端或负端。

CAEX和CARSEL的含义：

CARSEL	CAEX	含　义
0	0	内部参考源加到比较器的正端
	1	内部参考源加到比较器的负端
1	0	内部参考源加到比较器的负端
	1	内部参考源加到比较器的正端

CAREF1、CAREF0　　Bit 5 ~4　　选择参考源。
00：使用外部参考源。
01：选择0.25VCC为参考电压。
10：选择0.5VCC为参考电压。
11：选择二极管电压为参考电压。

CAON　　Bit 3　　控制比较器A的打开和关闭。
0：关闭比较器A。
1：打开比较器A。

CAIES　　Bit 2　　中断触发沿选择。
0：上升沿使中断标志CAIFG置位。
1：下降沿使中断标志CAIFG置位。

CAIE　　Bit 1　　中断允许。
0：禁止中断。
1：允许中断。

CAIFG　　Bit 0　　比较器中断标志。
0：没有中断请求。
1：有中断请求。

(2)CACTL2(比较器A控制寄存器2)

CACTL2各个位和说明如下：

7	6	5	4	3	2	1	0
未用				P2CA1	P2CA0	CAF	CAOUT

名称	位	说明
Unused	Bit 7 ~ 4	未使用。
P2CA1	Bit 3	控制输入端CA1。 0:外部引脚信号不连接比较器A。 1:外部引脚信号连接比较器A。
P2CA0	Bit 2	控制输入端CA0。 0:外部引脚信号不连接比较器A。 1:外部引脚信号连接比较器A。
CAF	Bit 1	选择比较器输出端是否经过RC滤波器。 0:不经过。 1:经过。
CAOUT	Bit 0	比较器A的输出。 0:CA0小于CA1。 1:CA0大于CA1。

(3)CAPD(端口禁止寄存器)

比较器A模块的输入输出与I/O口共用引脚,CAPD可以控制I/O端口输入缓冲器的通断开关。当输入电压不接近V_{SS}或V_{CC}时,CMOS型的输入缓冲器可以起到分流作用,这样可以减少由不是V_{SS}或V_{CC}的输入电压所引起的流入输入缓冲器的电流。控制位CAPD0 ~ CAPD7初始化为0,则端口输入缓冲器有效。当相应控制位置1时,端口输入缓冲器无效。

7.5 比较器A增强模块和比较器B

比较器A增强模块支持精度斜率的模数转换、电源电压的管理以及对外部模拟信号的监控。

Comparator_A增强模块具有的特征：

①正、负端均有输入多路选择器。

②软件选择输出的RC滤波器。

③比较器结果输出Timer_A的捕获输入。

④软件控制端口输入缓冲。

⑤中断功能。

⑥可供选择的参考电压发生器。

⑦比较器和参考电压发生器可待机。

⑧输入多路选择器。

比较器 A 增强模块框图,如图 7-3 所示。

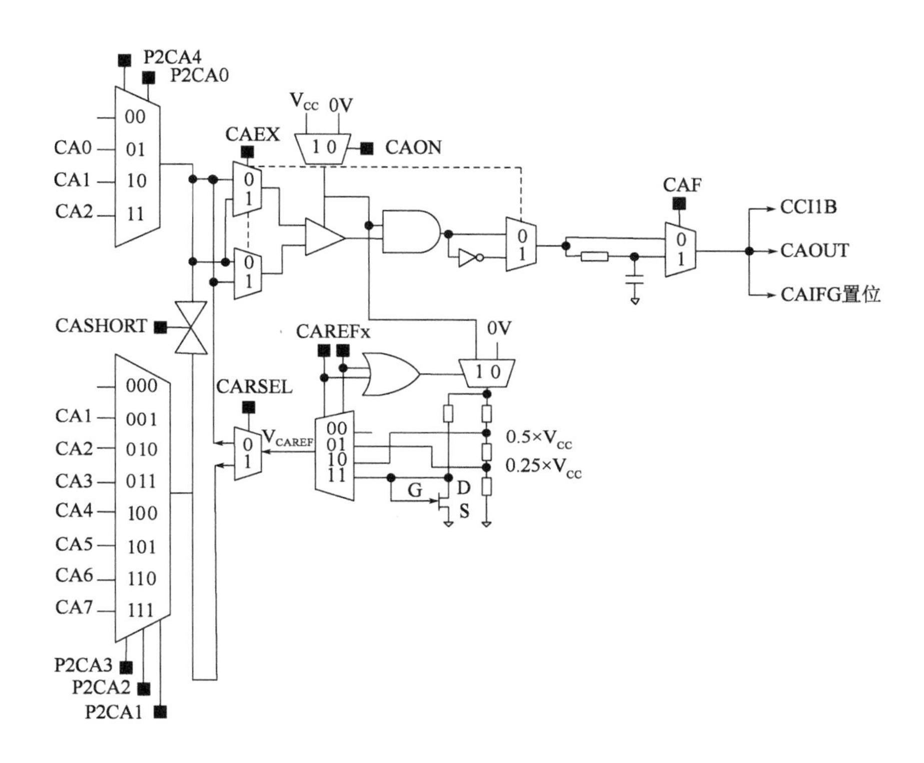

图 7-3　比较器 A 增强模块功能框图

Comparator_B 是一个模拟电压比较器,涵盖了多达 16 通道的通用比较器功能。

Comparator_B 模块主要特性有:

①正、负端均有输入多路选择器。

②软件选择输出的 RC 滤波。

③比较结果输出到 Timer_A 的捕获输入。

④软件控制端口输入缓冲。

⑤中断功能。

⑥可供选择的参考电压发生器、电压磁滞发生器。

⑦参考电压输入可选择共用参考电压。

⑧超低功耗的比较模式。

⑨低功耗模式支持中断驱动测量系统。

Comparator_B 的如图 7-4 所示。

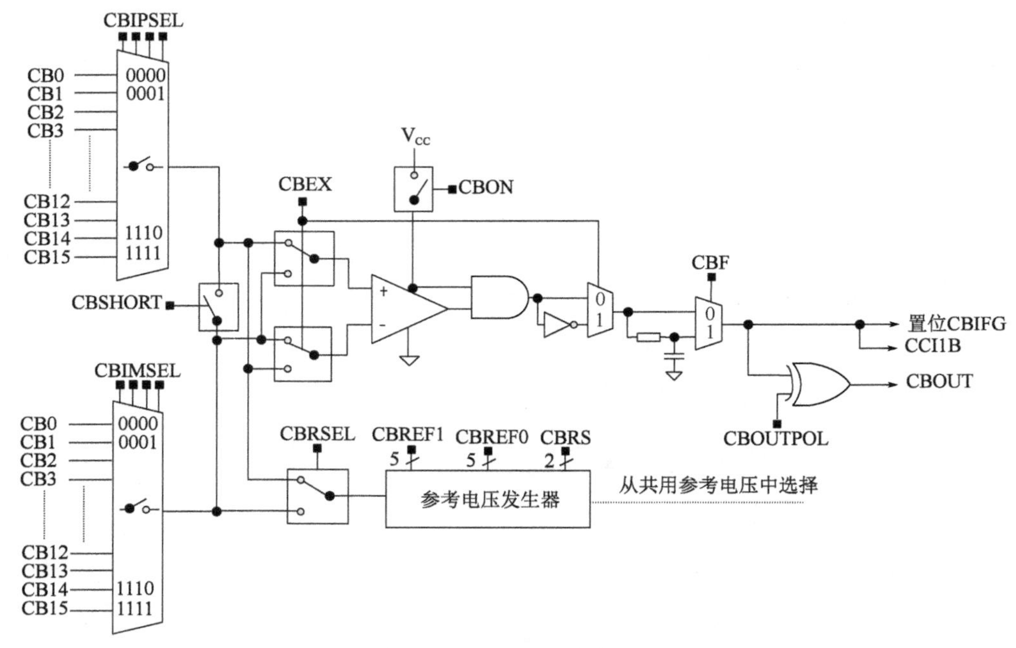

图 7-4 Comparator_B 功能框图

7.6 “比较器 A 实验”的 Proteus 设计与仿真

(1)实训内容

实现 CA0 引脚(P2.3)电压检测,当外部输入电压小于 0.5V_{CC}(2.5V)时,LED 灯闪烁提示用户电压过低。读者可以通过调节 CA0 电压来观察 LED 变化。

(2)必备知识

掌握比较器 A 和 B 的工作原理和操作流程。

(3)Proteus 仿真电路设计(二维码 7-1)

二维码 7-1 Proteus 仿真电路

(4)程序设计

本实训程序设计框图如图 7-5 所示。

实现 CA0 引脚(P2.3)电压检测,当外部输入电压低于 0.5V_{CC}(2.5V)时,LED 灯闪烁提示用户电压过低。读者可以通过调节 CA0 电压来观察 LED 变化。

程序开始运行,关闭看门狗定时器,初始化时钟,关闭所有 I/O 口保护硬件,配置 P2.2、P2.3、P2.4 为特殊功能 I/O,P1.5 为普通 I/O,配置 P2.4、P1.5 方向为输出,配置完毕。初始化比较器,P2.3 由高电平变为低电平,产生下降沿,触发中,程序判断中断标志 CAIFG,为 1 则进入中断服务程序执行,LED 灯闪烁,退出中断。程序继续执行等待中断响应。

程序代码:

```
#include <msp430x24x.h>
#define CPU_F ((double)8000000)
```

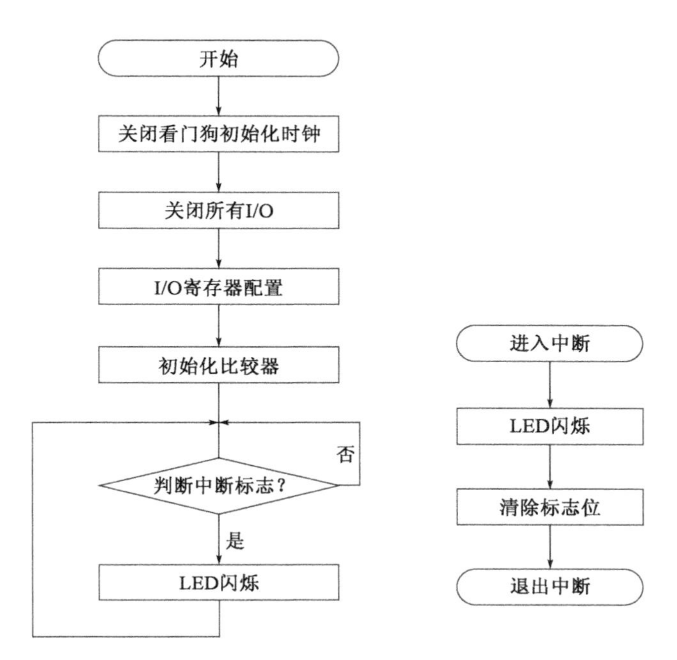

图 7-5　程序设计框图

```
#define delay_us(x) __delay_cycles((long)(CPU_F*(double)x/1000000.0))
#define delay_ms(x) __delay_cycles((long)(CPU_F*(double)x/1000.0))

/************************时钟初始化************************/
void Clk_Init()
{
  unsigned char i;
  BCSCTL1&=~XT2OFF;                    //打开 XT 振荡器
  BCSCTL2|=SELM_2+SELS;                //MCLK 8M and SMCLK 8M
  do
  {
    IFG1&=~OFIFG;                      //清除振荡错误标志
    for(i=0;i<0xff;i++)  _NOP();       //延时等待
  }
  while((IFG1&OFIFG)!=0);              //如果标志为 1 继续循环等待
}

/************************关闭所有 I/O 口************************/
void Close_IO()
{
  /*下面六行程序关闭所有的 I/O 口*/
  P1DIR=0XFF;P1OUT=0XFF;
  P2DIR=0XFF;P2OUT=0XFF;
  P3DIR=0XFF;P3OUT=0XFF;
```

```
    P4DIR = 0XFF;P4OUT = 0XFF;
    P5DIR = 0XFF;P5OUT = 0XFF;
    P6DIR = 0XFF;P6OUT = 0XFF;
}

/************************* 比较器初始化 *************************/
void Init_COMPARATORA()
{
    P2SEL |= BIT2 + BIT3 + BIT4;          //选择 P2.2、P2.3、P2.4 引脚为外设功能
    P2DIR |= BIT2;                        //P2.2 输出方向
                                          //设置比较器
    CACTL1& = ~CAEX;
    CACTL1 |= CARSEL + CAREF1 + CAON + CAIE + CAIES;
    CACTL2 |= CAF + P2CA0;
}

/************************* 主函数 *************************/
void main(void)
{
    WDTCTL = WDTPW + WDTHOLD;             //关闭看门狗
    Clk_Init();                           //时钟初始化,外部 8M 晶振
    Close_IO();                           //关闭所有 I/O 口,防止 I/O 口处于不定态
    Init_COMPARATORA();
    _BIS_SR(LPM4_bits + GIE);             //开中断
    while(1)
    {
    }
}

#pragma vector = COMPARATORA_VECTOR
__interrupt void COMPARATORA(void)
{
    if(CAIFG)
    {
        P1OUT& = ~BIT5;
        delay_ms(400);
        P1OUT |= BIT5;
        delay_ms(400);
    }
}
```

(5)仿真结果

当调节滑动变阻器使 P2.3 端口的电压低于 $0.5V_{CC}$(2.5V)时,LED 灯闪烁提示。

第8章

DMA 模块

DMA(Direct Memory Access)即直接存储器存取(访问):无须 CPU 干预,即可实现数据在存储器之间或存储器与外设之间的直接传送。相对于 CPU 控制的数据传输,DMA 传送提高了数据传送速度,降低了系统功耗,是一种有效的数据传输模式。本章介绍了 DMA 模块的结构、操作模式、寄存器等方面的内容。

8.1 DMA 模块简介

8.1.1 DMA 模块的特点

DMA 传送方式可在整个地址空间范围内进行直接数据传送,如 DMA 模块可把 ADC12 转换结果存储区的数据直接传送给 RAM。使用 DMA 模块可以增加外设模块的吞吐量,也可以减少系统的功耗,CPU 在休眠状态下也可从外设读取数据。DMA 模块的特点如下:

①具有 4 种寻址模式:固定地址到固定地址、固定地址到块地址、块地址到固定地址以及块地址到块地址。

②拥有 3 个独立的 DMA 传送通道。

③每个字(或字节)的传送只需 2 个 MCLK 时钟周期。

④可实现字、字节或字节/字混合传送。当字节/字混合传送时,如果是字到字节传输,只

有字中较低字节被传输;如果是字节到字传输,传输到字的低字节,高字节自动清零。

⑤块方式传输最大可达 65536B。

⑥具有单个块或突发块的传输模式。

⑦具有可配置的触发方式:边沿触发和电平触发。

⑧DMA 通道优先级可配置:默认优先级和循环优先级。

8.1.2 DMA 模块的结构

MSP430 扩展的 DMA 具有来自所有外设的触发器,不需要 CPU 的干预即可提供最先进的可配置的数据传输能力,从而加速了基于 MCU 的信号处理过程。DMA 传输的触发来源对 CPU 来说是完全透明的,DMA 模块可在内存与内部及外部硬件之间进行精确的传输控制。DMA 消除了数据传输延迟时间以及各种开销,从而可以解放 16 位 RISC CPU,提高了 CPU 的利用率。

如图 8-1 所示,MSP430 系列单片机的 DMA 模块包含以下功能模块:

(1)传输通道。DMA 模块有 3 个独立的传输通道:通道 0、通道 1 和通道 2。每个通道都有源地址寄存器、目的地址寄存器、传输数据长度寄存器和控制寄存器。每个通道的触发请求可以单独允许或禁止。

(2)优先权裁决模块。DMA 模块的通道优先权可配置。对同时有触发请求的通道进行优先级裁决,可确定哪个通道的优先级最高。MSP430 的 DMA 模块可以采用固定优先级,还可以采用循环优先级。

(3)程序命令控制模块。每个 DMA 通道开始传输之前,CPU 要编程给定相关的命令和模式控制,以决定 DMA 通道传输的类型。

(4)传送触发源选择模块。触发源可以从 DMAREQ(软件触发)、TACCR2 输出、TBCCR2 输出、I^2C 数据接收准备好、I^2C 数据发送准备好、USART 接收发送数据、DAC12 模块的 DAC12IFG、ADC12 模块的 ADC12IFGx、DMAxIFG 以及 DMAE0 中选择外部触发源。另外,DMA 模块还具有触发源扩充能力。

8.2 DMA 模块的操作

8.2.1 DMA 模块的寻址模式

DMA 模块的寻址方式有 4 种,每个 DMA 通道的寻址模式可以进行独立配置。例如,将通道 0 配置成两个固定地址之间传输,而将通道 1 配置成两个块地址之间的传输。DMA 模块的寻址方式可分为以下四种:

(1)固定地址到固定地址。

(2)固定地址到块地址。

(3)块地址到固定地址。

(4)块地址到块地址。

图 8-2 分别示出了 DMA 模块的四种寻址模式。

寻址模式由 DMASRCINCRx 与 DMADSTINCRx 控制位进行配置。DMASRCINCRx 位决定

数据每次传送完后源地址是否增加、减小或保持不变。与之对应,DMADSTINCRx 则决定数据每次传送完后目的地址是否增加、减小或保持不变。如果是字到字节,那么只有源地址中的低字节被传送,如果是字节到字,则目的地址的高字节在传送中将被清零。

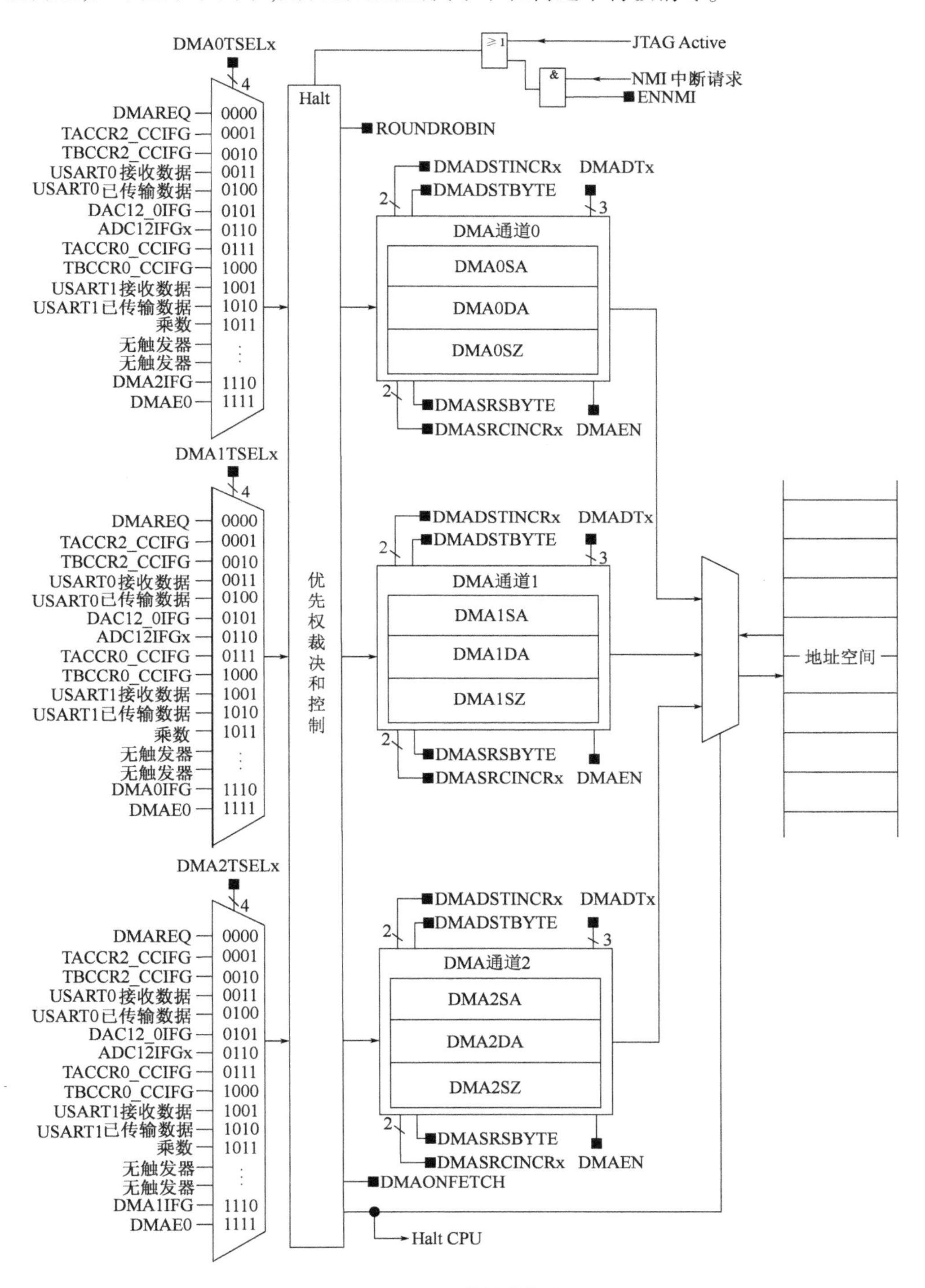

图 8-1 DMA 模块结构图

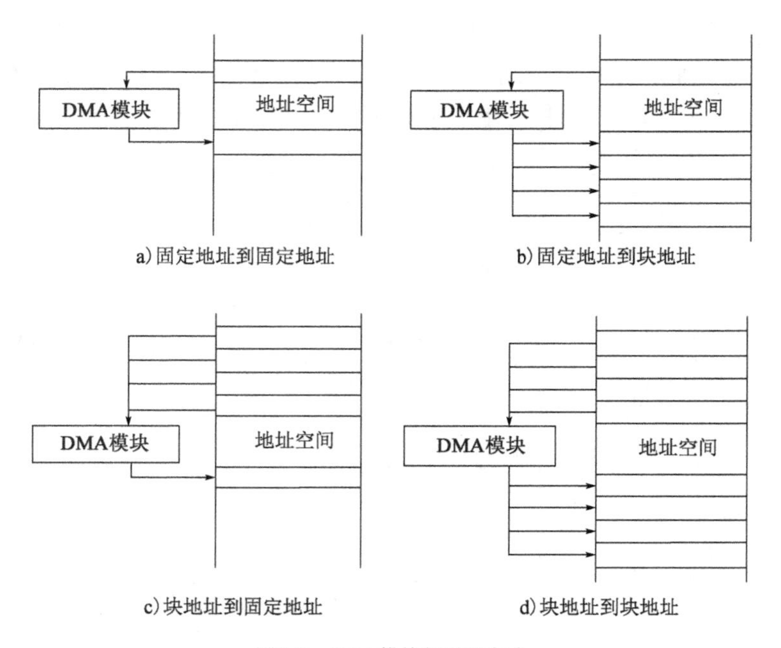

图 8-2　DMA 模块的寻址方式

8.2.2　DMA 模块的传输模式

DMA 模块有以下 6 种传输模式：

①单字或者单字节传输。

②块传输。

③突发块传输。

④重复单字或者单字节传输。

⑤重复块传输。

⑥重复突发块传输。

DMA 模块的 6 种传输模式对应的操作如表 8-1 所示。

DMA 传输模式操作　　表 8-1

DMADTx	传输模式	操作
000	单字或者单字节传输	每次传输需要单独触发。DMAxSZ 规定的数据量传输完毕，DMAEN 位可以自动清除
001	块传输	一次触发可以传输规定的整个数据块，块传输结束时，DMAEN 位可以自动清除
010 011	突发块传输	CPU 和块传输有规律地交互活动。在突发块传输结束时，DMAEN 位可以自动清除
100	重复单字或者单字节传输	每次传输需要一次触发，DMAEN 位保持有效
101	重复块传输	一次触发传输规定的数据块，DMAEN 位保持有效
110 111	重复突发块传输	CPU 和块传输有规律地交叉活动。DMAEN 位保持有效

每个 DMA 通道能独立设置各自的传输模式,例如通道 0 工作于块传输模式,而通道 1 可以工作于单字或者单字节传输模式。另外,DMA 传输模式和寻址方式是分别定义的,两者之间没有必然的关系。

(1)单字或者单字节传输

设置 DMADT =0 就定义了单字或者单字节传输模式,每个字或者字节的传输都要单独触发。规定的传输完毕,DMAEN 位自动清除,如果需要再次传输,必须重新置位 DMAEN。设置 DMADT =4 为重复单字或者单字节传输模式,DMAEN 位一直保持置位,每次触发伴随一次传输。

DMAxSZ 寄存器保持传输的单元个数。传输之前 DMAxSZ 寄存器的值写入到一个临时寄存器中,每次操作之后 DMAxSZ 做减操作。当 DMAxSZ 减为 0 时,它所对应的临时寄存器将原来的值重新置入 DMAxSZ,同时相应的 DMAIFG 标志置位。

(2)块传输模式

设置 DMADT = 1 为块传输模式,每次触发传输一个数据块。每个数据块传输完毕,DMAEN 位自动清除,在触发传输下一个数据块之前,该位要被重新置位。在传输某个数据块期间,其他的传输请求将被忽略。设置 DMADT =5 为重复块传输模式,某个数据块传输完毕,DMAEN 位仍然保持置位,新的触发可以引起又一次数据块传送。DMAxSZ 寄存器保存数据块所含的单元个数,DMADSTINCR 和 DMASRCINCR 反映数据块传输过程中目的地址和源地址的变化情况。

在块传输或者重复块传输过程中,DMAxSA、DMAxDA、DMAxSZ 寄存器的值写入到对应的临时寄存器中,DMAxSA、DMAxDA 寄存器所对应的临时值在块传输过程中增加或者减少,而 DMAxSZ 在块传输过程中减计数,始终反映当前数据块还有多少单元没有传输完毕,当 DMAxSZ 减为 0 时,它所对应的临时寄存器将原来的值重新置入 DMAxSZ。同时,相应的 DMAIFG 被置位。

在块传输过程中,CPU 暂停工作,不参与数据的传输。数据块传输需要 2 × MCLK × DMAxSZ 个时钟周期。当数据块传输完毕后,CPU 按照暂停前的状态重新开始执行。

(3)突发块传输模式

突发块传输模式是块传输和 CPU 活动交互进行的方式,块传输 4 个字或者字节之后,CPU 就可以获得两个 MCLK 时钟来执行,而不是等整个块传输完毕才恢复工作。在突发块传输模式下,CPU 的利用率为 20%。设置 DMA 模块工作于突发块传输模式。突发块传输结束之后,DMAEN 位要被置位。在处理某 DMADT = {2,3} 次突发块传输过程中,新的传输触发信号将被忽略。设置 DMADT = {6,7},DMA 模块工作于重复突发块传输模式,某次突发块传输完毕之后,而且没有新的请求触发另外一次触发块传输时,DMAEN 位一直保持置位。另外的突发块传输可以在前一个突发块传输结束之后立即开始,要结束 DMA 传输,必须清除 DMAEN 位或者通过设置 ENNMI 来引发 NMI 中断。在重复突发块传输模式中,CPU 的利用率为 20%。

8.2.3 DMA 触发方式

通过 DMAxTSELx 位可对每个 DMA 通道进行独立配置触发源。只有在 DMACTLx 和 DMAEN 位为 0 时,才可对 DMAxTSELx 位修改,否则,DMA 的触发将变得不可预知。

当进行触发选择时,需保证所选择触发器没有被触发,否则就不能进行数据传送。例如,如果 TACCR2 CCIFG 位被选择为触发器,但其已置位,则数据传送事件不会发生,直到下一次 TACCR2 CCIFG 被置位。

在单字或者单字节传输模式下,每次 DMA 传输都需要一次触发;在块或者突发块传输模式下,只要一次触发信号就可以进行块或突发块的传输。

(1)边沿触发

当 DMALEVEL 等于 0 时,为边沿触发方式。当一个触发信号的上升沿到来时,将触发数据传送。在单字节或字传送模式下,每一次传送都需要触发,在块或突发块传送模式下,只需一次触发就可以开始传送数据。

(2)电平触发

当 DMALEVEL 等于 1 时,为电平触发方式。只有当外部触发器 DMAE0 被选择时,才能使用电平触发方式,只有 DMAEN 位被置位并且触发信号为高电平时,才能触发 DMA 操作。

在块或突发块传送过程中,触发信号必须维持在高电平。如触发信号在此过程中忽然变低,则 DMA 模块将保持此状态,直至触发电平重新回高,或者 DMA 寄存器被修改。如寄存器未被修改,电平已重新变高,则传送将会从原来触发信号变低时的状态继续进行。

当 DMALEVEL = 1 时,推荐使用 DMADTx = {0,1,2,3} 时的传输模式,因为在数据传送完成后 DMAEN 会被自动复位。

(3)DMA 触发源的选择

DMA 的触发源 DMAxTSELx 的取值及其对应的操作如表 8-2 所示。

DMA 的触发源 DMAxTSELx 的取值及其对应的操作 表 8-2

DMAxTSELx	操　作
0000	DMAREQ 置位将触发 DMA 传送,DMAREQ 在开始传送时将自动复位
0001	TACCR2 CCIFG 标志置位将触发 DMA 传送,TACCR2 CCIFG 标志在开始传送时将自动复位。如 TACCR2 CCIE 位已置位,TACCR2 CCIFG 标志将不能触发 DMA 传送
0010	TBCCR2 CCIFG 标志置位将触发 DMA 传送,TBCCR2 CCIFG 标志在开始传送时将自动复位。如 TBCCR2 CCIE 位已置位,TBCCR2 CCIFG 标志将不能触发 DMA 传送
0011	USART0 接收到新数据将触发 DMA 传送。在 UART 与 SPI 模式下,当 URXIFG0 置位时将触发 DMA 传送。当传送开始时,URXIFG0 将被自动清 0,如 URXIE0 已置位,URXIFG0 标志将不能触发传送。在 I^2C 模式时,是接收到数据后触发 DMA 传送,而不是 RXRDYIFG 标志触发。RXRDYIFG 在数据传送开始时不会被清 0,用软件置位 RXRDYIFG 也不会触发传送。如 RXRDYIE 置位,即使接收到数据也不会触发 DMA 传送
0100	当 USART0 准备好发送数据时将触发 DMA 传送。在 UART 与 SPI 模式下,当 UTXIFG0 置位时将触发 DMA 传送,当传送开始时,UTXIFG0 将被自动清 0,如 UTXIE0 已置位,UTXIFG0 标志将不能触发传送。在 I^2C 模式时,是发送准备完成触发 DMA 传送,而不是 TXRDYIFG 标志触发。TXRDYIFG 在数据传送开始时不会被清 0,用软件置位 TXRDYIFG 也不会触发传送。如 TXRDYIE 置位,即使传送准备完成也不会触发 DMA 传送
0101	当 DAC12_0CTL 的 DAC12IFG 标志置位时,触发 DMA 传送。DMA 操作开始时,DAC12IFG 自动复位。如当 DAC12_0CTL 的 DAC12IE 置 1,则 DAC12IFG 不能触发 DMA 传送

续上表

DMAxTSELx	操　　作
0110	ADC12IFG 标志将触发 DMA 传送。如在进行单通道转换,对应的 ADC12IFGx 将触发 DMA 传送;如在进行序列转换,序列最后一个通道对应的 DAC12IFGx 置位时将触发传送。所有 DAC12IFGx 位在传送开始时将不能自动复位,只有在相应的 ADC12MEMX 被访问时才可被复位。用软件置位 DAC12IFGx 将不能触发传送
0111	TACCR0 CCIFG 标志置位时将触发 DMA 传送。当传送开始时,TACCR0 CCIFG 标志将被自动复位。如 TACCR0 CCIE 已置位,TACCR0 CCIFG 标志将不能触发 DMA 传送
1000	TBCCR0 CCIFG 标志置位将触发 DMA 传送。当传送开始时,TBCCR0 CCIFG 标志将被自动复位。如 TBCCR0 CCIE 已置位,TBCCR0 CCIFG 将不能触发 DMA 传送
1001	URXIFG1 标志置位将触发 DMA 传送。当传送开始时,URXIFG1 标志将被自动复位。如 URXIE1 已置位,URXIFG1 标志将不能触发传送
1010	UTXIFG1 标志置位将触发 DMA 传送。当传送开始时,UTXIFG1 标志将被自动复位。如 UTXIE1 已置位,UTXIFG1 标志将不能触发传送
1011	当硬件乘法器准备好下一次运算时,将触发 DMA 传送
1100	保留
1101	保留
1110	DMAXFG 标志置位将触发 DMA 传送。DMA0IFG 触发通道 1,DMA1IFG 触发通道 2,DMA2IFG 触发通道 0,传送开始时 DMAXIFG 标志将不复位
1111	外部触发器 DMAE0 将触发 DMA 传送

8.2.4 关闭 DMA 传输

要停止 DMA 操作,可采用如下两种方式:

(1)NMI 中断结束 DMA 操作:设置 DMACTL1 的 ENNMI 位,这种方式适用于单字或者单字节模式、块传输模式和突发块传输模式。

(2)突发块传输模式能通过清除 DMAEN 位停止 DMA 操作。

8.2.5 DMA 通道优先权

MSP430 的 DMA 模块有两种优先级管理方式:(固定)默认优先级和循环优先级。

在默认优先级方式下,优先级由高到低顺序为 DMA0 > DMA1 > DMA2。当两个或者三个通道同时有 DMA 请求时,首先响应优先级最高的通道,该通道执行完毕之后,才依次响应第二优先级和第三优先级的通道请求。即使在传输过程中有更高级的通道请求,DMA 传输过程也不能被打断。只有现执行的 DMA 传输执行完毕,更高级的通道请求才能响应。

在循环优先级方式下,通道的优先级依次循环,如表 8-3 所示。

DMA 模块优先级自动循环　　表 8-3

DMA 优先级	进行传输的通道	新 优 先 级
DMA0-DMA1-DMA2	DMA1	DMA2-DMA0-DMA1
DMA2-DMA0-DMA1	DMA2	DMA0-DMA1-DMA2
DMA0-DMA1-DMA2	DMA0	DMA1-DMA2-DMA0

通过对优先级进行循环，DMA 模块可以防止被某一个通道单独垄断。

可以通过 ROUNDROBIN 位来设置 DMA 的优先级方式。当 ROUNDROBIN = 1，正在进行传输的通道执行完毕后，DMA 的优先级降为最低，其他优先级顺序不变，即采用循环优先级方式；当 ROUNDROBIN = 0 时，DMA 通道优先级采用默认顺序 DMA0 > DMA1 > DMA2，即固定优先级方式。

8.2.6 DMA 传输周期

数据传输过程中，DMA 模块能够最大可能地避免程序查询和中断方式中的非数据传输时间（例如保护现场、恢复现场等），可以满足传输率高的外设。

在各种 DMA 传输模式下，DMA 开始传输之前都需要 1 个或 2 个 MCLK 时钟来实现同步，同步之后每个字或者字节的传输仅需要 2 个 MCLK，每次传输结束都要有 1 个周期的等待时间。因为 DMA 使用的是 MCLK，所以 DMA 的周期与 MSP430 的工作模式和系统时钟建立方式有直接关系。

如果 MCLK 时钟源处于活动状态，而 CPU 关闭，则 DMA 传输数据直接使用 MCLK 时钟源而不用重新激活 CPU。如果 MCLK 时钟源也被关闭，那么 DMA 会临时用 DCOCLK 启动 MCLK 时钟源，传输结束后 CPU 仍处于关闭状态，MCLK 时钟源也关闭。在各种工作模式下，DMA 最大周期如表 8-4 所示，其中额外的 6μs 是启动 DCOLK 所用的时间。

DMA 最大周期表 表 8-4

<table>
<tr><th>CPU 工作模式</th><th>时 钟 源</th><th>DMA 最大周期</th></tr>
<tr><td>活动模式</td><td>MCLK = DCOCLK</td><td rowspan="2">4MCLK</td></tr>
<tr><td>活动模式</td><td>MCLK = LFXT1CLK</td></tr>
<tr><td>低功耗模式 LPM0/1</td><td rowspan="2">MCLK = DCOCLK</td><td>5MCLK</td></tr>
<tr><td>低功耗模式 LPM0/4</td><td>5MCLK + 6μs</td></tr>
<tr><td>低功耗模式 LPM0/1</td><td rowspan="3">MCLK = LFXT1CLK</td><td rowspan="2">5MCLK</td></tr>
<tr><td>低功耗模式 LPM3</td></tr>
<tr><td>低功耗模式 LPM4</td><td>5MCLK + 6μs</td></tr>
</table>

8.2.7 DMA 与中断

（1）DMA 与系统中断

系统中断不能打断 DMA 传输，直到 DMA 传输结束才能被响应。如果 ENNMI 置位，NMI 中断可以打断 DMA 传输；DMA 事件可以打断中断处理程序，如果中断处理程序或者其他程序不希望被中途打断，应该将 DMA 模块关闭。

（2）DMA 模块中断

在任何传输模式下，只要 DMAxSZ 寄存器的内容减为 0，相应通道的中断标志就被置位。如果与之对应的 DMAIE 和 GIE 也置位，则可以产生中断请求。尽管所有通道都有各自的中断标志，DMA 模块只有一个中断向量，并且这个中断向量是和 DAC12 模块共用的。

DMAIFG 标志具有中断优先级，DMA0IFG 具有最高的优先级。最高中断优先级由 DMAIV 寄存器产生的数字决定，禁用 DMA 中断不影响 DMAIV 的值。对 DMAIV 寄存器读取或写入的操作会自动复位最高待处理的中断标志。如果另一个中断标志置位,在完成当前中断服务后,会立即产生另一个中断服务。例如,假设 DMA0 具有最高优先级,中断服务程序访问 DMAIV 的寄存器时,DMA0IFG 和 DMA2IFG 的标志被置位,DMA0IFG 自动复位。执行中断服务程序的 RETI 指令后,DMA2IFG 产生另一个中断。

8.2.8 DMA 方式下的 I^2C 的使用

I^2C 模块有两个 DMA 触发源,当 I^2C 模块接收到一个新的数据或者需要发送数据时都会触发 DMA 传输。TXDMAEN 和 RXDMAEN 位被用来使能 I^2C 模块的 DMA 传输。当 RXDMAEN =1 时,在 I^2C 模块接收到数据之后能立即用 DMA 传输数据,RXRDYIE 被忽略,RXRDYIFG 不会触发中断。当 TXDMAEN =1 时,DMA 模块能够传输数据给 I^2C 模块发送,TXRDYIE 位被忽略,TXRDYIFG 位不会触发中断。

8.2.9 使用 DMA 模块的 ADC12

内部集成了 DMA 模块的 MSP430 单片机能够自动地将数据传输到 DAC12_xDAT 寄存器。DMA 传输不需要 CPU 参与,独立于任何低功耗模式。DMA 模块增加了 DAC12 模块的吞吐量,在数据传输过程中 CPU 也能够继续保持低功耗模式。

DMA 传输能够被任何 ADC12IFGx 标志位触发,当 CONSEQx =0 或者 2 时,ADC12MEMx 对应的 ADC12IFGx 标志位能够触发 DMA 传输。当 CONSEQx =1 或者 3 时,序列中最后一个 ADC12MEMx 对应的 ADC12IFGx 标志位触发 DMA 传输。当 DMA 传输被接受之后 ADC12MEMx 对应的 ADC12IFGx 标志位被清除。

8.2.10 使用 DMA 模块的 DAC12

内部集成了 DMA 模块的 MSP430 单片机能够自动地将数据从 ADC12MEMx 寄达器传输到其他地方。DMA 传输不需要 CPU 参与,独立于任何低功耗模式。DMA 模块增加了 DAC12 模块的吞吐量,在数据传输过程中 CPU 也能够继续保持低功耗模式。

使用 DMA 模块的 DAC12 模块能够很方便地产生周期性的信号,例如需要产生正弦信号可以将正弦信号的抽样值存储在数据表中,DMA 模块能够以某一频率连续自动传输数据到 DAC12,在这个过程中不需要 CPU 参与,当 DAC12_xDAT 的 DMA 传输被接受之后,DAC12_xCTL 寄存器的 DAC12IFG 位被自动清零。

8.3 DMA 寄存器

DMA 模块的寄存器(简称 DMA 寄存器)是字结构的,必须是指令访问。DMA 寄存器如表 8-5 所示。

DMA 寄存器 表 8-5

寄存器	缩写	读写类型	地址	初始状态
DMA 寄存器 0	DMACTL0	读/写	0122H	POR 复位
DMA 寄存器 1	DMACTL1	读/写	0124H	POR 复位

续上表

寄　存　器	缩　　写	读 写 类 型	地　　址	初 始 状 态
DMA 中断向量寄存器	DMAIV	读/写	0126H	POR 复位
DMA 通道 0 寄存器	DMA0CTL	读/写	01D0H	POR 复位
DMA 通道 0 源地址寄存器	DMA0SA	读/写	01D2H	不变
DMA 通道 0 目的地址寄存器	DMA0DA	读/写	01D6H	不变
DMA 通道 0 输出长度寄存器	DMA0SZ	读/写	01DAH	不变
DMA 通道 1 寄存器	DMA1CTL	读/写	01DCH	POR 复位
DMA 通道 1 源地址寄存器	DMA1SA	读/写	01DEH	不变
DMA 通道 1 目的地址寄存器	DMA1DA	读/写	01E2H	不变
DMA 通道 1 输出长度寄存器	DMA1SZ	读/写	01E6H	不变
DMA 通道 2 寄存器	DMA2CTL	读/写	01E8H	POR 复位
DMA 通道 2 源地址寄存器	DMA2SA	读/写	01EAH	不变
DMA 通道 2 目的地址寄存器	DMA2DA	读/写	01EEH	不变
DMA 通道 2 输出长度寄存器	DMA2SZ	读/写	01F2H	不变

(1)DMACL0(DMA 寄存器 0)

DMACL0 是 DMA 的 3 个通道触发选择寄存器,各位定义和说明如下:

15	14	13	12	11	10	9	8
Reserved				DMA2TSELx			
rw-(0)	rw-(0)	rw-(0)	rw-(0)	rw-(0)	rw-(0)	rw-(0)	rw-(0)

7	6	5	4	3	2	1	0
DMA1TSELx				DMA0TSELx			
rw-(0)	rw-(0)	rw-(0)	rw-(0)	rw-(0)	rw-(0)	rw-(0)	rw-(0)

Reserved　Bits 15~12　保留。

DMA2TSELx　Bits 11~8　DMA 通道 2 触发源选择位。

0000:DMAREQ(软件触发)。

0001:Timer-A TACCR2 的 CCIFG 标志。

0010:Timer-B TACCR2 的 CCIFG 标志。

0011:I^2C 模式的 USART0 数据接收;UART 或 SPI 模式的 URxIFG0 标志。

0100:I^2C 模式的 USART0 发送准备好;UART 或 SPI 模式的 UTXIFG0 标志。

0101:DAC12-0CTL 的 DAC12IFG 标志。

0110:ADC12 的 ADC12IFGx 标志。

0111:TIMER_A TACCR0 的 CCIFG 标志。

1000:TIMER_B TACCR0 的 CCIFG 标志。

1001:USART1 的 URXIFG 标志。
1010:USART1 的 UTXIFG 标志。
1011:硬件乘法器准备好。
1100:保留。
1101:保留。
1110:DMAxIFG DMA0IFG 触发 DMA 通道 1,DMA1IFG 触发 DMA 通道 2,DMA2IFG 触发 DMA 通道 0。
1111:DMAE0 外部触发源 DMA1TSELx 和 DMA0TSELx 的定义如同 DMA2TSELx,分别用来选择通道 1 和通道 0 的 DMA 触发源。

(2)DMACTL1(DMA 寄存器 1)

DMACTL1 各位定义和说明如下:

15	14	13	12	11	10	9	8
Reserved							
r0	r0	r0	r0	r0	r0	r0	r0
7	6	5	4	3	2	1	0
Reserved					DMAONFETCH	ROUNDROBIN	ENNMI
r0	r0	r0	r0	r0	rw-(0)	rw-(0)	rw-(0)

Reserved	Bit 15~3	保留。
DMAONFETCH	Bit 2	DMA 传输启动方式控制位。 0:触发后 DMA 传输立即开始。 1:接到触发后在下一条指令取指时刻才开始 DMA 传输。
ROUNDROBIN	Bit 1	优先级自动循环控制位。 0:固定优先级方式。 1:优先级循环方式。
ENNMI	Bit 0	NMI 中断使能位,该位置位能够通过 NMI 中断 DMA 操作,当 DMAABORT 置位,NMI 中断 DMA 操作时,传输可以正常结束,还没有传输完毕的内容被停止。 0:NMI 没有中断 DMA 传输。 1:NMI 中断 DMA 传输。

(3)DMAxCTL(DMA 通道 x 的寄存器)

DMAxCTL 各位定义如下:

15	14	13	12	11	10	9	8
Reserved	DMADTX			DMADSTINCRx		DMASRCINCRx	
rw-(0)	rw-(0)	rw-(0)	rw-(0)	rw-(0)	rw-(0)	rw-(0)	rw-(0)
7	6	5	4	3	2	1	0
DMADST BYTE	DMASRC BYTE	DMALE VEL	DMA EN	DMA IFG	DMA IE	DMAAB ORT	DMA REQ
rw-(0)	rw-(0)	rw-(0)	rw-(0)	rw-(0)	rw-(0)	rw-(0)	rw-(0)

Reserved　　Bit 15　　保留。

DMADTx　　Bit 14~12　　DMA 传输模式选择位。
000:单字或单字节传输方式。
001:块传输模式。
01x:突发块传输模式。
100:重复的单字或单字节传输方式。
101:重复的块传输模式。
11x:重复的突发块传输模式。

DMADSTINCR　　Bit 11~10　　DMA 传输目的地址增减控制。每个字或者字节传输完毕后,该位选择目的地址自动增加或减少。当 DMADSTBYTE = 1 时,目的地址增加或者减少 1;当 DMADSTBYTE = 0 时,目的地址增加或者减少 2。DMAxDA 被写入到一个临时寄存器中,临时寄存器作相应的增量或减量操作,而 DMAxDA 的值不变。
00:目的地址不变。
01:目的地址不变。
10:目的地址减量。
11:目的地址增量。

DMASRCINCRx　　Bit 9~8　　DMA 传输源地址增减控制位。每个字或者字节传输完毕后,该位选择源地址自动增加或减少。当 DMASRCBYTE = 1 时,源地址增加或者减少 1;当 DMASRCBYTE = 0 时,源地址增加或者减少 2。DMAxSA 被写入到一个临时寄存器中,临时寄存器做相应的增量或减量操作,而 DMAxSA 的值不变。
00:源地址不变。
01:源地址不变。
10:源地址减量。
11:源地址增量。

DMADSBYTE	Bit 7	选择 DMA 目的单元。基本单位是字还是字节。 0:字。 1:字节。
DMASRCBYTE	Bit 6	选择 DMA 源单元。基本单位是字还是字节。 0:字。 1:字节。
DMALEVEL	Bit 5	DMA 触发方式选择位。 0:上升沿触发。 1:高电平触发。
DMAEN	Bit 4	DMA 模块使能位。 0:无效。 1:使能。
DMAIFG	Bit 3	DMA 中断标志位。 0:无中断请求。 1:有中断请求。
DMAIE	Bit 2	DMA 中断允许位。 0:禁止。 1:允许。
DMAABORT	Bit 1	DMA 传输是否被 NMI 中断选择位。 0:没有中断。 1:被 NMI 中断。
DMAREQ	Bit 0	DMA 请求位。软件可以通过其设置 DMA 开始传输。进入 DMA 传输后,该位自动复位。 0:没有启动 DMA 传输。 1:启动 DMA 传输。

(4)DMAxSA(DMA 源地址寄存器)

DMA 源地址寄存器用来存放 DMA 单字或者单字节传输或者块传输的起始源地址。在块传输或者突发块传输过程中,DMAxSA 的值不变。

(5)DMAxDA(DMA 目的地址寄存器)

DMA 目的地址寄存器用来存放 DMA 单字或者单字节传输或者块传输的起始目的地址。在块传输或者突发块传输过程中,DMAxDA 的值不变。

(6)DMAxSZ(DMA 输出长度寄存器)

DMAxSZ 定义了传输的字或者字节以及每个块传输的基本单元个数,每次传送完毕一个字或者字节以后,DMAxSZ 减量。当 DMAxSZ 减到 0 时,能够自动被重新置入初始值。

0000:传输被禁止

0001:传输 1 个字或者字节

0002:传输 2 个字或者字节

⋮

0FFFFH:传输 65535 个字或者字节

8.4 “DMA 模块实验”的 Proteus 设计与仿真

(1)实验内容

利用 DMA 模块将数据块由 RAM 的 250 ~ 260h 单元传输到 290 ~ 300h 单元。程序中每次传输时 P1.0 都为高电平,传输完毕设置为低电平,若 P1.0 引脚外接一个发光二极管,则可显示 DMA 传输情况

(2)必备知识

DMA 寄存器配置。

(3)电路设计(二维码 8-1)

(4)程序设计

本实训程序设计流程图如图 8-3 所示。

二维码 8-1
Proteus 仿真电路

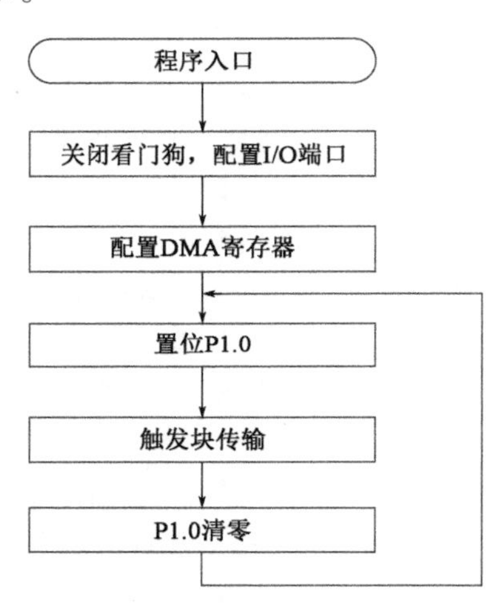

图 8-3 程序设计框图

程序代码:

```
#include <msp430x16x.h>
void main(void)
{
   WDTCTL = WDTPW + WDTHOLD;                         //停止看门狗
   P1DIR| =0x01;                                     //P1.0 设置为输出
   DMA0SA =0x0250;                                   //起始地址
   DMA0DA =0X0290;                                   //目标地址
   DMA0SZ =0X10;                                     //传输块大小
   DMA0CTL = DMADT_5 + DMASRCINCR_3 + DMADSTINCR_3 + DMAEN;
                                                     //重复块传输,起始地址,目的地址增量,
                                                     DMA 使能
```

```
    for(;;)
    {
        P1OUT = 0x01;                              //置位 P1.0
        DMA0CTL| = DMAREQ;                         //触发块传输
        P1OUT& = ~0x01;                            //p1.0 清零
    }
}
```

第9章

ADC12 模块

在一些实时控制和智能化仪表等应用系统中,与控制或测量对象有关的变量往往是一些连续变化的模拟量,如温度、压力、流量、速度等物理量。利用传感器把各种物理量测量出来,转换为电信号,经过 A/D 转换(ADC)成数字量,模拟量才能被 MSP430 处理和控制。

9.1 ADC12 模块简介

9.1.1 ADC12 模块的主要特点

大部分 MSP430 系列单片机都内置了 ADC 模块,而有些不带 ADC 模块的芯片,也可以通过利用内置的模拟比较器来实现 A/D 转换。MSP430F249 单片机的 ADC 模块是一个 12 位精度的 A/D 转换模块,它具有高速度、通用性等特点。该模块实现了 12 位的 SAR 内核、采样选择控制器、参考电压发生器和一个 16 位字长的转换和控制缓存。转换和控制缓存允许多达 16 个独立的 ADC 采样被转换并存储,而不需要 CPU 的介入。

(1)采样速度快,最高可达 200Kbps。

(2)12 位转换精度,1 位非线性微分误差,1 位非线性积分误差。

(3)有多种时钟源提供给 ADC12 模块,而且模块本身内置时钟发生器。

(4)内置温度传感器。

(5)Timer_A/Timer_B 硬件触发器。

(6)配置 8 路外部通道和 4 路内部通道。

(7)6 种组合的内置参考电源。

(8)4 种模式的 A/D 转换。

(9)ADC12 可关断内核,支持超低功耗应用。

(10)自动扫描。

(11)DMA 使能。

9.1.2 ADC12 模块的组成

ADC12 模块结构图如图 9-1 所示。从图中可以看出,ADC 模块分为输入 16 路模拟开关、12 位的 ADC 内核、ADC 内部参考电压发生器、ADC 时钟源、采样与保持/触发源、ADC 输出部分等。

(1)ADC 内部电压参考发生器

ADC12 模块包含一个内建参考电压发生器,其电压值可以通过标志位 REF2_5V 选择为 2.5V 或 1.5V。REFON 标志位置位,将打开内部电压发生器,在不使用电压发生器时可以清零 REFON 标志位以节省能耗。内部参考电压发生的电压既可以通过转换存储控制寄存器 ADC12MCTLx 中的 SREF 选择位设置为内部使用,将提供给内核的 V_{R+} 端口,也可以直接通过 V_{REF+} 引脚引出,给外部器件使用。

为了正确地使用内部参考电压发生器,需要在 V_{REF+} 与 AVSS 之间加上电容。推荐的电容为 10μF 和 0.1μF 的并联电容。当然,不使用内部参考电压的场合可以不添加电容,内核需要的 V_{R+} 和 V_{R-} 电压分别通过 V_{eREF+} 和 V_{eREF-} 引脚引入。

(2)ADC12 内核

ADC12 模块的内核可以将一个输入的模拟信号转换成一个 12 位的数值,并将该数值存放在转换存储器 ADC12MEMx 中。内核使用两个可编程设置其电压值的端点 V_{R+}、V_{R-} 来定义转换的上下限。当输入电压大于或等于上限电压 V_{R+} 时,转换结果值为 0x0FFF;当输入电压小于或等于下限电压 V_{R-} 时,转换结果值为 0。所以为了保证精度,通常将输入电压控制在上下限电压范围内(留 10% ~20% 的余量)。上下限电压 V_{R+} 和 V_{R-} 的设置以及输入通道的选择均由转换存储控制寄存器 ADC12MCTLx 控制。转换结果值的计算公式如下:

$$N_{ADC} = 4095 \times \frac{V_{in} - V_{R-}}{V_{R+} - V_{R-}}$$

(3)ADC 时钟源

ADC 时钟源提供采样及转换所需要的各种时钟信号(如采样周期),在时序控制电路下 ADC12 的各部分都能够协调工作。ADC12 时钟源由 ADC12SSELx 位选择,也可以通过 ADC12DIVx 位选择 1 ~8 倍分频。ADC12 的时钟源有 ADC12OSC、ACLK、MCLK、SMCLK。通过编程可以选择其中之一,同时还可以适当地分频。

(4)输入 16 路模拟开关

16 路模拟开关分别选择外部的 8 路模拟信号输入、内部 4 路参考电源输入、1 路内部温度传感器源及 $AV_{CC} - AV_{SS}/2$ 电压源输入。外部 8 路从 A0 ~ A7 输入,主要是外部测量时的模拟变量信号。内部4路分别是 V_{eREF+}（ADC内部参考电源的输出正端）、V_{REF-}/V_{eREF-}（ADC内部参考电源负端）、1路AVCC-AVSS/2电压源和1路内部温度传感器源。片内温度传感器可以用于测量芯片上的温度，可以在设计时做一些有用的控制，在实际应用时用得较多。而其他电源参考源输入可以用作ADC12的校验之用，在设计时可做自身校准。

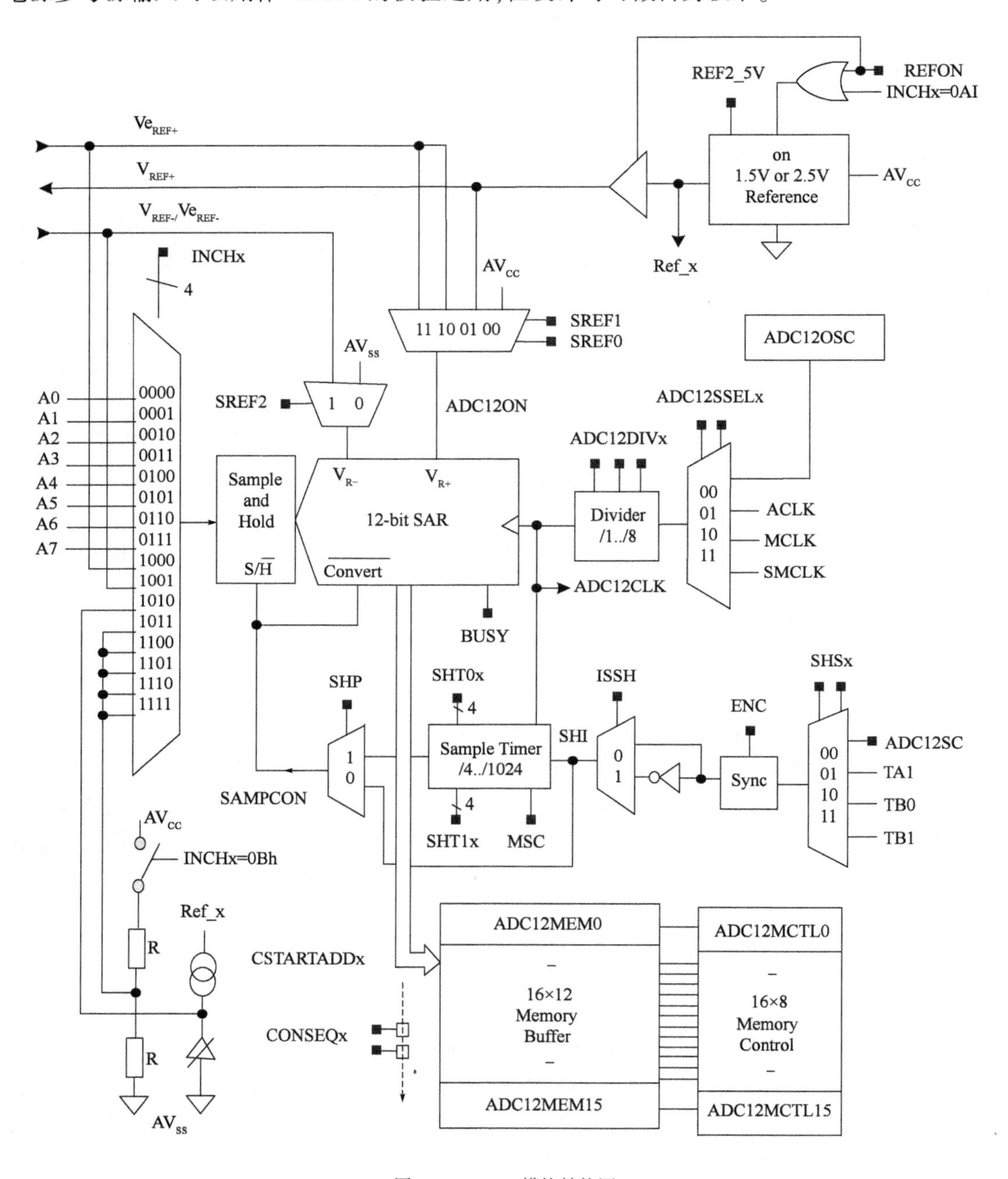

图9-1　ADC12模块结构图

(5)采样与保持/触发源

采样与保持是进行转换的基础，其可以分为采样与保持两部分。采样保持动作由S端控制,其为高电平时则进行采样、为低电平时则保持,它由 ADC 内核与 SAMPCON 的状态共同决定。采样时,采样的频率受采样定时器的控制,采样定时器可选择内部或外部时钟源。

(6)ADC 数据输出部分

ADC 内核在每次完成转换时都会将相应通道上的输出结果存储到相应通道缓冲区单元中,共有 16 个通道缓冲单元。同时,16 个通道的缓冲单元有着相对应的控制寄存器,以实现更灵活的控制。

9.2 ADC12 模块的操作

9.2.1 ADC12 模块的操作流程

ADC 模块操作时,一般应符合以下操作流程:

(1)选择 ADC 的转换时钟、参考电压、转换模式和存储器管理。

(2)打开相应中断。

(3)启动 A/D 转换。

(4)进入中断或查询转换结束标志。

(5)采样转换时序。

(6)转换结果缓存及存取 A/D 转换值。

9.2.2 ADC12 模块的采样与转换

ADC12 对一个模拟信号的 A/D 转换过程包括两部分:采样保持和转换。

完成采样转换周期时间 = 采样保持时间 + 转换时间

采样保持时间:由产生 SAMPCON 信号开始到结束所需时间,这期间 ADC 进行对模拟信号采样保持。在脉冲采样模式时(SHP = 1),采样时间:$T_{\text{sample}} = 4 \times \text{ADC12CLK} \times N$。其中,$T_{\text{sample}}$为采样保持时间、ADC12CLK 为 ADC12 内核时钟周期、N 则由 SHT1(SHT0)的 4 位二进制码决定。

采样保持时间与 ADC12 模块的等效输入电路有关。从 ADC12 模块输入看,ADC 内部等效为一个电阻(2kΩ)与一个电容(30pF)相串联。这个内部 RC 常数直接影响着最小的采样保持时间参数。所以,在采样转换中有一个最小采样保持时间值的概念。这个最小采样保持时间值从上式中可以看出是由 ADC12CLK 时间周期决定($N = 1$ 时)的,也就是说 ADC12CLK 的最高频率,这个频率不能超出 MSP430 芯片手册中所指定的最高频率(最小采样保持时间值)。关于脉冲采样模式(SHP = 1),这个最小采样保持时间值因芯片而不同,详情可以查看相应的芯片手册。

转换时间:ADC12 核将采样保持的模拟信号转换成数字所需要的时间,这个转换时间在脉冲采样模式和扩展采样模式下都是相同的。转换时间 = $13 \times (\text{ADC12CLK}/F_{\text{ADC12CLK}})$。

在脉冲采样模式时完成一个模拟信号采样转换周期时间计数公式为:

$$\text{采样转换周期} = (4 \times \text{ADC12CLK} \times N) + [13 \times (\text{ADC12CLK}/F_{\text{ADC12CLK}})]$$

9.3 ADC12采样和转换模式

9.3.1 ADC12采样模式

(1)扩展采样模式

当SHP=0时为扩展采样模式。这时,SHI信号直接控制SAMPCON信号,从而决定了采样周期。SAMPCON信号为高电平时,处于采样阶段;当SAMPCON信号产生由高到低的跳变后,再与ADC12CLK信号同步后开始进行转换,如图9-2所示。

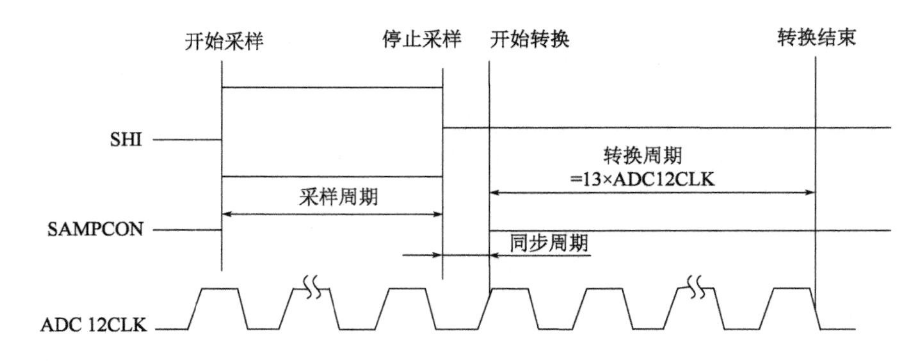

图9-2 扩展采样模式时序示意图

(2)脉冲采样模式

当SHP=1时为脉冲采样模式。这时SHI信号用来触发采样定时器,ADC12CTL0中的SHT0x和SHT1x控制位定义了采样定时器的时间间隔。具体时序如图9-3所示。

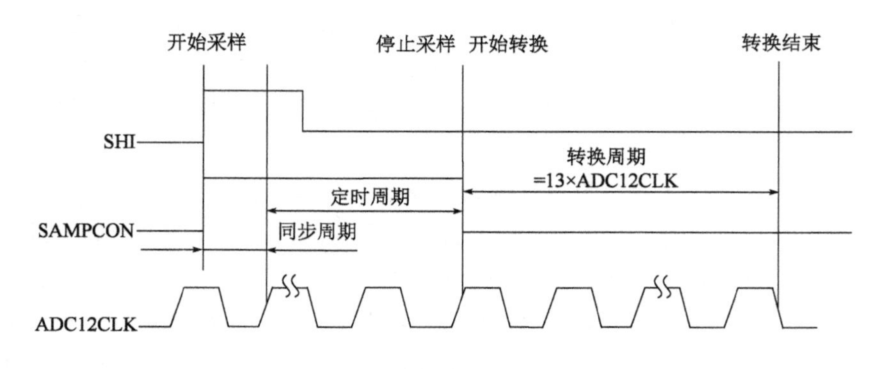

图9-3 脉冲采样时序示意图

由于同步的影响,总的采样周期=定时周期+同步周期。

9.3.2 ADC12转换模式

(1)单通道单次转换

单通道单次转换模式状态如图9-4所示。

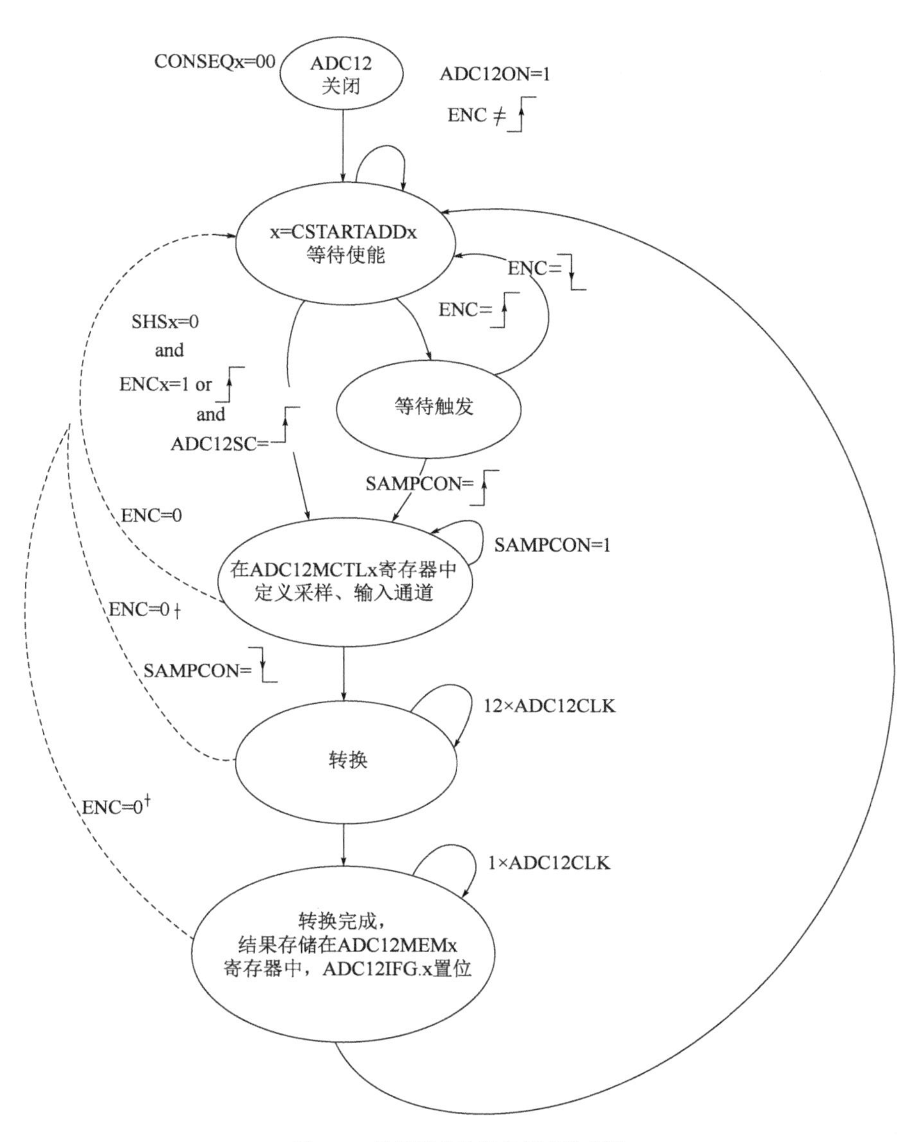

图 9-4　单通道单次转换模式状态图

对选定的通道进行单次转换要进行如下设置：

①x = CSTARTADDx，指向转换开始地址。

②ADC12MEMx 存放转换结果。

③ADC12IFGx 为对应的中断标志。

④ADC12MCTLx 寄存器中定义了通道和参考电压。

转换完成时，必须使 ENC 再次复位并置位（上升沿），以准备下一次转换。在 ENC 复位并再次置位之前的输入信号将被忽略。

（2）序列通道单次转换

序列通道单次转换模式状态如图 9-5 所示。

对序列通道进行单次转换要进行如下设置：

①x = CSTARTADDx,指示转换开始地址。

②EOS(ADC12MCTLx.7) = 1 标志序列中最后通道 y,非最后通道的 EOS 位都是 0,表示序列没有结束。

③ADC12MEM.x,…,ADC12MEM.y 存放转换结果。

④ADC12IFG.x,…,ADC12IFG.y 为对应的中断标志。

⑤ADC12MCTLx 寄存器中定义了通道和参考电压。

转换完成时必须使 ENC 再次复位并置位(上升沿),以准备下一次转换。在 ENC 复位并再次置位之前的输入信号将被忽略。

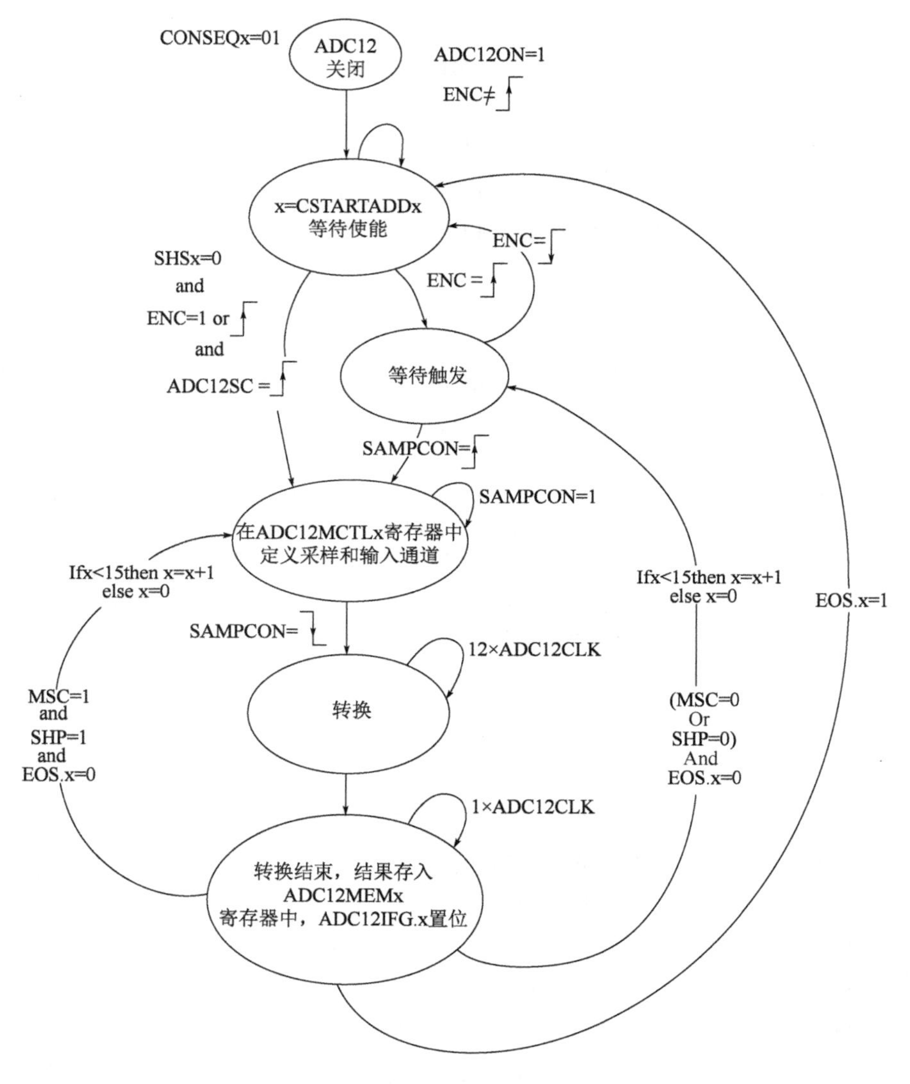

图 9-5 序列通道单次转换模式状态图

(3)单通道多次转换

单通道多次转换模式状态如图 9-6 所示。

对选定的通道进行多次转换,直到关闭该功能或 ENC = 0。进行如下设置:

①x = CSTARTADDx,指向转换开始地址。

②ADC12MEMx 存放转换结果。

③ADC12MCTLx 寄存器中定义了通道和参考电压。

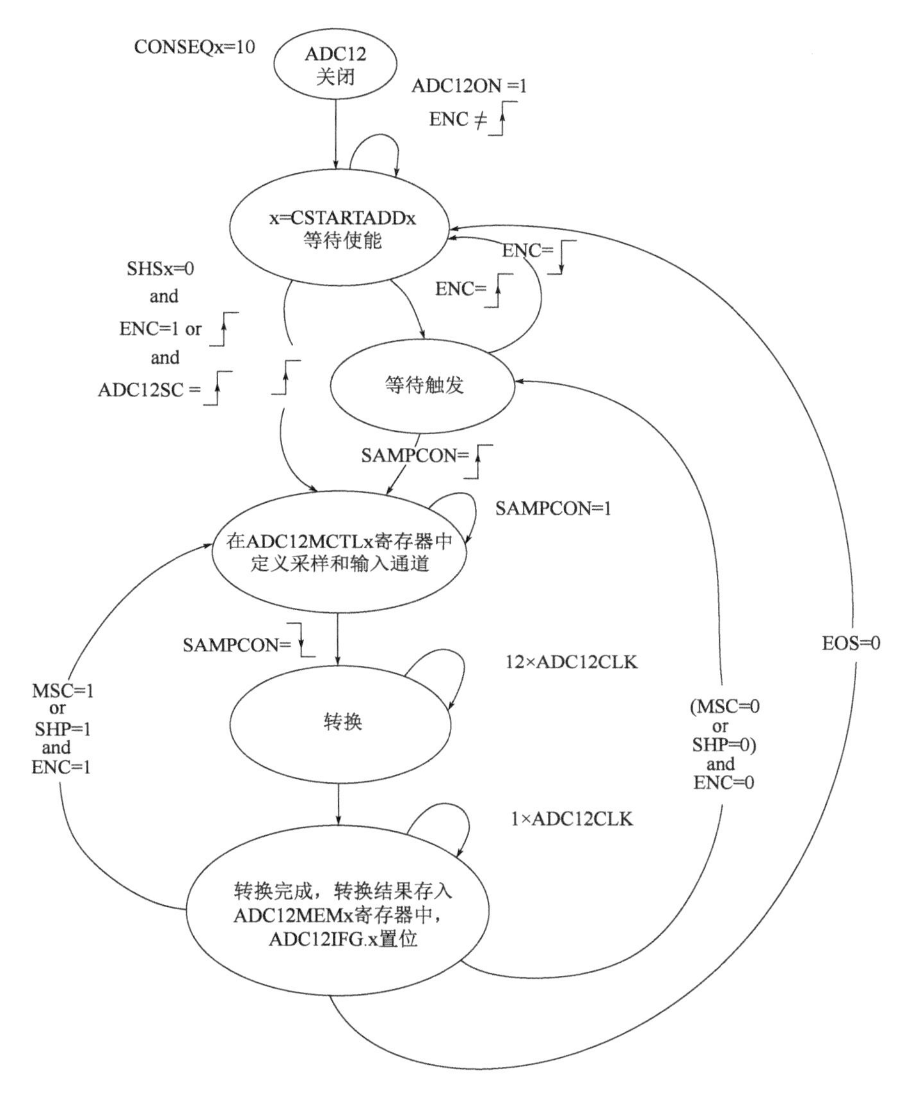

图 9-6　单通道多次转换模式状态图

在这种模式下,改变转换模式,不必先停止转换,在当前正在进行的转换结束后,可改变转换模式。该模式的停止可有如下几种办法:

①使用 CONSEQ = 0 的办法,改变为单通道单次模式。

②使用 ENC = 0 直接使当前转换完成后停止。

③使用单通道单次转换模式替换当前模式,同时使 ENC = 0。

(4)序列通道多次转换

序列通道多次转换模式状态如图 9-7 所示。

对序列通道进行多次转换,直到关闭该功能或 ENC = 0。进行如下设置:

①x = CSTARTADDx,指示转换开始地址。

②EOS(ADC12MCTLx.7) = 1 标志序列中最后通道 y。

③ADC12MCTLx 寄存器中定义了通道和参考电压。

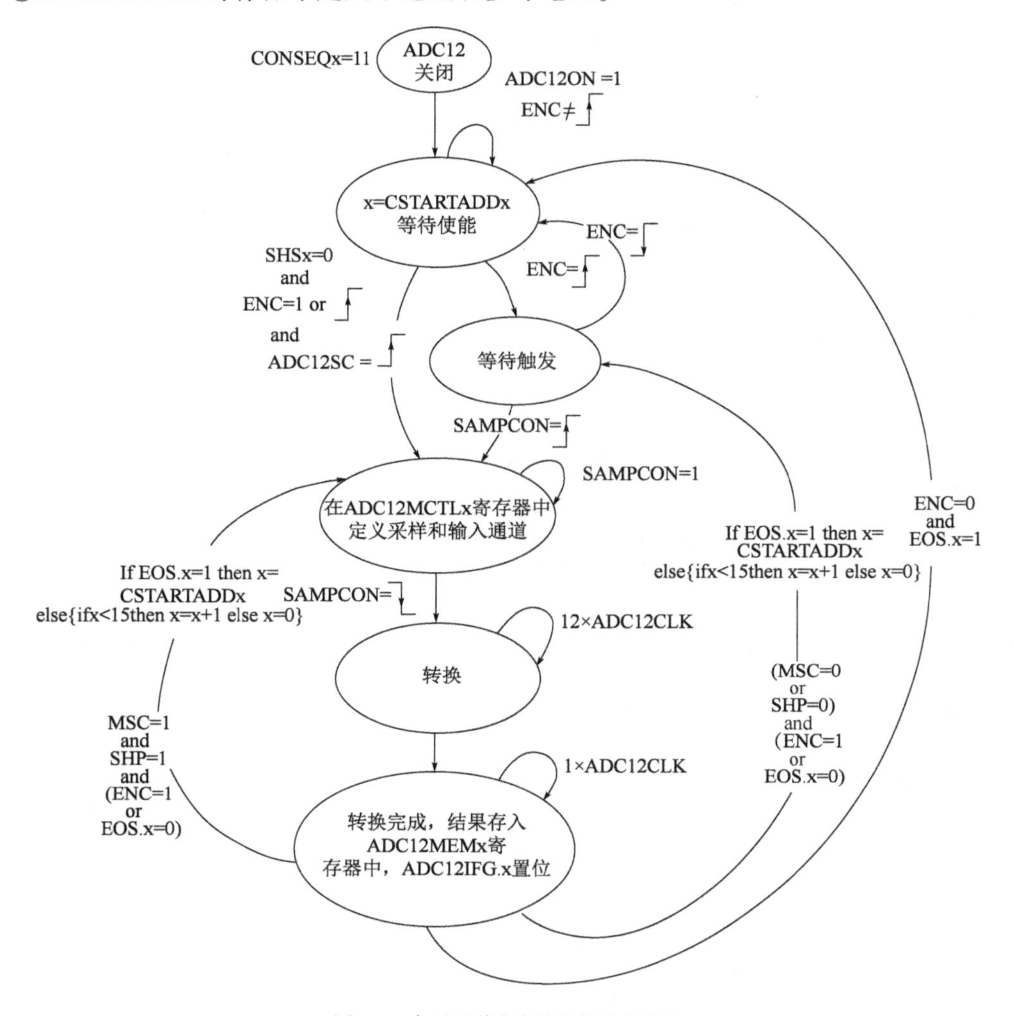

图 9-7　序列通道多次转换模式状态图

改变转换模式,不必先停止转换。一旦改变模式(单通道单次转换模式除外),将在当前序列完成后立即生效。

9.4　ADC12 寄存器

ADC12 涉及的控制寄存器主要分为 3 类:转换控制寄存器、中断控制寄存器、存储及其控制寄存器。其中,中断控制寄存器可分为 3 种,即中断标志寄存器、中断使能寄存器与中断向量寄存器;存储及其控制寄存器可分为存储控制寄存器和存储寄存器。

ADC 相关寄存器见表 9-1。

ADC 寄存器　表 9-1

寄存器	缩写	类型	地址	初始状态
ADC12 控制寄存器 0	ADC12CTL0	读/写	01A0H	和 POR 一起复位
ADC12 控制寄存器 1	ADC12CTL1	读/写	01A2H	和 POR 一起复位
ADC12 中断标志寄存器	ADC12IFG	读/写	01A4H	和 POR 一起复位
ADC12 中断使能寄存器	ADC12IE	读/写	01A6H	和 POR 一起复位
ADC12 中断向量字	ADC12IV	只读	01A8H	和 POR 一起复位
ADC12 存储器 0	ADC12MEM0	读/写	0140H	无变化
ADC12 存储器 1	ADC12MEM1	读/写	0142H	无变化
ADC12 存储器 2	ADC12MEM2	读/写	0144H	无变化
ADC12 存储器 3	ADC12MEM3	只读	0146H	无变化
ADC12 存储器 4	ADC12MEM4	读/写	0148H	无变化
ADC12 存储器 5	ADC12MEM5	读/写	014AH	无变化
ADC12 存储器 6	ADC12MEM6	读/写	014CH	无变化
ADC12 存储器 7	ADC12MEM7	读/写	014EH	无变化
ADC12 存储器 8	ADC12MEM8	读/写	0150H	无变化
ADC12 存储器 9	ADC12MEM9	读/写	0152H	无变化
ADC12 存储器 10	ADC12MEM10	读/写	0154H	无变化
ADC12 存储器 11	ADC12MEM11	读/写	0156H	无变化
ADC12 存储器 12	ADC12MEM12	读/写	0158H	无变化
ADC12 存储器 13	ADC12MEM13	读/写	015AH	无变化
ADC12 存储器 14	ADC12MEM14	读/写	015CH	无变化
ADC12 存储器 15	ADC12MEM15	读/写	015EH	无变化
ADC12 存储器控制 0	ADC12MEMCTL0	读/写	080H	和 POR 一起复位
ADC12 存储器控制 1	ADC12MEMCTL1	读/写	081H	和 POR 一起复位
ADC12 存储器控制 2	ADC12MEMCTL2	读/写	082H	和 POR 一起复位
ADC12 存储器控制 3	ADC12MEMCTL3	读/写	083H	和 POR 一起复位
ADC12 存储器控制 4	ADC12MEMCTL4	读/写	084H	和 POR 一起复位
ADC12 存储器控制 5	ADC12MEMCTL5	读/写	085H	和 POR 一起复位
ADC12 存储器控制 6	ADC12MEMCTL6	读/写	086H	和 POR 一起复位
ADC12 存储器控制 7	ADC12MEMCTL7	读/写	087H	和 POR 一起复位
ADC12 存储器控制 8	ADC12MEMCTL8	读/写	088H	和 POR 一起复位
ADC12 存储器控制 9	ADC12MEMCTL9	读/写	089H	和 POR 一起复位
ADC12 存储器控制 10	ADC12MEMCTL10	读/写	08AH	和 POR 一起复位
ADC12 存储器控制 11	ADC12MEMCTL11	读/写	08BH	和 POR 一起复位
ADC12 存储器控制 12	ADC12MEMCTL12	读/写	08CH	和 POR 一起复位
ADC12 存储器控制 13	ADC12MEMCTL13	读/写	08DH	和 POR 一起复位
ADC12 存储器控制 14	ADC12MEMCTL14	读/写	08EH	和 POR 一起复位
ADC12 存储器控制 15	ADC12MEMCTL15	读/写	08FH	和 POR 一起复位

(1)转换控制寄存器(ADC12CTL0 和 ADC12CTL1)

①ADC12CTL0(转换控制寄存器 0)

ADC12CTL0 寄存器是一个 16 位的寄存器,该寄存器主要控制 ADC12 模块的工作,其中(4~15 位)只有在 ENC=0(ADC12 为初始状态)时才能修改。ADC12CTL0 寄存器的各个位和说明如下:

15	14	13	12	11	10	9	8
SHT1x				SHT0x			
rw-0	rw-0	rw-0	rw-0	rw-0	rw-0	rw-0	rw-0
7	6	5	4	3	2	1	0
MSC	REF2_5V	REFON	ADC12ON	ADC12OVIE	ADC12TOVIE	ENC	ADC12SC
rw-0	rw-0	rw-0	rw-0	rw-0	rw-0	rw-0	rw-0

SHT1x Bit 15~12 采样保持时间选择位。定义了 ADC12MEM8 寄存器到 ADC12MEM15 寄存器的采样周期中 ADC12CLK 周期数。

0000:4。
0001:8。
0010:16。
0011:32。
0100:64。
0101:96。
0110:128。
0111:192。
1000:256。
1001:384。
1010:512。
1011:768。
1100:1024。
1101:1024。
1110:1024。
1111:1024。

SHT0x Bit 11~8 采样保持时间。定义 ADC12MEM0 寄存器到 ADC12MEM 寄存器的采样周期中 ADC12CLK 周期数。

MSC Bit 7 多次采样/转换位。只用于连续或重复模式。

0:采样时序,要求 SHI 上升沿来触发每次采样转换。
1:SHI 信号的第一个上升沿触发采样定时器,但是进一步的采样转换在先前的转换结束后自动执行。

REF2_5V	Bit 6	参考电压发生器产生的电压。REFON 必须被置位。 0:1.5V。 1:2.5V。
REFON	Bit 5	参考电压发生器状态。 0:关闭。 1:打开。
ADC12ON	Bit 4	ADC12 状态。 0:关闭。 1:打开。
ADC12OVIE	Bit 3	ADC12MEMx 溢出中断使能。GIE 位也必须被置位以使能中断。 0:溢出中断禁止。 1:溢出中断使能。
ADC12TOVIE	Bit 2	ADC12 转换时间溢出中断使能。GIE 位也必须被置位以使能中断。 0:转换时间溢出中断禁止。 1:转换时间溢出中断使能。
ENC	Bit 1	ADC 转换使能。 0:ADC12 禁止。 1:ADC12 使能。
ADC12SC	Bit 0	开始转换位。软件控制采样和转换开始,ADC12SC 和 ENC 可以通过一条指令被一起置位。ADC12SC 自动复位。 0:采样和转换尚未开始。 1:采样和转换开始。

②ADC12CTL1(转换控制寄存器 1)

ADC12CTL1 寄存器是一个 16 位的寄存器,该寄存器主要控制 ADC12 模块的工作,其中大多数位(3 ~ 15 位)只有在 ENC =0 时才能修改。ADC12CTL1 寄存器的各个位和说明如下:

15	14	13	12	11	10	9	8
CSTARRADDx				SHSx		SHP	ISSH
rw -0	rw -0	rw -0	rw -0	rw -0	rw -0	rw -0	rw -0

7	6	5	4	3	2	1	0
ADC12DIVx			ADC12SSELx		CONSEQx		ADC12BUSY
rw -0	rw -0	rw -0	rw -0	rw -0	rw -0	rw -0	rw -0

CSTARTADDx	Bit 15 ~ 12	转换开始地址。这些位选择了哪一个 ADC12 转换存储器寄存器被用于单次转换或者序列转换中的第一次转换。CSTARTADDx 为 00H 到 0FH,对应着 ADC12MEM0 到 ADC12MEM15。

SHSx	Bit 11 ~ 10	采样保持源选择。 00:ADC12SC 位。 01:Timer_A 的 OUT1。 10:Timer_B 的 OUT0。 11:Timer_B 的 OUT1。
SHP	Bit 9	采样保持脉冲模式选择。该位选择了采样信号(SAMPCON)的源为采样定时器的输出或者直接为采样输入信号。 0:SAPMCON 信号源为采样输入信号。 1:SAPMCON 信号源为采样定时器。
ISSH	Bit 8	转换信号采样和保持。 0:采样输入信号未被转换。 1:采样输入信号被转换。
ADC12DIVx	Bit 7 ~ 5	ADC12 时钟分频系数。 000:不分频。 001:2 分频。 010:3 分频。 011:4 分频。 100:5 分频。 101:6 分频。 110:7 分频。 111:8 分频。
ASC12SSELx	Bit 4 ~ 3	ADC12 时钟源选择。 00:ADC12OSC。 01:ACLK。 10:MCLK。 11:SMCLK。
CONSEQx	Bit 2 ~ 1	ADC12 转换模式选择。 00:单通道单次转换。 01:序列通道单次转换。 10:单通道多次转换。 11:序列通道多次转换。
ADC12BUSY	Bit 0	ADC12 转换时间溢出中断使能。GIE 位也必须被置位以使能中断。 0:转换时间溢出中断禁止。 1:转换时间溢出中断使能。

(2)存储及其控制寄存器(ADC12MEMx 和 ADC12MCTLx)

①ADC12MEMx(转换存储器寄存器)

ADC12MEMx 寄存器是一个 16 位的寄存器,该寄存器主要存储转换得到的数据。

ADC12MEMx 寄存器各个位和说明如下：

15	14	13	12	11	10	9	8
0	0	0	0	Conversion Results			
r	r	r	r	r	rw	rw	rw
7	6	5	4	3	2	1	0
Conversion Results							
rw	rw	rw	rw	rw	rw	rw	rw

Conversion Results	Bit 15 ~ 0	ADC12 的转换结果。12 位的转换结果右对齐，15 ~ 12 位总为 0。

②ADC12MCTLx（转换存储器控制寄存器）

ADC12MCTLx 寄存器是一个 8 位的寄存器，该寄存器主要控制各个转换存储器的转换条件，所有位只有在 ENC = 0 时才可以修改。ADC12MCTLx 寄存器的各个位和说明如下：

7	6	5	4	3	2	1	0
EOS	SREFx			INCHx			
rw - 0	rw - 0	rw - 0	rw - 0	rw - 0	rw - 0	rw - 0	rw - 0

EOS　　Bit 7　　结束控制位。指示序列中的最后一次转换。

0：序列没有结束。

1：序列结束。

SREFx　　Bit 6 ~ 4　　参考电压选择位。

000：$V_{R+} = AV_{CC}$，$V_{R-} = AV_{SS}$。

001：$V_{R+} = V_{REF+}$，$V_{R-} = AV_{SS}$。

010：$V_{R+} = V_{eREF+}$，$V_{R-} = AV_{SS}$。

011：$V_{R+} = V_{eREF+}$，$V_{R-} = AV_{SS}$。

100：$V_{R+} = AV_{CC}$，$V_{R-} = V_{REF-}/V_{eEF-}$。

101：$V_{R+} = V_{REF+}$，$V_{R-} = V_{REF-}/V_{eEF-}$。

110：$V_{R+} = V_{eREF+}$，$V_{R-} = V_{REF-}/V_{eEF-}$。

111：$V_{R+} = V_{eREF+}$，$V_{R-} = V_{REF-}/V_{eEF-}$。

INCHx　　Bit 3 ~ 0　　拟输入通道选择。

0000 ~ 0111：A0 ~ A7。

1000：V_{eREF+}。

1001：V_{REF-}/V_{eEF-}。

1010：温度传感器。

1011：$(AV_{CC} - AV_{SS})/2$。

1100：$(AV_{CC} - AV_{SS})/2$。

1101：($AV_{CC} - AV_{SS}$)/2。

1110：($AV_{CC} - AV_{SS}$)/2。

1111：($AV_{CC} - AV_{SS}$)/2。

(3)中断控制寄存器(ADC12IFG、ADC12IE、ADC12IV)

①ADC12IFG(中断标志寄存器)

ADC12IFG寄存器是一个16位寄存器，该寄存器为ADC12模块的中断标志寄存器。ADC12IFG寄存器各个位如下：

15	14	13	12	11	10	9	8
ADC12 IFG15	ADC12 IFG14	ADC12 IFG13	ADC12 IFG12	ADC12 IFG11	ADC12 IFG10	ADC12 IFG9	ADC12 IFG8
rw-0	rw-0	rw-0	rw-0	rw-0	rw-0	rw-0	rw-0

7	6	5	4	3	2	1	0
ADC12 IFG7	ADC12 IFG6	ADC12 IFG5	ADC12 IFG4	ADC12 IFG3	ADC12 IFG2	ADC12 IFG1	ADC12 IFG0
rw-0	rw-0	rw-0	rw-0	rw-0	rw-0	rw-0	rw-0

ADC12IFGx　Bit 15～0　ADC12MEMx中断标志位。当相关联的ADC12MEMx被装载了一个转换结果时，这些位被置位。ADC12IFGx位在对应的ADC12MEMx被访问时复位，或者由软件进行复位。

0：无中断挂起。

1：中断挂起。

②ADC12IE(中断使能寄存器)

ADC12IE寄存器是一个16位寄存器，其各个位如下：

15	14	13	12	11	10	9	8
ADC12 IE15	ADC12 IE14	ADC12 IE13	ADC12 IE12	ADC12 IE11	ADC12 IE10	ADC12 IE9	ADC12 IE8
rw-0	rw-0	rw-0	rw-0	rw-0	rw-0	rw-0	rw-0

7	6	5	4	3	2	1	0
ADC12 IE7	ADC12 IE6	ADC12 IE5	ADC12 IE4	ADC12 IE3	ADC12 IE2	ADC12 IE1	ADC12 IE0
rw-0	rw-0	rw-0	rw-0	rw-0	rw-0	rw-0	rw-0

ADC12IEx　Bit 15～0　使能位。这些位使能或者禁止ADC12IFGx位的中断请求。

0：中断禁止。

1：中断使能。

③ADC12IV(中断向量寄存器)

ADC12IV 寄存器是一个 16 位寄存器，该寄存器为 ADC12 模块的中断向量寄存器。ADC12IV 寄存器的各个位如下：

15	14	13	12	11	10	9	8
0	0	0	0	0	0	0	0
r-0	r-0	r-0	r-0	r-0	r-0	r-0	r-0

7	6	5	4	3	2	1	0
0	0	ADC12IVx					0
r-0	r-0	r-0	r-0	r-0	r-0	r-0	r-0

ADC12IVx　　Bits 15 ~ 0　　ADC12 中断向量值，如下：

ADC12IV 内容	中断源	中断标志	中断优先级
0000H	无中断挂起	—	
0002H	ADC12MEMx 上溢	—	最高
0004H	转换时间上溢	—	
0006H	ADC12MEM0 中断标志	ADC12IFG0	
0008H	ADC12MEM1 中断标志	ADC12IFG1	
000AH	ADC12MEM2 中断标志	ADC12IFG2	
000CH	ADC12MEM3 中断标志	ADC12IFG3	
000EH	ADC12MEM4 中断标志	ADC12IFG4	
0010H	ADC12MEM5 中断标志	ADC12IFG5	
0012H	ADC12MEM6 中断标志	ADC12IFG6	
0014H	ADC12MEM7 中断标志	ADC12IFG7	
0016H	ADC12MEM8 中断标志	ADC12IFG8	
0018H	ADC12MEM9 中断标志	ADC12IFG9	
001AH	ADC12MEM10 中断标志	ADC12IFG10	
001CH	ADC12MEM11 中断标志	ADC12IFG11	
001EH	ADC12MEM12 中断标志	ADC12IFG12	
0020H	ADC12MEM13 中断标志	ADC12IFG13	
0022H	ADC12MEM14 中断标志	ADC12IFG14	
0024H	ADC12MEM15 中断标志	ADC12IFG15	最低

9.5 "A/D实验"的Proteus设计与仿真实训

(1)实训要求

实现P6.0引脚电压检测和显示。当移动滑动变阻器时,数码管显示测量电压值。

(2)必备知识

①掌握Proteus和IAR软件的设置和操作。

②滑动变阻器和数码管的使用方法。

(3)Proteus仿真电路设计(二维码9-1)

(4)程序设计

本实验设计框图如图9-8所示。

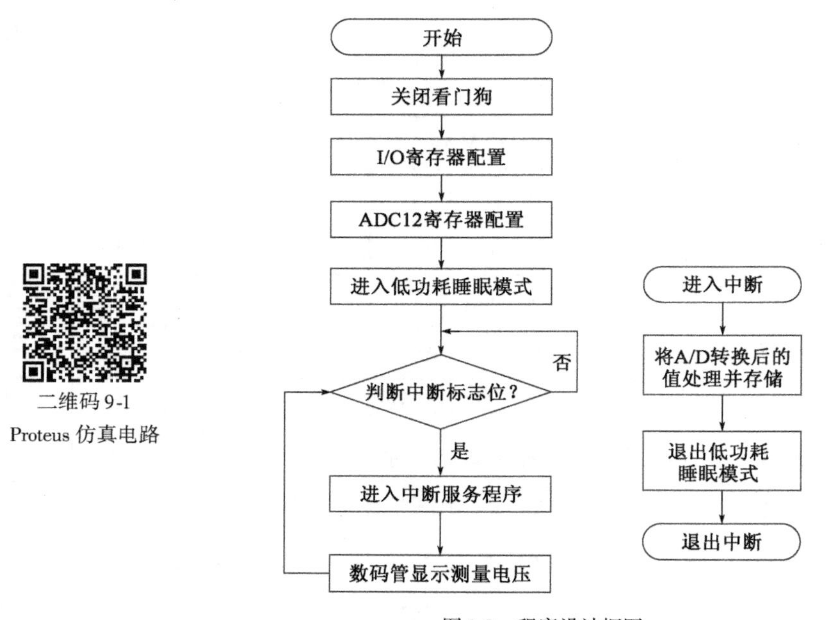

图9-8 程序设计框图

程序代码:

```
#include <msp430x24x.h>
#define uchar unsigned char
#define uint unsigned int
uchar const table[] = {0x3f,0x06,0x5b,0x4f,0x66,0x6d,0x7d,0x07,0x7f,0x6f,0x77,0x7c,0x39,0x5e,
0x79,0x71};                    //共阴数码管段选码表,无小数点

/************************ 毫秒延时函数 ************************/
uchar Index,flag,Disbuf[8];
void delayms(uint t)
{
```

```
int i;
while(t--)
      for(i=1000;i>0;i--);
}

/************************电压表与数码管的显示************************/
void VoltDataProcess(uint Volt)
{
loat temp;
uchar i;
unsigned long t;
temp=((float)(Volt))*5/4096;      //Volt*单位刻度
t=(unsigned long)(temp*1000);      //将转换后的电压扩大1000倍
while(t)
{
      Disbuf[7-i++]=table[t%10];
      t=t/10;
}
Disbuf[4]|=0x80;
}
void main(void)
{
WDTCTL=WDTPW+WDTHOLD;      //停止看门狗
DC12CTL0=SHT0_2+ADC12ON;      //ADC12 设置采样时钟,打开 ADC12
ADC12CTL1=SHP;      //使用采样时钟
ADC12IE=0x01;      //中断使能
ADC12CTL0|=ENC;      //启用转换
P6DIR^=BIT0;      //P6.0 端输入
P6SEL|=BIT0;      //P6.0A/D 使能通道
P1DIR=0xFF;      //设置方向 P1.0 输出
P1SEL=0;      //设置为普通 I/O 口
P3DIR=0xFF;      //设置方向 P3.0 输出
P3SEL=0;      //设置为普通 I/O 口
P1OUT=0x00;
P3OUT=0xFF;
ADC12CTL0|=ADC12SC;      //开始转换
_BIS_SR(LPM0_bits+GIE);      //进入低功耗睡眠模式
while(1)
{
      P3OUT=0xFF;
      P1OUT=Disbuf[Index];
      P3OUT=~(1<<Index);
      if(++Index==8)
```

```
        {
            Index = 0;
            ADC12CTL0 | = ADC12SC;
        }
        delayms(2);
    }
}
/ ************************ ADC12 中断服务程序 ************************ /
#pragma vector = ADC12_VECTOR    //指示向量
__interrupt void ADC12_ISR(void)
{
VoltDataProcess(ADC12MEM0);      //在 ADC12MEM0 中存放电压转换结果
LPM0_EXIT;                       //退出 LPM0
}
```

(5)仿真结果

当调节滑动变阻器时,数码管与电压表能够同步显示测量电压值。

第10章 DAC12模块

DA是控制操作过程中常用的器件之一。在MSP430系列单片机中,部分芯片内部集成了DAC12模块。因此,不需要外围扩展就可以直接把数字量转化为模拟量,产生所需的电压波形,在特定的应用场合可以简化电路设计,提高可靠性。本章介绍了DAC12模块的工作原理、结构及应用,并给出相关实例。

10.1 DAC12模块简介

MSP430x15x和MSP430x16x的DAC12模块是一个12位电压输出DAC,可配置为8位或12位。它有两个转换通道:DAC12_0和DAC12_1。这两个通道在操作上完全平等,用DAC12GPR可以将多个DAC模块组合起来,被组合的DAC模块可以实现输出同步更新,在硬件上还能保证同步更新独立于任何中断或NMI事件。

10.1.1 DAC模块性能指标

为了更好地理解和应用MSP430 DAC模块,了解DAC模块的性能指标含义是很有必要的。DAC模块的主要性能指标如下:

(1)分辨率:反映了数字量在最低位上变化1位时输出模拟量的最小变化,一般用相对值来表示,8位DAC的分辨率为最大输出幅度的0.39%,即1/256;12位DAC的分辨率可以提高到0.0245%,即1/4096。

(2)偏移误差:输入数字量为0时,输出模拟量对0的偏移值。

(3)线性度:DAC模块的实际转移特性与理想直线之间的最大偏差。除了线性度不好会影响精度之外,参考电源的波动等因素也会影响精度。可以理解为线性度是在一定测试条件下得到的DAC模块的误差,而精度是指在实际工作时的DAC模块误差。

(4)转换速度:即每秒钟可以转换的次数,其倒数为转换时间。

10.1.2 DAC12 模块结构与特性

MSP430x15x 和 MSP430x16x 系列的 DAC12 模块结构如图 10-1 所示。

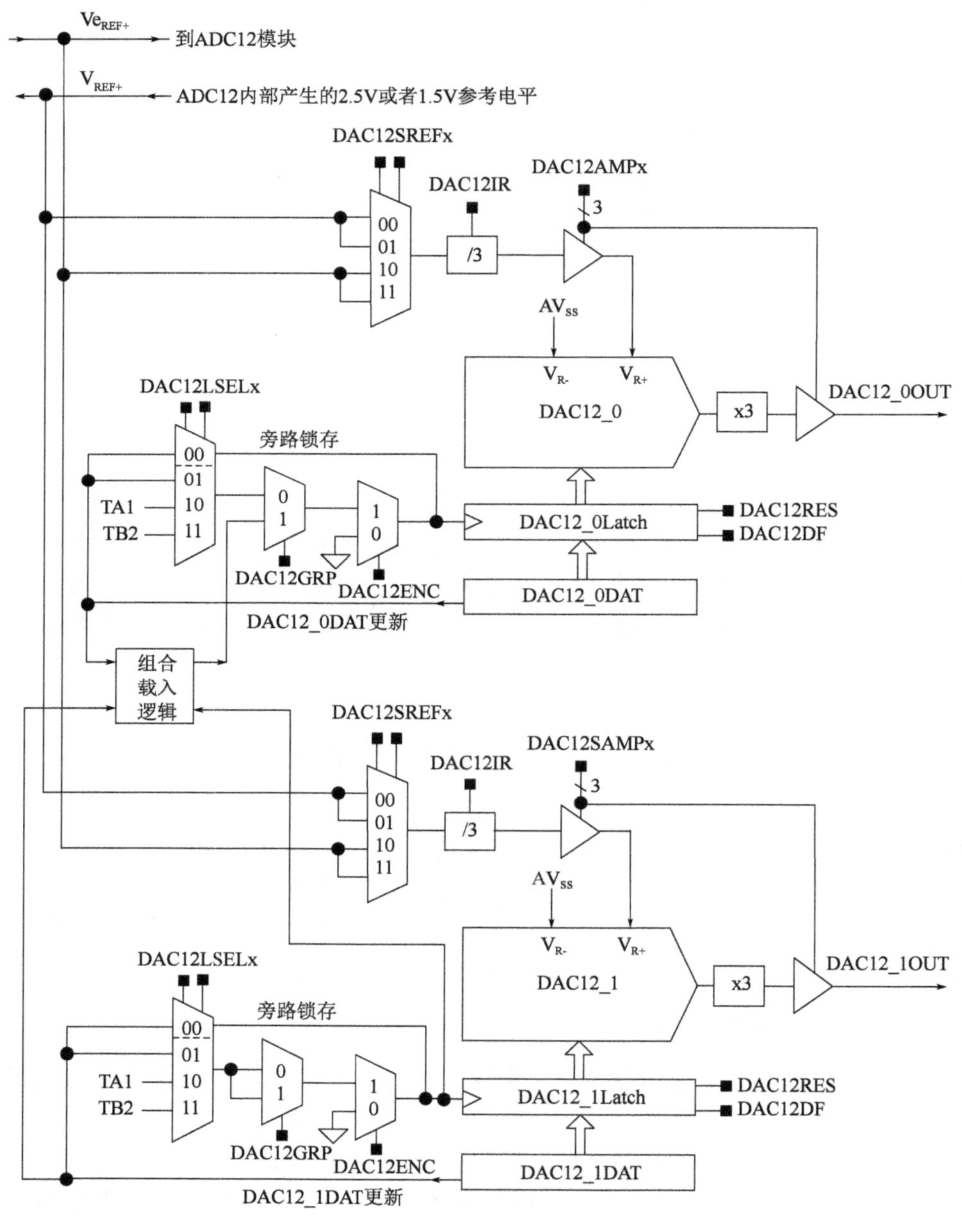

图 10-1　DAC12 模块的结构图

DAC12 模块包含两个 DAC 转换通道:DAC12_0 和 DAC12_1,这两个通道在操作上完全平等,用 DAC12GRP 控制位能组合两个 DAC12 通道,被组合的通道可以实现输出同步更新,硬件还能确保同步更新独立于任何中断或者 NMI 事件。每个转换通道有内部参考源发生器、DAC12 核、数据及锁存控制逻辑和电压输出缓冲器。

DAC12 模块的主要特性如下:

(1)12 位单调输出。

(2)8 位或 12 位分辨率。

(3)可编程稳定时间与功耗。

(4)内部或外部参考电压选择。

(5)二进制或 2 的补码数据格式,向左或向右对齐。

(6)偏移校正的自校准选项。

(7)同步更新多个 DAC12 通道。

(8)可以直接用存储器存取。

10.2 DAC12 模块的操作

用户可使用软件对 DAC12 模块进行配置,下面介绍 DAC12 模块的设置和操作。

10.2.1 DAC12 模块内核

使用 DAC12RES 位(参见 DAC12_xCTL 寄存器)可以把 DAC12 模块配置为 8 位或 12 位分辨率模式,而通过 DAC12IR 位(参见 DAC12_xCTL 寄存器),则可以把最大输出电压设置为 1 倍或 3 倍的参考电压。此功能便于用户对 DAC 模块进行动态控制,可以灵活地定义 DAC12 的输入输出。DAC12DF 位(参见 DAC12_xCTL 寄存器)允许用户选择数据的二进制或者二进制补码形式。当使用二进制数据时,输出电压与控制位的对应关系如表 10-1 所示。

DAC12 满量程输出电压范围($V_{ref}=V_{eREF+}$ 或 V_{REF+}) 表 10-1

位　数	DAC12RES	DAC12IR	输出电压公式
12	0	0	$V_{out}=V_{ref}\times 3\times$ DAC12_xDAT/4096
12	0	1	$V_{out}=V_{ref}\times$ DAC12_xDAT/4096
8	1	0	$V_{out}=V_{ref}\times 3\times$ DAC12_xDAT/256
8	1	1	$V_{out}=V_{ref}\times$ DAC12_xDAT/256

在 8 位模式下,DAC12_xDAT 的最大可见值为 0x0FFH,12 位模式下则为 0x0FFFH。如果写入的值大于这个值,值也许会被写入,但超出位长度部分将被忽略。

10.2.2 DAC12 模块的端口选择

DAC12 模块输出端口与 P6 I/O 口及 ADC12 模块模拟输入端口复用。当 DAC12AMPx 大于 0(参见 DAC12_xCTL)时,不论 I/O 口的 P6SELx 位和 P6DIRx 位状态如何,选择 DAC12 模块功能。

10.2.3 DAC12 模块参考电压设置

通过设置 DAC12SREFx 位(参见 DAC_xCTL 寄存器),DAC12 模块可选择外部参考电压 V_{eREF+}或内部 1.5V/2.5V 参考电压 V_{REF+}(来自 ADC12 的电压发生器,故需要 ADC12 配置)。如果选择内部参考电压,参考电压将出现在 V_{REF+}信号端。

当 DAC12SREFx =0 或 1 时,V_{REF+}信号作为参考电压(该电压来自 ADC12 中内部参考电压发生器生成的 1.5V 或 2.5V 参考电压)。

当 DAC12SREFx =2 或 3 时,V_{eREF+}信号作为参考电压。

通过设置 DAC12 模块的参考电压输入和输出缓冲器可以对转换时间与功耗优化。DAC13AMPx 位定义 8 种组合方式可供选择。在低设置时,其稳定建立时间最长,两个缓冲区电流消耗最低;在高设置中,具有更快的建立时间,但功耗随之而增加。

10.2.4 DAC12 模块电压输出更新

DAC12_xDAT 寄存器可将数据直接传送到 DAC12 模块的内核或 DAC12 模块双缓冲器,DAC12 模块使用 DAC12LSELx 位来触发 DAC12 输出电压的更新。

当 DAC12LSELx =1 时,当 DAC12_xDAT 被写入了新的 DAC12 数据,此数据马上被锁存,并应用于 DAC12 核;当无新数据时,原 DAC12 的数据将一直被锁存。

当 DAC12LSELx 等于 2 或 3 时,在定时器 A 的 CCR1 或定时器 B 的 CCR2 输出信号的上升沿,DAC12 数据将被锁存。当 DAC12LSELx 大于 0 时,可通过设置 DAC12ENC 位进行数据锁存。

10.2.5 DAC12_xDAT 的数据格式

DAC12 模块支持二进制或者二进制补码形式的数据格式。当使用二进制数据时,满量程输出为 0x0FFFH。DAC12 模块采用二进制时输出电压与 DAC 数值的关系如图 10-2 所示。

当使用二进制补码形式的数据时,数据输入输出的对应关系发生转移。在 12 位模式下,当 DAC12_xDAT 数据为 0x0800H(8 位模式下为 0x0080H)时,其电压输出为 0V;当 DAC12_xDAT 数据为 0x0000H(8 位模式)时,其输出 1/2 满量程电压;当 DAC12_xDAT 数据为 0x07FFH(8 位模式下为 0x007FH)时,其输出满量程电压。显然,12 位模式下输出范围是 0x0800H ~0x07FFH;8 位模式下范围为 0x0080H ~0x007FH(8 位格式)。DAC12 模块采用二进制补码形式时输出电压与 DAC 数值的关系如图 10-3 所示。

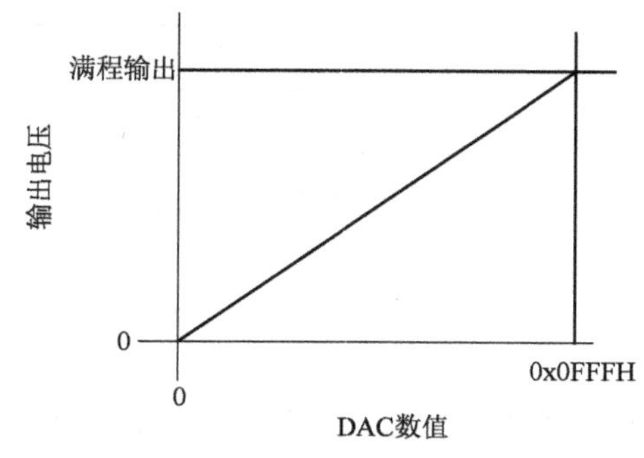

图 10-2 DAC12 模块采用二进制时输出电压与数据的关系

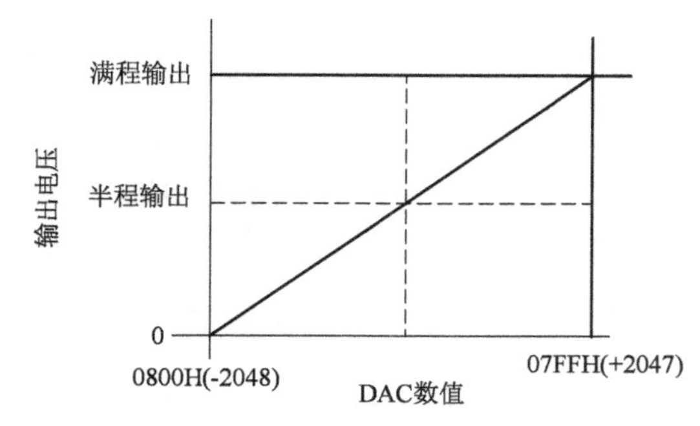

图 10-3 DAC12 模块采用二进制补码形式时输出电压与数据的关系

10.2.6 DAC12 模块输出的偏移校正

DAC12 模块输出电压的偏差有正有负,而 DAC12 模块可以对这种输出偏移进行自动校准,校准必须在使用 DAC12 模块前完成。可通过置位 DAC12CALON 位初始化校准。当校准完成后,DAC12CALON 位(参见 DAC12_xCTL 寄存器)将自动复位。此外,DAC12AMPx 位需在校准前配置。为了保证校准效果,最好减少 CPU 与端口活动。

当偏移量为负时,输出放大器试图驱动负电压,但不能这样做。这是因为输出电压仍保持为零,直到 DAC12 模块的数字输入产生的正向电压足以克服负偏移电压。其传递函数如图 10-4a)所示。

当输出放大器偏移量为正时,零数字量输入不能对应产生零输出电压。DAC12 模块的输出电压将在 DAC12 模块数据未到最大输入值前达到最大值,如图 10-4b)所示。

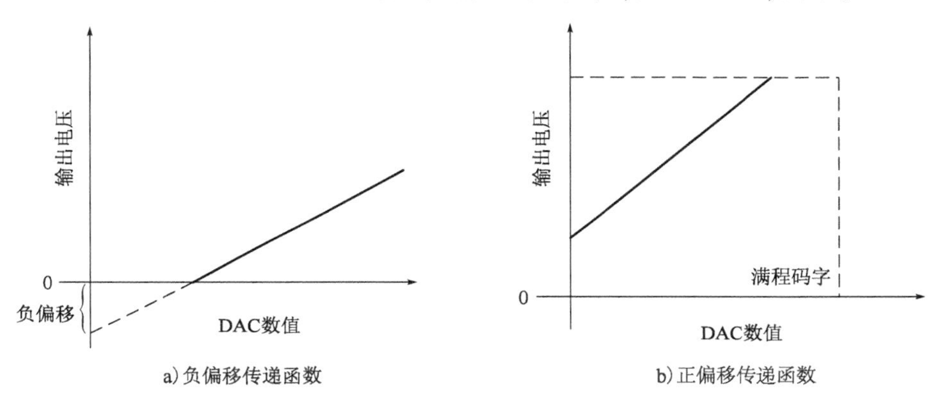

图 10-4 正负偏移传递函数

10.2.7 组合多个 DAC12 模块

多路 DAC12 模块可以通过 DAC12GRP 位(参见 DAC12_xCTL 寄存器)进行组合控制,从而实现同步更新。使中断或 NMI 事件发生,硬件确保在一个组的所有 DAC12 模块同步独立地更新。

MSP430 单片机中有两个 DAC12 模块:DAC12_0 和 DAC12_1。这两个 DAC12 模块可通过设置 DAC12GRP 位进行组合,并能同时进行输出更新。需要说明的是,只需设置 DAC12_0 模块的 DAC12GRP 位,DAC12_1 模块的 DAC12GRP 位则可以忽略。如 DAC12_0 和 DAC12_1 组合时,它将满足以下特点:

(1)DAC12_1 的 DAC12LSELx 位将为两个 DAC12 模块选择更新触发。

(2)DAC12_1 的 DAC12LSELx 必须大于零。

(3)DAC12_0 与 DAC12_1 的 DAC12ENC 必须置为 1。

如 DAC12_0 与 DAC12_1 已组合,它们的 DAC12_xDAT 寄存器必须在输出更新前写入数据,即使它们全部或其中之一数据没发生变化也是如此。在 DAC12_0 与 DAC12_1 组合情况下锁存器更新的时序如图 10-5 所示。

当 DAC12_0 的 DAC12GRP 为 1,两个 DAC 模块都满足 DAC12_x、DAC12LSELx 大于 0,且任一 DAC12ENC 等于 0 时,两个 DAC12 模块都不会更新数据。

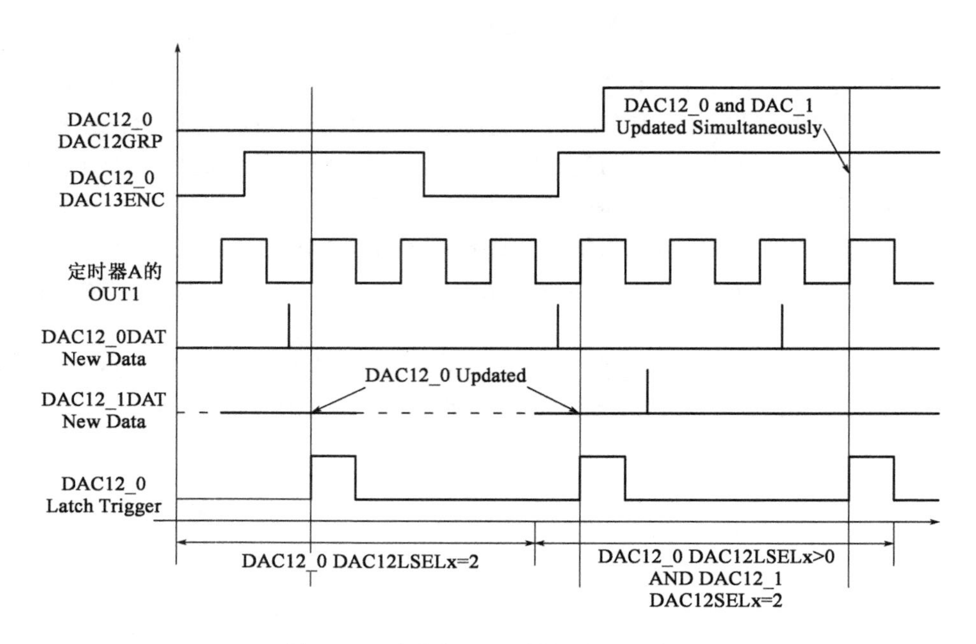

图 10-5　组合多个 DAC12 模块的更新时序图

10.2.8　DAC12 和 DMA 模块

具有 DMA 模块的 MSP430 系列产品能够通过 DMA 操作将 CPU 或者其他外围模块的数据信息传送到 DAC12_xDAT 寄存器中,从而实现快速转换。

需要产生周期性信号的典型应用可以通过 DMA 模块和 DAC12 模块结合实现。例如,要产生一个正弦波,可以用一个表来存储各正弦值,DMA 模块可以按照一定的频率连续不断地将这些正弦值传输到 DAC12 模块,经 DAC12 转换输出对应的正弦波形。这期间不需要 CPU 的任何操作。

DMA 控制器的传输数据速度要比 DAC12 处理数据的速度快,所以当使用 DMA 模块时,用户可以编程 DAC12 的稳定时间,避免 DMA 模块和 DAC12 操作不一致。

10.2.9　DAC12 中断

DAC12 与 DMA 模块共享中断向量,当中断发生时,需通过软件对 DAC12IFG(参见 DAC12_xCTL 寄存器)和 DMAIFG 标志位进行检查,以确定中断源。

当 DAC12LSELx 大于 0,且 DAC12 数据已经由 DAC12_xDAT 寄存器传送到数据锁存器中并锁存时,DAC12IFG 位被置位;如 DAC12LSELx 等于 0,则 DAC12IFG 不能被置位。

10.3　DAC12 寄存器

DAC 寄存器如表 10-2 所示。

DAC 寄 存 器 表 10-2

寄 存 器	缩 写	读 写 类 型	存 取 类 型	地 址 编 号	初 始 状 态
DAC12_0 控制寄存器 0	DAC12_0CTL0	读/写	字	00h	0000h
DAC12_0 控制寄存器 1	DAC12_0CTL1	读/写	字	02h	0000h
DAC12_0 数据寄存器	DAC12_0DAT	读/写	字	04h	0000h
DAC12_0 校准控制寄存器	DAC12_0CALCTL	读/写	字	06h	9601h
DAC12_0 校准数据寄存器	DAC12_0CALDAT	读/写	字	08h	0000h
DAC12_1 控制寄存器 0	DAC12_1CTL0	读/写	字	10h	0000h
DAC12_1 控制寄存器 1	DAC12_1CTL1	读/写	字	12h	0000h
DAC12_1 数据寄存器	DAC12_1DAT	读/写	字	14h	0000h
DAC12_1 校准控制寄存器	DAC12_1CALCTL	读/写	字	16h	0000h
DAC12_1 校准数据寄存器	DAC12_1CALDAT	读/写	字	18h	0000h
DAC12 中断向量寄存器	DAC12IV	读	字	1Eh	0000h

下面分别介绍 DAC12 的各个寄存器。

(1) DAC12_xCTL0

DAC12 控制寄存器 0,各位定义如下:

15	14	13	12	11	10	9	8
DAC12OPS	DAC12SREFx		DAC12RES	DAC12LSELx		DAC12CALON	DAC12IR
7	6	5	4	3	2	1	0
DAC12AMPx			DAC12DF	DAC12IE	DAC12IFG	DAC12ENC	DAC12GRP

其中,阴影部分在 DAC12ENC =0 时才能修改。

DAC12OPS Bit 15 DAC 输出选择位。

0:DAC12_x 通道在 Pm. y 输出。

1:DAC12_x 通道在 Pn. z 输出。

DAC12SREFx Bit 14 ~ 13 选择 DAC 参考电压。

00:V_{REF+}。

01:AV_{cc}。

10:V_{eREF+}。

11:V_{eREF+}。

DAC12RES Bit 12 选择 DAC12 分辨率。

0:12 位分辨率。

1:8 位分辨率。

DAC12LSELx Bit 11 ~ 10 选择 DAC12 锁存器触发条件。当 DAC12 锁存器得到触发之后,能够将锁存器中的数据传送到 DAC12 内核。除 DAC12LSELx =0 之外,只要 DAC 数据需要更新,DAC12ENC 必须置位。

		00:DAC12_xDAT 执行写操作(不考虑 DAC12ENC 的状态)。 01:单个 DAC12_xDAT 或被组合的所有 DAC12_xDAT 执行写操作。 10:Timer_A. OUT1 的上升沿(TA1)。 11:Timer_B. OUT2 的上升沿(TB2)。
DAC12CALON	Bit 9	DAC12 校验控制位,完成校验操作之后能够自动复位。 0:没有启动校验操作。 1:程序初始化校验操作。
DAC12IR	Bit 8	DAC 的输入电压范围。DAC12OG 位和 DAC12IR 位设置输入参考电压和输出电压范围,如下:

DAC12OG	DAC12IR	输 出 电 压
0	0	DAC 满程输出电压是参考电压的 3 倍
1	0	DAC 满程输出电压是参考电压的 2 倍
X	1	DAC 满程输出电压是参考电压的 1 倍

DAC12AMPx	Bit 7 ~ 5	DAC12 运算放大器设置位。选择 DAC12 输入和输出的稳定时间及电流消耗。稳定时间是 DAC12 模块的一个重要动态参数,当输入到 DAC 的数码发生变化时,模拟输出电压也要跟着变化,经过一定时间才能使新的模拟电压稳定下来,这段时间就是 DAC12 的稳定时间。一般来说,稳定时间是指输出电压稳定在所规定的误差范围内的时间。DAC12AMPx 的设置与输入/输出缓冲器的关系如下:

DAC12AMPx	输入缓冲器	输出缓冲器
000	关闭	DAC12 关闭,输出高阻
001	关闭	DAC12 关闭,输出 0V 电压
010	低速度/电流	低速度/电流
011	低速度/电流	中速度/电流
100	低速度/电流	高速度/电流
101	中速度/电流	中速度/电流
110	中速度/电流	高速度/电流
111	高速度/电流	高速度/电流

DAC12DF	Bit 4	DAC12 的数据格式。 0:二进制数。 1:2 的补码。

DAC12IE	Bit 3	DAC12 中断使能。 0:禁止中断。 1:允许中断。
DAC12IFG	Bit 2	DAC12 中断标志位。 0:没有中断请求。 1:有中断请求。
DAC12ENC	Bit 1	DAC12 转换使能控制位,当 DAC12LSELx = 0 时,该位失效;当 DAC12LSELx >0 时,该位使能 DAC12 模块。 0:DAC12 停止。 1:DAC12 使能。
DAC12GRP	Bit 0	DAC12 组合控制位,将多个 DAC12_x 组合起来。 0:没有组合。 1:组合。

(2)DAC12_xCTL1

DAC12 控制寄存器 1,各位的定义如下:

15	14	13	12	11	10	9	8
保留							
7	6	5	4	3	2	1	0
保留						DAC12OG	DAC12DFJ

DAC12OG	Bit 1	DAC 输出缓存器增益。 0:3 倍增益。 1:2 倍增益。
DAC12DFJ	Bit 0	DAC 数据格式对齐方式选择位。 0:数据格式右对齐。 1:数据格式左对齐。

(3)DAC12_xDAT

DAC12 数据寄存器,各位的定义如下:

15	14	13	12	11	10	9	8	7	6	5	4	3	2	1	0
保留															

DAC12 工作于 8 位模式,DAC12_xDAT 的最大值为 0FFh。DAC12 工作于 12 位模式,DAC12_xDAT 的最大值为 0FFFh。如果 DAC12_xDAT 值大于对应的最大值,则高出部分被忽略。DAC12 数据寄存器格式如下:

DAC12SREF	DAC12DF	DAC12DFJ	DAC12 数据格式
0	0	0	12 位二进制数据,右对齐,位 11 是最高位
0	0	1	12 位二进制数据,左对齐,位 15 是最高位
0	1	0	12 位 2 的补码数据,右对齐,位 11 是符号位
0	1	1	12 位 2 的补码数据,左对齐,位 15 是符号位
1	0	0	8 位二进制数据,右对齐,位 7 是最高位
1	0	1	8 位二进制数据,左对齐,位 15 是最高位
1	1	0	8 位 2 的补码数据,右对齐,位 7 是符号位
1	1	1	8 位 2 的补码数据,左对齐,位 15 是符号位

(4) DAC12_xCALCTL

DAC12 校准控制寄存器,各位的定义如下:

15	14	13	12	11	10	9	8
DAC12KEY							
7	6	5	4	3	2	1	0
保留							LOCK

DAC12KEY	Bit 15 ~ 8	DAC 校准锁定密码。读为 0x96,必须写入 0xA5 时才可以置位或清除 LOCK 位。不正确的密码使 LOCK 位置位,从而禁止写访问 DAC12_xCALDAT。
LOCK	Bit 0	DAC 校准锁。DAC12KEY 写入 0xA5,同时 LOCK 位置 0,才能够进行写访问 DAC12 校准寄存器。如果 LOCK 位置位,则禁止写入校准寄存器或进行硬件校准,并且之前所有的值保留在 DAC12_xCALDAT。 0:可以写校准寄存器,进行校准。 1:禁止写校准寄存器及校准。

(5) DAC12_xCALDAT

DAC12 校准数据寄存器,各位的定义如下:

15	14	13	12	11	10	9	8
保留							
7	6	5	4	3	2	1	0
DAC12 校准数据							

DAC12 校准数据	Bit 7 ~ 0	DAC12 校准数据,数据格式为 2 的补码形式,校准数据范围为 -128 ~ +127。

(6)DAC12IV

DAC12 中断向量寄存器,各位的定义如下:

15	14	13	12	11	10	9	8
DAC12IVx							
7	6	5	4	3	2	1	0
DAC12IVx							

DAC12IVx　　Bits 15 ~ 0　　DAC 中断向量的值,如下:

DAC12IVx	中　断　源	中 断 标 志	中断优先级
00h	无	—	
02h	DAC 通道 0	DAC12IFG_0	最高
04h	DAC 通道 1	DAC12IFG_1	
06h	保留	—	
08h	保留	—	
0Ah	保留	—	
0Ch	保留	—	
0Eh	保留	—	最低

10.4 “D/A 转换实验”(内置 DAC 模块)

实例 1:使用 DAC12 产生 1.0V 模拟电压。

要求:使用 DAC12_0 和内部 2.5V 参考电压,增益为 1,从 P6.7 输出 1.0V 电压,12 位分辨率。由 VOUT = VREF * DAC12_0DAT/4096,得 DAC12_0DAT = 0x666。

```
#include <msp430x24x.h>
/*************************** 主函数 *******************************/
void main(void)
{
  WDTCTL = WDTPW + WDTHOLD; //关闭看门狗
  ADC12CTL0 = REF2_5V + REFON;
  DAC12_0CTL = DAC12IR + DAC12AMP_5 + DAC12ENC;
  DAC12_0DAT = 0X0666;          //1V 电压
  _BIS_SR(LPM4_bits);
}
```

实例 2:使用 DAC12 输出正斜率电压。

要求:使用 DAC12_0 和内部 2.5V 参考电压,增益为 1,从 P6.7 输出一个正斜率电压,使用 WDT 每 0.064ms 产生依次中断来唤醒 CPU 和更新 DAC。

```
#include  < msp430x24x. h >
/ ************************* 主函数 ***************************** /
void main( void)
{
  WDTCTL  =  WDT_MDLY_0_064;   //关闭看门狗
  IE1 = WDTIE;
  ADC12CTL0 = REF2_5V + REFON; //内部 2.5V 参考电源
  DAC12_0CTL = DAC12IR + DAC12AMP_5 + DAC12ENC;
  for( ; ; )
  {
    _BIS_SR( LPM0_bits + GIE) ;      //进入低功耗模式 0,中断使能
    DAC12_0DAT + + ;
    DAC12_0DAT& = 0XFFF;
  }
}

#pragma vector = WDT_VECTOR
__interrupt void watchdog_timer( void)
{
  _BIC_SR_IRQ( LPM0_bits) ;          //退出低功耗模式 0
}
```

10.5 “DAC 实验”的 Proteus 设计与仿真(外置 DAC 模块)

(1)实验内容

利用 MSP430F249 芯片的 P4 管脚控制 DAC0832 芯片,P4 管脚输出的数字电压信号通过 DAC0832 芯片转换成模拟电压信号产生相应的波形。

(2)必备知识

D/A 转换器是一种能把数字量转换成模拟量的电子器件,其工作原理分为 T 形电阻网络、倒 T 形电阻网络、权电阻网络三种形式。

倒 T 形电阻网络 D/A 转换器的工作原理如图 10-6 所示。

①DAC 的主要性能指标

A. 分辨率,是指输入数字量的最低有效位(LSB)发生变化时,所对应的输出模拟量(电压或电流)的变化量。它反映了输出模拟量的最小变化值。分辨率与输入数字量的位数有确定

的关系,可以表示成 $FS/2^n$。FS 表示满量程输入值、n 为二进制位数。对于 5V 的满量程,采用 8 位的 D/A 时,分辨率为 5V/256 = 19.5mV;当采用 12 位的 D/A 时,分辨率则为 5V/4096 = 1.22mV。显然,位数越多分辨率就越高。

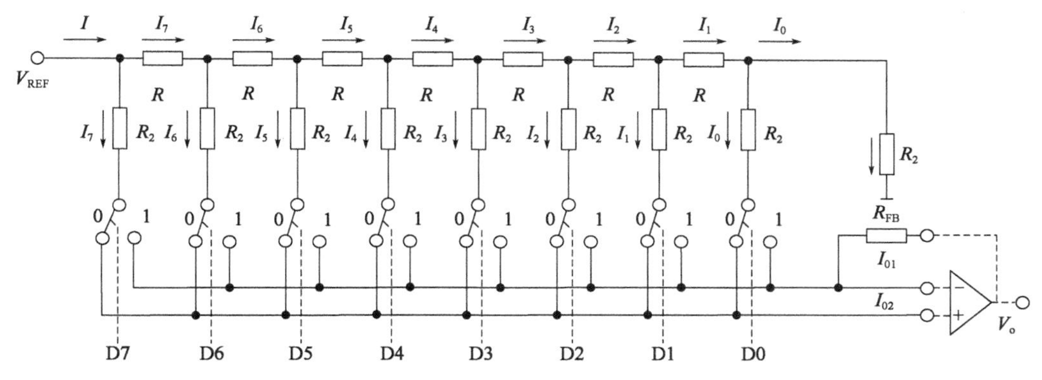

图 10-6 倒 T 形电阻网络 D/A 转换器工作原理图

B. 线性度(也称非线性误差),是实际转换特性曲线与理想特性直线之间的最大偏差,常以相对于满量程的百分数表示。如 ±1% 是指实际输出值与理论值之差在满刻度的 ±1% 以内。

C. 绝对精度(简称精度),是指在整个刻度范围内,任一输入数码所对应的模拟量实际输出值与理论值之间的最大误差。绝对精度是由 D/A 转换器的增益误差(当输入数码为全 1 时,实际输出值与理想输出值之差)、零点误差(输入数码为全 0 时,D/A 转换器的非零输出值)、非线性误差和噪声引起的。绝对精度(即最大误差)应小于 1LSB。

D. 建立时间,是指输入的数字量发生满刻度变化时,输出模拟信号达到满刻度的值 ±1/2LSB所需的时间。该指标是描述 D/A 转换速率的一个动态指标。电流输出型 D/A 转换器的建立时间短。电压输出型 D/A 转换器的建立时间主要取决于运算放大器的响应时间。根据建立时间的长短,可以将 D/A 转换器分成高速(<1μs)、中速(100 ~ 1μs)、低速(≥100μs)几档。

应当注意,精度和分辨率具有一定的联系,但概念不同。D/A 转换器的位数多时,分辨率会提高,对应于影响精度的量化误差会减小。但其他误差(如温度漂移、线性不良等)的影响仍会使 D/A 转换器的精度变差。

②典型的 D/A 转换器 DAC0832

DAC0832 芯片由 8 位输入寄存器、8 位 D/A 转换寄存器、8 位 D/A 转换及控制电路三部分组成,如图 10-7 所示。DAC0832 芯片具备双缓冲、单缓冲和直通三种输入方式,以便适用于各种需要,如要求多路 D/A 异步输入、同步转换等。D/A 转换结果采用电流形式输出,若需要相应的模拟电压信号,可通过一个高输入阻抗的线性运算放大器实现。运放的反馈电阻可通过 RFB 端引用片内固有电阻,也可外接。DAC0832 属于倒 T 形电阻网络 D/A 转换器,内部无运算放大器。

③DAC 的主要技术指标

A. 分辨率 8 位。

B. 电流建立时间 1μs。

C. 只需在满量程下调整其线性度。

D. 可单缓冲、双缓冲或直接数字输入。

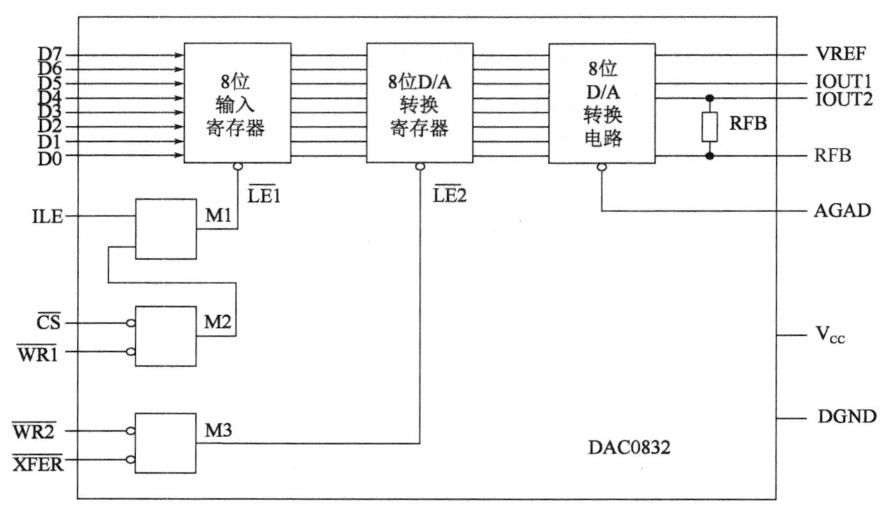

图 10-7　DAC0832 内部结构图

D0 ~ D7-数据输入线，TTL 电平；ILE-数据锁存允许控制信号输入线，高电平有效；$\overline{CS}$-片选信号输入线，低电平有效；$\overline{WR1}$-为输入寄存器的写选通信号，低电平有效；$\overline{XFER}$-数据传送控制信号输入线，低电平有效；IOUT1-电流输出线，当输入全为 1 时，IOUT1 最大；IOUT2-电流输出线，其值与 IOUT1 之和为一常数；RFB-反馈信号输入线，芯片内部有反馈电阻；V_{CC}-电源输入线（+5 ~ +15V）；VREF-基准电压输入线（-10 ~ +10V）；AGAD-模拟地，模拟信号和基准电源的参考地；DGND-数字地，两种地线在基准电源处共地较好。

E. 低功耗 20mW。

F. 单一电源 +5 ~ +15V。

（3）Proteus 仿真电路设计（二维码 10-1）

（4）程序设计

本实训程序设计框图如图 10-8 所示。

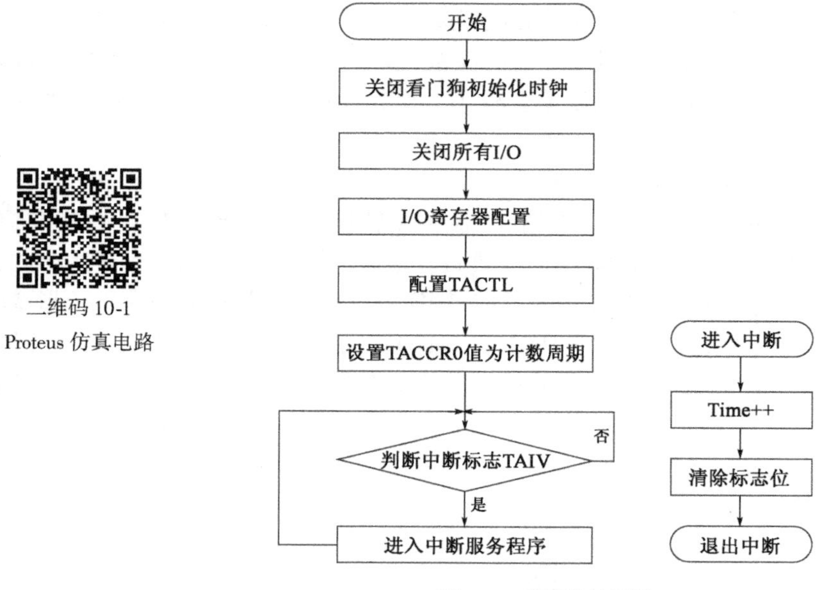

图 10-8　程序设计框图

程序代码

```
#include <msp430f249.h>
/************************添加如下宏定义************************/
#define CPU_F ((double)8000000)
#define delay_us(x) __delay_cycles((long)(CPU_F*(double)x/1000000.0))
#define delay_ms(x) __delay_cycles((long)(CPU_F*(double)x/1000.0))
#define uchar unsigned char
#define uint unsigned int
#define ulong unsigned long

void Clk_Init(void);
void Close_IO(void);                          //关闭所有的I/O口

void Clk_Init()                               //时钟初始化函数
{
  unsigned char i;
  BCSCTL1&=~XT2OFF;                           //打开XT振荡器
  BCSCTL2|=SELM_2+SELS;                       //MCLK 8M and SMCLK 8M
  do
  {
    IFG1 &= ~OFIFG;                           //清除振荡错误标志
    for(i = 0; i < 0xff; i++)  _NOP();        //延时等待
  }
  while ((IFG1 & OFIFG) != 0);                //如果标志为1继续循环等待
  IFG1&=~OFIFG;
}

void Close_IO()                               //关闭所有的I/O口
{
  P1DIR = 0XFF;P1OUT = 0XFF;
  P2DIR = 0XFF;P2OUT = 0XFF;
  P3DIR = 0XFF;P3OUT = 0XFF;
  P4DIR = 0XFF;P4OUT = 0XFF;
  P5DIR = 0XFF;P5OUT = 0XFF;
  P6DIR = 0XFF;P6OUT = 0XFF;
}

void sawtooth(void)                           //锯齿波函数
{
  char i=0;
  P4OUT = i++;                                //i的值从0~255,不断循环
  delay_us(390);                              //微秒的延时
```

```
}

void triangular( void)                          //三角波函数
{
   char i;
   for( i =0;i <255;i + + )
   {
      P4OUT  =  i;                              //i 的值从 0 ~255
      delay_us(195);                            //微秒的延时
   }
    for( i =255;i >0;i - - )
   {
      P4OUT  =  i;                              //i 的值从 0 ~255
      delay_us(195);                            //微秒的延时
   }
}

void square( void)                              //方波函数
{
   P4OUT  =  51;
   delay_ms(50);                                //毫秒的延时
   P4OUT  =  255;
   delay_ms(50);                                //毫秒的延时
}

void main( void)
{
   WDTCTL  =  WDTPW  +  WDTHOLD;                //关闭看门狗
   Clk_Init( );                                 //调用时钟初始化函数
   Close_IO( );
   P4DIR  =  0xFF;
   while(1)
   {
      sawtooth( );
   }
}
```

二维码 10-2
示波器显示锯齿波

(5)仿真结果

通过子程序调用,分别仿真运行后在示波器上可以看到锯齿波、三角波和方波三种波形图案,如二维码 10-2 所示。

第 11 章

MSP430 单片机虚拟仿真综合实训

本章对前几章的基础内容进行进一步的扩展，设计并完成 10 个较为综合的应用实训，实训中给出 Proteus 硬件电路图、IAR EW430 程序设计等内容，通过 Proteus 平台进行仿真与调试。目的在于对基础知识进一步的巩固与加深，从而提高读者对 MSP430 单片机的综合设计、调试及应用能力。

11.1　电子秒表的设计与仿真

本例采用 MSP430 单片机作为控制核心，搭配合理的外围电路，设计一款电子秒表。读者可根据范例进行学习，在 Proteus 仿真平台上多加练习，以设计出功能多样的电子秒表。

11.1.1　电子秒表电路设计

本例的硬件电路主要包括以下几部分：主控电路、LED 显示电路、译码器。主要器件选型如表 11-1 所示，电路原理见二维码 11-1。

主控电路主要包括单片机和按键电路，单片机选用 MSP430F249，为节省 I/O 端口线，按键采用矩阵式键盘（也称为行列式键盘）。按键采用 3 × 3 矩阵式键盘电路，包括“开始/继续”“暂停”“重置”“停止”等功能键。将第一行每个按键的一端连接在一起构成行线，将第一列每个按键的另一端

二维码 11-1
电子秒表电路原理图

连接在一起构成列线，这样便有了3行3列共6根线，将这6根线连接到单片机的8个I/O端口上，即可通过程序扫描键盘检测到哪个键闭合。在检测是否有键闭合时，先使3条行线全部输出低电平，然后读取3条列线的状态，如果全部为高电平则表示没有任何键闭合，如果有任一键闭合，由于列线上拉至 V_{CC}，则行线上读到的将是一个非全“1”的值。

电子秒表主要元器件选型 表11-1

元器件类型	型　号	作　用
单片机	MSP430F249	主控芯片
LCD	7SEG - MPX8 - CC - BLUE	显示
译码器	74LS138	译码

LED显示电路采用7SEG-MPX8-CC-BLUE液晶显示模块，是8位7段码数码管，左面8个引脚分别是a、b、c、d、e、f、g、dp，右面是8个数码管的位选端。该显示器是8个共阴二极管显示器，1、2、3、4、5、6、7、8是阴公共端。

译码器采用74LS138译码器，其为3线－8线译码器。其工作原理为：当一个选通端(E1)为高电平，另两个选通端为低电平时，可将地址端(A0、A1、A2)的二进制编码在Y0～Y7对应的输出端以低电平译出；利用E1、E2和E3可级联扩展成24线译码器；若外接一个反相器还可级联扩展成32线译码器；若将选通端中的一个作为数据输入端时，74LS138还可作数据分配器。

11.1.2　电子秒表程序设计

本例程序包含一个主程序和时钟初始化、I/O口初始化、键盘函数、数码管所用管脚初始化、键盘所用管脚初始化、数码管片选、数码管显示及设置、中断服务函数多个子程序。可实现如下功能：

(1)上电后，数码管屏无显示，等待下一步操作。

(2)用户每按一次按键都会有相应的指示操作，确保按键正常触发。

用户若按开始/继续键，由0开始LED显示计时；若需暂停计时可以按暂停键，计时保持，不再改变；若需由上次计时点继续计时，可按开始/继续键；若需重新计时可按重置键，将由0重新开始计时；若不再使用计时器，可以按停止键清除并停止计时。

主程序清单和相应注释如下：

```
#include <msp430f249.h>
/ ********** dealy_ms(x)宏定义 ********** /
#define CPU_F ((double)8000000)
#define delay_us(x) __delay_cycles((long)(CPU_F * (double)x/1000000.0))
#define delay_ms(x) __delay_cycles((long)(CPU_F * (double)x/1000.0))
/ ********** 变量声明 ********** /
#define uchar unsigned char
#define uint unsigned int
#define ulong unsigned long
long int m =0,q =0,i =0,j =0,k =0,l =0,n =0,f =0,h =0,key =0;              //函数变量申明
```

```
int time = 0;                                                    //统计中断次数
uchar NUM[12] = {0Xc0,0Xf9,0Xa4,0Xb0,0X99,0X92,0X82,0Xf8,0X80,0X90,0X88,0xe1};
                                                                 //数码管数字显示 0 ~ 9,
                                                                   16 进制
uchar NUM1[16] = {0x3f,0x06,0x5b,0x4f,0x66,0x6d,0x7d,0x07,0x7f,0x6f,0x77,0x7c,0x39,0x5e,0x79,
0x71};                                                           //共阴

/ ********** 函数声明 ********** /
void Close_IO();
void LED_INIT(void);
void LED_SEL(uint x);
void Dis0123456(void);
void Clk_Init();
void KEY_INIT();
uchar GetKey();
/ ********** 主函数 ********** /
int main(void)
{
      WDTCTL  =  WDTPW  +  WDTHOLD;                              //关闭看门狗
      Clk_Init();                                                //时钟初始化
      Close_IO();                                                //IO 口初始化
      LED_INIT();                                                //LED 端口初始化
KEY_INIT();                                                      //按键端口初始化
TACTL = TASSEL1 + ID0 + ID1 + TACLR + TAIE;                       //计数时钟源为系统时
                                                                   钟,8 分频,允许定时
                                                                   器溢出中断
TACTL| = MC0;                                                    //增计数模式
TACCR0 = 1000;                                                   //计数周期为 1000
if(key = =2)_EINT();                                             //开启总中断
      while (1)
      {
      key = GetKey();                                            //返回按键值
      Dis0123456();                                              //数码管显示
      delay_ms(1);
      if(time > =4000)
            {
                  m + +;time =0;
            }
}
}
/ ********** 时钟初始化 ********** /
void Clk_Init()
{
```

```
        unsigned char i;
        BCSCTL1& = ~XT2OFF;                                    //打开 XT 振荡器
        BCSCTL2| = SELM_2 + SELS;                              //MCLK 8M and SMCLK 8M

        do
            {
            IFG1 &= ~OFIFG;                                    //清除振荡错误标志
            for (i=0; i<0xff; i++)
                _NOP();                                        //延时等待
                }
        }
        while ((IFG1 & OFIFG) != 0);                           //如果标志为 1 继续循环
                                                                 等待
        IFG1 &= ~OFIFG;
}
/********** I/O 口初始化 **********/
void Close_IO()
{
        P1DIR = 0XFF;                                          //定义 I/O 口为输出模式
                                                                 高电平
        P1OUT = 0XFF;
        P2DIR = 0XFF;
        P2OUT = 0XFF;
        P3DIR = 0XFF;
        P3OUT = 0XFF;
        P4DIR = 0XFF;
        P4OUT = 0XFF;
        P5DIR = 0XFF;
        P5OUT = 0XFF;
        P6DIR = 0XFF;
        P6OUT = 0XFF;
}
/********** 键盘函数 **********/
uchar GetKey()
{
    P4OUT& = ~(BIT0 + BIT1 + BIT3);                            //列输出
    if ((P4IN&BIT6) ==0||(P4IN&BIT7 ) ==0||(P6IN&BIT7) ==0)    //扫描行,如果有一行输入
                                                                 为0程序往下执行
      {
        delay_ms(5);                                           //按键消抖
        if  ((P4IN&BIT6) ==0||(P4IN&BIT7) ==0||(P6IN&BIT7) ==0) //再次确认
    {
            P4OUT& = ~BIT0;P4OUT| = BIT1 + BIT3;              //第一列置零,二三列置一
```

```
            if((P4IN&BIT7) = =0){while((P4IN&BIT7) = =0);return 4;}   //扫描第一行
            if((P4IN&BIT6) = =0){while((P4IN&BIT6) = =0);return 1 ;}  //扫描第一行
            if((P6IN&BIT7) = =0){while((P6IN&BIT7) = =0);return 7;}   //扫描第三行
            P4OUT&= ~BIT1;P4OUT| =BIT0+BIT3;
            if((P4IN&BIT7) = =0){while((P4IN&BIT7) = =0);return 5;}
            if((P4IN&BIT6) = =0){while((P4IN&BIT6) = =0);return 2;}
            if((P6IN&BIT7) = =0){while((P6IN&BIT7) = =0);return 8;}
            P4OUT&= ~BIT3;P4OUT| =BIT0+BIT1;
            if((P4IN&BIT7) = =0){while((P4IN&BIT7) = =0);return 6;}
            if((P4IN&BIT6) = =0){while((P4IN&BIT6) = =0);return 3;}
            if((P6IN&BIT7) = =0){while((P6IN&BIT7) = =0);return 9;}
    }
    }
  return 0;
}
  /**********数码管所用管脚初始化**********/
  void LED_INIT()
  {
      P2SEL =0X00;
      P2DIR =0XFF;
      P5DIR =BIT0+BIT5+BIT4;
      P2OUT =0XFF;
      P5OUT| =BIT0+BIT5+BIT4;
  }
  /**********键盘所用管脚初始化**********/
  void KEY_INIT()
  {
     P4DIR| =BIT0+BIT1+BIT3;
     P4DIR&= ~(BIT6+BIT7);
     P4SEL&= ~(BIT0+BIT1+BIT3+BIT6+BIT7);
     P6DIR&= ~(BIT7);
     P6SEL&= ~(BIT7);
     P5DIR| =BIT1+BIT2+BIT3;
     P5OUT| =BIT1+BIT2+BIT3;
  }
  /**********数码管片选**********/
  void LED_SEL(uint x)
  {
     switch(x)
      {
        case1:P5OUT&= ~(BIT0+BIT5);P5OUT| =BIT4;P2OUT=NUM1[q];break;//054 001 数码管 1
        case2:P5OUT&= ~(BIT0+BIT4);P5OUT| =BIT5;P2OUT=NUM1[f];break;//054 010 数码管 2
        case3:P5OUT&= ~BIT0;P5OUT| =BIT4+BIT5;P2OUT=NUM1[j];break;//054 011 数码管 3
```

```
        case4:P5OUT& = ~(BIT5 + BIT4);P5OUT| = BIT0;P2OUT = NUM1[k];break;//054 100 数码管 4
        case5:P5OUT& = ~BIT5;P5OUT| = BIT4 + BIT0;P2OUT = NUM1[l];break;//054 101 数码管 5
        case6:P5OUT& = ~BIT4;P5OUT| = BIT5 + BIT0;P2OUT = NUM1[n];break;//054 110 数码管 6
    }
}
/********** 数码管显示及设置 **********/
void Dis0123456()
{
  for(i = 1;i< = 6;i+ +)
  {
    if(key = = 0)
      {
        h = m;
        q = (h/3600)/10;
        f = (h/3600)%10;                                    //进制计算
        h = (h - (q * 10 + f) * 3600);
        j = ((h/60)/10);
        k = (h/60)%10;
        h = (h - (j * 10 + k) * 60);
        l = h/10;
        n = h%10;
      }
    else if(key = = 1)
      {
      q = 0;f = 0;j = 0;k = 0;l = 0;n = 0;m = 0;delay_ms(1);
      }
    LED_SEL(i);
  }
}
/********** 中断服务函数 **********/
#pragma vector = TIMERA1_VECTOR
__interrupt void Timer_A(void)
{
switch(TAIV)
  {
    case 2:break;
    case 4:break;
    case 10:time+ +;break;
  }
}
```

电子秒表主程序流程图如图 11-1 所示。

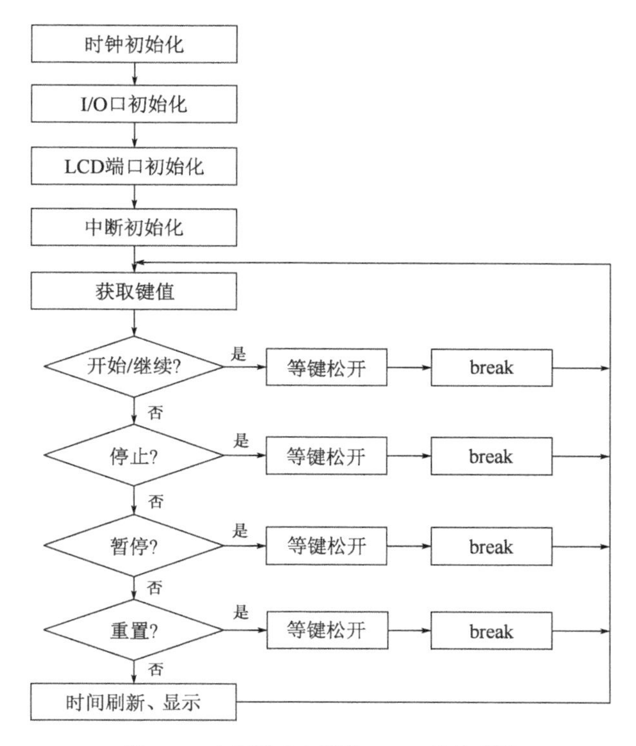

图 11-1 电子秒表主程序 Main. c 的流程图

11.1.3 电子秒表调试与仿真

二维码 11-2
电子秒表 Proteus
仿真示意图

在 Proteus 仿真平台下,将上述程序编译生成的目标代码加载至单片机,单击运行,单击“开始/继续”键,仿真结果见二维码 11-2,LED 可以显示计时情况。单击“暂停”键,计时保持,不再改变;单击“重置”键,显示数值将由 0 重新开始计时;单击“停止”键,电子秒表清零计时停止。

11.2 电子钟设计与仿真

本例中采用 MSP430 单片机作为控制核心,设计了一个简易电子钟系统,完成了时间的设定、修改和显示等功能。该电子钟使用 6 个共阴极 7 段数码管,分别显示时、分、秒,其显示方式为: × ×时 × ×分 × ×秒,具体时间可以通过按键进行设定。

二维码 11-3
电子钟电路原理图

11.2.1 电子钟电路设计

本例的硬件电路主要包括以下几个部分:主控电路、数码管显示电路、译码器电路等。主要器件选型如表 11-2 所示、电路原理图见二维码 11-3。

主控电路主要包括 MSP430 单片机和按键电路,MSP430 单片机自带的大容量存储器可满足本例设计要求。按键采用 3 ×3 矩阵式键盘电路,矩阵键盘 P1 、P2、L1 、L2 分别接单片机的 P4. 0、P4. 1、P4. 6、P4. 7 引脚,即可实现时钟时、分、秒的设定。

电子钟主要元器件选型　　表11-2

元器件类型	型　号	作　用
单片机	MSP430F249	主控芯片
数码管	7SEG-MPX8-CC-BLUE	显示

数码管显示电路采用8位7段共阴极蓝色数码管7SEG-MPX8-CC-BLUE,使用了其中间的6段数码,用于显示初始或调整后的时间,以时、分、秒的形式进行显示。模块接口简单,数码管的选通信号线接74LS138译码器的输出,数码管的段码端接MSP430单片机的P2.0～P2.7引脚。

译码器电路主要为扩充单片机接口数量,利用少量单片机I/O口产生较多的I/O输出端口,然后和外围器件相连,译码器选通信号线A、B、C分别接单片机的P5.4、P5.5、P5.0引脚。

11.2.2　电子钟程序设计

本例的程序设计主程序主要包括主函数、键盘扫描函数、管脚初始化函数、数码管片选函数、数码管显示及设置函数等,可实现如下功能:

(1)启动后,电子钟开始运行,等待时间设置操作,数码管左侧2、3显示小时数,中间4、5显示分钟数,右侧2、3显示秒数。

(2)用户点击"小时加1""小时减1"按键进行小时的设置,点击"分钟加1""分钟减1"按键进行分钟的设置,点击"秒加1""秒减1"按键进行秒的设置。

(3)时间设定完毕,系统按照满60s,分钟数加1;满60min,小时数加1;小时数为24h计时。

主程序清单和相应注释如下:

```
#include <msp430f249.h>
/*************** dealy_ms(x)宏定义 ******************/
#define CPU_F ((double)8000000)
#define delay_us(x) __delay_cycles((long)(CPU_F*(double)x/1000000.0))
#define delay_ms(x) __delay_cycles((long)(CPU_F*(double)x/1000.0))

/********** 变量声明 **********/
#define uchar unsigned char
#define uint unsigned int
#define ulong unsigned long
long int m=0,q=0,i=0,j=0,k=0,l=0,n=0,f=0,h=0,key=0;          //函数变量申明
int time=0;                                                  //统计中断次数
uchar NUM[12]={0Xc0,0Xf9,0Xa4,0Xb0,0X99,0X92,0X82,0Xf8,0X80,0X90,0X88,0xe1};
                                                             //数码管数字显示0～
                                                               9,16进制
uchar NUM1[16]={0x3f,0x06,0x5b,0x4f,0x66,0x6d,0x7d,0x07,0x7f,0x6f,0x77,0x7c,0x39,0x5e,0x79,
0x71};                                                       //共阴

/********** 函数声明 **********/
void Close_IO();
```

```
void LED_INIT(void);
void LED_SEL(uint x);
void Dis0123456(void);
void Clk_Init();
void KEY_INIT();
uchar GetKey();

/********** 主函数 **********/
int main(void)
{
  WDTCTL = WDTPW + WDTHOLD;                        //关闭看门狗
  Clk_Init();                                      //时钟初始化
  Close_IO();                                      //I/O 口初始化
  LED_INIT();                                      //LED 端口初始化
  KEY_INIT();                                      //按键端口初始化
  TACTL = TASSEL1 + ID0 + ID1 + TACLR + TAIE;      //计数时钟源为系统
                                                     时钟,8 分频,允许
                                                     定时器溢出中断
  TACTL| = MC0;                                    //增计数模式
  TACCR0 = 1000;                                   //计数周期为 1000
  _EINT();                                         //开启总中断
  while (1)
  {
    key = GetKey();                                //返回按键值
    Dis0123456();                                  //数码管显示
    delay_ms(1);
    if(time > =3000)
    {
      m + +;time = 0;
    }
  }
}

/********** 时钟初始化 **********/
void Clk_Init()
{
  unsigned char i;
  BCSCTL1& = ~XT2OFF;                              //打开 XT 振荡器
  BCSCTL2| = SELM_2 + SELS;                        //MCLK 8M and SMCLK
                                                     8M

  do
  {
  IFG1 & =  ~OFIFG;                                //清除振荡错误标志
```

```
    for (i=0; i<0xff; i++)
        _NOP();                                              //延时等待
    }
    while ((IFG1 & OFIFG) != 0);                             //如果标志为1继续
                                                               循环等待
    IFG1 &= ~OFIFG;
}

/********** IO口初始化 **********/
void Close_IO()
{
    P1DIR = 0XFF;                                            //定义IO口为输出模
                                                              式高电平
    P1OUT = 0XFF;
    P2DIR = 0XFF;
    P2OUT = 0XFF;
    P3DIR = 0XFF;
    P3OUT = 0XFF;
    P4DIR = 0XFF;
    P4OUT = 0XFF;
    P5DIR = 0XFF;
    P5OUT = 0XFF;
    P6DIR = 0XFF;
    P6OUT = 0XFF;
}

/********** 键盘函数 **********/
uchar GetKey()
{
P4OUT&= ~(BIT0+BIT1+BIT3);                                   //列输出
if ((P4IN&BIT6)==0||(P4IN&BIT7 )==0||(P6IN&BIT7)==0)         //扫描行,如果有一行输
                                                              入为0程序往下执行
{
delay_ms(5);                                                 //按键消抖
if ((P4IN&BIT6)==0||(P4IN&BIT7)==0||(P6IN&BIT7)==0)          //再次确认
{
P4OUT&= ~BIT0;P4OUT|=BIT1+BIT3;                              //第一列置零,二三列
                                                              置一
if((P4IN&BIT7)==0){while((P4IN&BIT7)==0);return 4;}          //扫描第一行
if((P4IN&BIT6)==0){while((P4IN&BIT6)==0);return 1 ;}         //扫描第一行
if((P6IN&BIT7)==0){while((P6IN&BIT7)==0);return 7;}          //扫描第三行

P4OUT&= ~BIT1;P4OUT|=BIT0+BIT3;
```

```
if((P4IN&BIT7) = =0){while((P4IN&BIT7) = =0);return 5;}
if((P4IN&BIT6) = =0){while((P4IN&BIT6) = =0);return 2;}
if((P6IN&BIT7) = =0){while((P6IN&BIT7) = =0);return 8;}

P4OUT& = ~BIT3;P4OUT| = BIT0 + BIT1;
if((P4IN&BIT7) = =0){while((P4IN&BIT7) = =0);return 6;}
if((P4IN&BIT6) = =0){while((P4IN&BIT6) = =0);return 3;}
if((P6IN&BIT7) = =0){while((P6IN&BIT7) = =0);return 9;}
}}
return 0;
}

/**********数码管所用管脚初始化**********/
void LED_INIT()
{
  P2SEL = 0X00;
  P2DIR = 0XFF;
  P5DIR = BIT0 + BIT5 + BIT4;
  P2OUT = 0XFF;
  P5OUT| = BIT0 + BIT5 + BIT4;
}

/**********键盘所用管脚初始化**********/
void KEY_INIT()
{
  P4DIR| = BIT0 + BIT1 + BIT3;
  P4DIR& = ~(BIT6 + BIT7);
  P4SEL& = ~(BIT0 + BIT1 + BIT3 + BIT6 + BIT7);
  P6DIR& = ~(BIT7);
  P6SEL& = ~(BIT7);
  P5DIR| = BIT1 + BIT2 + BIT3;
  P5OUT| = BIT1 + BIT2 + BIT3;
}

/**********数码管片选函数**********/
void LED_SEL(uint x)
{
  switch(x)
  {
   case 1:P5OUT& = ~(BIT0 + BIT5);P5OUT| = BIT4;P2OUT = NUM1[q];break;//数码管1
   case 2:P5OUT& = ~(BIT0 + BIT4);P5OUT| = BIT5;P2OUT = NUM1[f];break; //数码管2
   case 3:P5OUT& = ~BIT0;P5OUT| = BIT4 + BIT5;P2OUT = NUM1[j];break;    //数码管3
   case 4:P5OUT& = ~(BIT5 + BIT4);P5OUT| = BIT0;P2OUT = NUM1[k];break;//数码管4
```

```
        case 5:P5OUT& = ~BIT5;P5OUT| = BIT4 + BIT0;P2OUT = NUM1[l];break;     //数码管5
        case 6:P5OUT& = ~BIT4;P5OUT| = BIT5 + BIT0;P2OUT = NUM1[n];break;     //数码管6
      }
    }

    /**********数码管显示及设置函数**********/
    void Dis0123456()
    {
    for(i =1;i< =6;i+ +)
    {
      uint x;
      x = GetKey();                                                         //返回键值
      if(x = =1) m = (m +3600);                                             //若为1,小时加一
      if(x = =2) m = (m +60);                                               //若为2,分钟加一
      if(x = =3) m = (m +1);                                                //若为3,秒钟加一
      if(x = =4) m = (m -3600);
      if(x = =5) m = (m -60);
      if(x = =6) m = (m -1);
      if(x = =9)
      P5OUT& = ~(BIT0 + BIT5 + BIT4);
      h = m;
      q = (h/3600)/10;f = (h/3600)%10;                                      //进制计算
      h = (h -(q * 10 +f) * 3600);
      j = ((h/60)/10);
      k = (h/60)%10;
      h = (h -(j * 10 +k) * 60);
      l = h/10;
      n = h%10;
      if((q = =2)&&(f = =4))
      {
       q =0;f =0;j =0;k =0;l =0;n =0;m =0;
      }
      LED_SEL(i);
    }
    }

    /**********中断服务函数**********/
    #pragma vector = TIMERA1_VECTOR
    __interrupt void Timer_A(void)
    {
  switch(TAIV)
    {
      case 2:break;
```

```
        case 4:break;
        case 10:time++;break;
    }
        }
```

11.2.3 电子钟调试与仿真

在 Proteus 中将上述程序编译生成的. hex 目标代码加载至 MSP430 单片机中,点击运行按钮,仿真效果图见二维码 11-4。

二维码 11-4
电子钟仿真效果图

点击运行按钮时,数码管从 00 00 00 开始运行,点击"小时加 1"按键,小时数从 00 开始递增,直到预设定的小时数,点击"小时减 1"按键,小时数相应的以 1 进行递减。同理,分钟数、秒数也可以进行相应的设置与显示。

11.3 多功能电子锁设计与仿真

本例采用 MSP430 单片机作为控制核心,配以相应外围硬件电路,完成密码的输入、修改、退格、存储和显示等功能。单片机接收键入的密码,并与程序设定密码进行比较,如果密码正确,则提示成功;如果密码不正确,则允许重新输入密码,密码错误时有声光报警提示。允许密码输入有误,可选择进行退格操作。可以选择显示输入密码和不显示输入密码两种显示模式。

二维码 11-5
多功能电子锁电路原理图

11.3.1 多功能电子锁电路设计

本例的硬件电路主要包括以下几个部分:主控电路、LCD 显示电路、报警电路等。主要器件选型如表 11-3 所示、电路原理图见二维码 11-5。

多功能电子锁主要元器件选型 表 11-3

元器件类型	型　　号	作　　用
单片机	MSP430F249	主控芯片
LCD	LM016L	显示
喇叭	SOUNDER	报警
LED	LED-YELLOW	提示、报警

主控电路主要包括单片机和按键电路,单片机选用 16 位超低功耗的 MSP430 单片机,其自带的大容量存储器可满足本例设计要求。按键采用 4×4 矩阵式键盘电路,包括多种功能键,分别接单片机的 P1.0 ~ P1.7 引脚,即可实现密码锁密码的输入、调整、设定及显示功能。

LCD 显示电路采用 16×2 字母数据混合 LCD 模块 LM016L,显示电子锁密码输入、修改、提示的整个过程。模块接口简单,数据总线接 MSP430 单片机的 P5 端口,数据/指令信号选择线 RS 接 MSP430,读/写选择线 RW 接 MSP430 单片机的 P4.1 引脚,读写使能线 E 接 MSP430

单片机的 P4.2 引脚。

报警电路主要为声光报警提示,包含每次有效操作后的灯光提示,密码输入错误后的声光同时提示,主要接 MSP430 单片机的 P6.0、P6.1、P6.2 引脚,当输入高电平时报警电路导通,喇叭响起、LED 灯闪烁。

11.3.2 多功能电子锁程序设计

本例的程序设计主程序主要包括主函数、键盘扫描函数、中断函数、延时函数、LCD 初始化函数、LCD 写数据函数、LCD 写指令函数、LCD 写字符串函数、LCD 清屏函数等,可实现如下功能:

(1)上电后,进入启动界面,等待下一步操作。

(2)用户每按一次按键都会有相应的指示操作,确保按键正常触发。

用户若按"输入密码"键,输入正确的密码可进入系统;若有错误可以按"重新输入密码"键,重新输入正确密码;若输入过程中有错误,可以按"退格"键清除并继续输入;若要修改密码,按"修改密码"键,键入要修改的密码,新密码保存成功,下次输入修改后的密码方可进入系统;输入密码时用户可根据需要选择"显示密码"和"不显示密码"两种模式。

(3)当密码输入完毕后有错误时,LCD 屏提示错误,LED 灯、喇叭每间隔 0.5s 会闪烁、鸣响。

主程序清单和相应注释如下:

```
#include" msp430f249. h"
#include " key. h"
#define CPU_F ( (double)8000000)
#define delay_us(x) __delay_cycles( (long) (CPU_F * (double)x/1000000.0) )
#define delay_ms(x) __delay_cycles( (long) (CPU_F * (double)x/1000.0) )
#define RS0 P4OUT &= ~BIT0
#define RS1 P4OUT |= BIT0
#define RW0 P4OUT &= ~BIT1
#define RW1 P4OUT |= BIT1
#define EN0 P4OUT &= ~BIT2
#define EN1 P4OUT |= BIT2
int k =0,key_flag =0,psw_i =0,reset_key =0,reset_flag =0;
char password[4] = {0};
char right_password[] = {1,1,1,1};
void GetKey_1();

void LCD_write_com(unsigned char com)                    //LCD 屏写命令
{
  RS0;
  RW0;
  EN0;
  P5OUT = com;
```

```
    delay_ms(5);
    EN1;
    delay_ms(5);
    EN0;
}

void LCD_write_data(unsigned char data)                          //LCD 屏写数据
{
    RS1;
    RW0;
    EN0;
    P5OUT = data;
    delay_ms(5);
    EN1;
    delay_ms(5);
    EN0;
}

void LCD_clear(void)                                             //LCD 屏清屏
{
    LCD_write_com(0x01);
    delay_ms(5);
}

void LCD_write_str(unsigned char x,unsigned char y,unsigned char *s) //LCD 屏清屏,并写字符串
{
    if (y == 0)
    {
    LCD_write_com(0x80 + x);
    }
    else
    {
    LCD_write_com(0xC0 + x);
    }
    while ( *s)
    {
    LCD_write_data( *s);
    s ++;
    }
}

void LCD_init(void)                                              //LCD 屏初始化
{
```

```
    EN0;
    delay_ms(5);
    LCD_write_com(0x38); delay_ms(5);
    LCD_write_com(0x0f); delay_ms(5);
    LCD_write_com(0x06); delay_ms(5);
    LCD_write_com(0x01); delay_ms(5);
}

void main(void)                                          //主函数
{
    WDTCTL = WDTHOLD + WDTPW;
    P1DIR = 0x0f;
    P1OUT| = 0X0F;
    P1OUT& = ~(BIT0 + BIT1 + BIT2 + BIT3);
    P1IE | = BIT4 + BIT5 + BIT6 + BIT7;                  //P1.5 和 P1.4 中断允许
    P1IES| = (BIT4 + BIT5 + BIT6 + BIT7);                //P1.5 和 P1.4 下降沿触发
    P1IFG & = ~(BIT4 + BIT5 + BIT6 + BIT7);              //P1.5 和 P1.4 中断标志清除
    P6DIR| = BIT0 + BIT1 + BIT2;
    P6OUT& = ~(BIT0 + BIT1 + BIT2);
    P5SEL = 0x00;
    P5DIR = 0xFF;
    P5SEL = 0x00;
    P4DIR| = BIT0 + BIT1 + BIT2;
    delay_ms(100);
    LCD_init();
    LCD_clear();
    LCD_write_str(0,0,"welcome!!!");
    _EINT();
    while(1){
    }
}

void GetKey_1()                                          //矩阵键盘扫描
{
    P1OUT& = ~(BIT0 + BIT1 + BIT2 + BIT3);               //列输出
    if((P1IN&BIT4) = =0||(P1IN&BIT5) = =0||(P1IN&BIT6) = =0||(P1IN&BIT7) = =0)
                                                         //扫描行,如果有一行输入为0程
                                                           序往下执行
    {
      delay_ms(1);                                       //按键消抖
      if((P1IN&BIT4) = =0||(P1IN&BIT5) = =0||(P1IN&BIT6) = =0||(P1IN&BIT7) = =0)
                                                         //再次确认
      {
```

```
        delay_ms(1);
        P1OUT&=~BIT0;P1OUT|=BIT1+BIT2+BIT3;                        //第一列置零,二三列置一
        if((P1IN&BIT4)==0){k=0;}                                   //扫描第一行
        if((P1IN&BIT5)==0){k=4;}                                   //扫描第二行
        if((P1IN&BIT6)==0){k=8;}                                   //扫描第三行
        if((P1IN&BIT7)==0){k=12;}

        P1OUT&=~BIT1;P1OUT|=BIT0+BIT2+BIT3;                        //第二列置零,一三列置一
        if((P1IN&BIT4)==0){while((P1IN&BIT4)==0);k=1;}             //扫描第一行
        if((P1IN&BIT5)==0){while((P1IN&BIT5)==0);k=5;}             //扫描第二行
        if((P1IN&BIT6)==0){while((P1IN&BIT6)==0);k=9;}             //扫描第三行
        if((P1IN&BIT7)==0){while((P1IN&BIT7)==0);k=13;}

        P1OUT&=~BIT2;P1OUT|=BIT1+BIT0+BIT3;                        //第三列置零,一二列置一
        if((P1IN&BIT4)==0){while((P1IN&BIT4)==0);k=2;}             //扫描第一行
        if((P1IN&BIT5)==0){while((P1IN&BIT5)==0);k=6;}             //扫描第二行
        if((P1IN&BIT6)==0){while((P1IN&BIT6)==0);k=10;}            //扫描第三行
        if((P1IN&BIT7)==0){while((P1IN&BIT7)==0);k=14;}

        P1OUT&=~BIT3;P1OUT|=BIT1+BIT2+BIT0;
        if((P1IN&BIT4)==0){while((P1IN&BIT4)==0);k=3;}             //扫描第一行
        if((P1IN&BIT5)==0){while((P1IN&BIT5)==0);k=7;}             //扫描第二行
        if((P1IN&BIT6)==0){while((P1IN&BIT6)==0);k=11;}            //扫描第三行
        if((P1IN&BIT7)==0){while((P1IN&BIT7)==0);k=15;}

        P1OUT&=~BIT0;P1OUT|=BIT1+BIT2+BIT3;                        //第一列置零,二三列置一
        if((P1IN&BIT4)==0){while((P1IN&BIT4)==0);k=0;}             //扫描第一行
        if((P1IN&BIT5)==0){while((P1IN&BIT5)==0);k=4;}             //扫描第二行
        if((P1IN&BIT6)==0){while((P1IN&BIT6)==0);k=8;}             //扫描第三行
        if((P1IN&BIT7)==0){while((P1IN&BIT7)==0);k=12;}
      }
    }
}
#pragma vector=PORT1_VECTOR
__interrupt void  PORT1_ISR(void)                                  //中断
{
    P6OUT^=BIT0;
    GetKey_1();
    if(k==10){
      if(psw_i==0){
        LCD_write_com(0x01);
        LCD_write_str(0,0,"enter password:");
        key_flag=10;
```

```
        }
    }
    if(k == 11){
        LCD_write_com(0x01);
        LCD_write_str(0,0,"enter again:");
        key_flag = 10;
        psw_i = 0;
    }
    if(k == 12){
        LCD_write_str(psw_i - 1,1," ");
        --psw_i;
        LCD_write_str(reset_key - 1,1," ");
        --reset_key;
    }
    if(k == 13){
        LCD_write_com(0x01);
        LCD_write_str(0,0,"reset password:");
        delay_ms(200);
        LCD_write_com(0x01);
        LCD_write_str(0,0,"origin code");
        psw_i = 0;
        reset_key = 0;
        key_flag = 13;
    }
    if(key_flag == 13){
        if(k < 9){
            if(reset_flag == 0)
            {
                right_password[reset_key] = k;
                LCD_write_com(0xc0 + reset_key);
                LCD_write_data(0x30 + k);
                ++reset_key;
                if(reset_key == 4){
                    reset_key = 0;
                    if(right_password[0] == 1){
                        if(right_password[1] == 1){
                            if(right_password[2] == 1){
                                if(right_password[3] == 1){
                                    reset_flag = 1;
                                    LCD_write_com(0x01);
                                    LCD_write_str(0,0,"right!");
                                    delay_ms(200);
                                    LCD_write_com(0x01);
```

```
            LCD_write_str(0,0,"new code");
            right_password[0] =1;right_password[1] =1;
            right_password[2] =1;right_password[3] =1;
          }
          else{
            reset_flag =0;
            LCD_write_com(0x01);
            LCD_write_str(0,0,"error!");
            delay_ms(200);
            LCD_write_com(0x01);
            LCD_write_str(0,0,"enter again");
            right_password[0] =1;right_password[1] =1;
            right_password[2] =1;right_password[3] =1;
          }
        }
        else{
          reset_flag =0;
          LCD_write_com(0x01);
          LCD_write_str(0,0,"error!");
          delay_ms(200);
          LCD_write_com(0x01);
          LCD_write_str(0,0,"enter again");
          right_password[0] =1;right_password[1] =1;
          right_password[2] =1;right_password[3] =1;
        }
      }
      else{
        reset_flag =0;
        LCD_write_com(0x01);
        LCD_write_str(0,0,"error!");
        delay_ms(200);
        LCD_write_com(0x01);
        LCD_write_str(0,0,"enter again");
        right_password[0] =1;right_password[1] =1;
        right_password[2] =1;right_password[3] =1;
      }
    }
    else{
      reset_flag =0;
      LCD_write_com(0x01);
      LCD_write_str(0,0,"error!");
      delay_ms(200);
      LCD_write_com(0x01);
```

```
                    LCD_write_str(0,0,"enter again");
                    right_password[0] = 1;right_password[1] = 1;
                    right_password[2] = 1;right_password[3] = 1;
                }
            }
        }
        else{
            right_password[reset_key] = k;
            LCD_write_com(0xc0 + reset_key);
            LCD_write_data(0x30 + k);
            ++reset_key;
            if(reset_key == 4){
                reset_key = 0;
                reset_flag = 0;
                LCD_write_com(0x01);
                LCD_write_str(0,0,"achieved!");
            }
        }
    }
}
if(key_flag == 10){
    if(k == 14){
        key_flag = 14;
    }
    if(k == 15){
        key_flag = 15;
    }
}
if(key_flag == 14){
    if( k < 9){
        password[psw_i] = k;
        LCD_write_com(0xc0 + psw_i);
        LCD_write_data(0x30 + k);
        ++psw_i;
        if(psw_i == 4){
                if(password[0] == right_password[0]){
                    if(password[1] == right_password[1]){
                        if(password[2] == right_password[2]){
                            if(password[3] == right_password[3]){
                                LCD_write_str(0,1,"right!!!");
                            }
                            else{
                                LCD_write_str(0,1,"error!!!");
```

```
                    P6OUT| = BIT1 + BIT2;
                    delay_ms(500);
                    P6OUT& = ~(BIT1 + BIT2);
                  }
                }
                else{
                  LCD_write_str(0,1,"error!!!");
                  P6OUT| = BIT1 + BIT2;
                  delay_ms(500);
                  P6OUT& = ~(BIT1 + BIT2);
                }
              }
              else{
                LCD_write_str(0,1,"error!!!");
                P6OUT| = BIT1 + BIT2;
                delay_ms(500);
                P6OUT& = ~(BIT1 + BIT2);
              }
            }
            else{
              LCD_write_str(0,1,"error!!!");
              P6OUT| = BIT1 + BIT2;
              delay_ms(500);
              P6OUT& = ~(BIT1 + BIT2);
            }
          psw_i = 0;
        }
      }
    }
    if(key_flag == 15){
      if( k < 9){
        password[psw_i] = k;
        LCD_write_com(0xc0 + psw_i);
        LCD_write_data(42);
        ++psw_i;
        if(psw_i == 4){
            if(password[0] == right_password[0]){
              if(password[1] == right_password[1]){
                if(password[2] == right_password[2]){
                  if(password[3] == right_password[3]){
                    LCD_write_str(0,1,"right!!!");
                  }
                  else{
```

```
                LCD_write_str(0,1,"error!!!");
                P6OUT| = BIT1 + BIT2;
                delay_ms(500);
                P6OUT& = ~(BIT1 + BIT2);
              }
            }
            else{
              LCD_write_str(0,1,"error!!!");
              P6OUT| = BIT1 + BIT2;
              delay_ms(500);
              P6OUT& = ~(BIT1 + BIT2);
            }
          }
          else{
            LCD_write_str(0,1,"error!!!");
            P6OUT| = BIT1 + BIT2;
            delay_ms(500);
            P6OUT& = ~(BIT1 + BIT2);
          }
        }
        else{
          LCD_write_str(0,1,"error!!!");
          P6OUT| = BIT1 + BIT2;
          delay_ms(500);
          P6OUT& = ~(BIT1 + BIT2);
        }
        psw_i = 0;
      }
    }
  }
  P1OUT& = ~(BIT0 + BIT1 + BIT2 + BIT3);
  P1IFG = 0;
}
```

11.3.3 多功能电子锁调试与仿真

在 Proteus 中将上述程序编译生成的.hex 目标代码加载至 MSP430 单片机中，点击运行按钮，仿真效果图见二维码 11-6。

二维码 11-6
多功能电子锁仿真效果图

点击运行按钮时，界面出现“Welcome!!!”，进入系统；点击“输入密码”按钮时，界面出现“enter password!”，提醒用户输入密码，选择“显示密码”或“不显示密码”按键，键入初始密码，成功后界面显示“right!!!”，错误后界面显示“error!!!”；输入错误后点击“重新输入”按钮,界面出现“enter again!”,重新键入正确密码进入系统,输入过程中出现错误,点击“退格”按键,删除错误;要修改密码时,点击“修改密码”按键,界面出现“reset password!”“origin code”,输入初始密码正确后,出现“right!”“new code”,输入新的密码,设置成功出现“achieved!”提示。

11.4 单片机电子琴设计与仿真

本例采用美国 TI 公司的 MSP430 系列单片机,搭配相应外围电路,实现按键控制蜂鸣器发出 7 个音调的声音,下面给出本实例的硬件电路设计、源程序设计和在 Proteus 中的仿真结果。

11.4.1 电子琴电路设计

本例硬件电路包括:主控电路、独立按键电路、蜂鸣器电路、指示灯电路。

主控电路包括 MSP430F249 及其时钟电路和上电复位电路。时钟信号是由晶振产生的,单片机各功能部件的运行都是以时钟信号为基准,有条不紊地一拍一拍地工作。上电复位电路由一个电容和一个电阻组成,上电后单片机先自动复位再执行程序。

独立按键电路共有 7 个按键,对应 7 个音阶,其一端分别接单片机的 P20、P21、P22、P24、P25、P26、P27。另一端均与电源相接,每一路串联一个 100Ω 的电阻保护电路。

蜂鸣器电路由蜂鸣器和 NPN 型三极管组成,由三极管驱动蜂鸣器,P12 口接三极管的基极,控制三极管的开闭。

二维码 11-7
电子琴电路原理图

指示灯电路有 7 路 LED 灯,分别接 P30、P31、P32、P33、P34、P35、P36。每一路 LED 灯与一路按键相对应,按键所选用的芯片的型号及作用可参考表 11-4,硬件电路图见二维码 11-7。

电子琴元器件选型 表 11-4

元器件类型	型　　号	作　　用
单片机	MSP430F249	主控芯片
NPN 晶体管	SC8050	驱动蜂鸣器
按键	—	开关
发光二极管	LED	状态指示

11.4.2 电子琴程序设计

本例程序可以实现以下功能:当按下某一个按键时,蜂鸣器发出对应音调的声音,同时对应的 LED 的电平翻转。当松开按键时,停止发声。

主程序“main. c”实现对 PWM 波输出端口及定时器 A 的初始化,读取按键对应 I/O 口的状态,如若被按下,则输出对应频率的 PWM 波使蜂鸣器发声。若没有按键被按下,则 LED 的电平均不翻转,蜂鸣器不发声。程序流程图如图 11-2 所示。

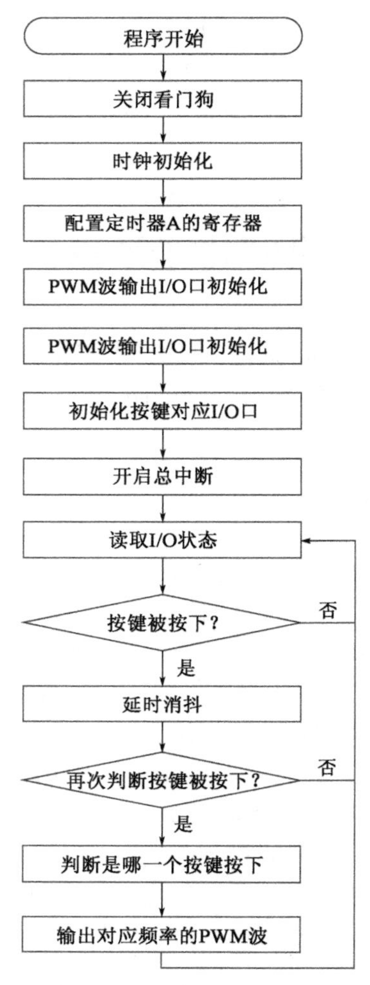

图 11-2　电子琴 main. c 流程图

下面给出程序清单和相应注释：

```
    #include" msp430f249. h"
#define CPU_F ( ( double) 4000000)
#define delay_us( x)  __delay_cycles( ( long) ( CPU_F * ( double) x/1000000. 0) )
#define delay_ms( x)  __delay_cycles( ( long) ( CPU_F * ( double) x/1000. 0) )

//七个音阶依次由按键 1 到按键 7 控制
void main( void)
{
  WDTCTL = WDTHOLD + WDTPW;
  TACTL = TASSEL1 + TACLR + MC0;                 //MCLK 为时钟源,清 TAR,增计数模式
  TACCR0 = 8000 - 1;                             //设定 PWM 周期
  TACCTL1 = OUTMOD_7;                            //CCR1 输出为 reset/set 模式
  TACCR1 = 0;                                    //CCR1 的 PWM 占空比设定
  P1DIR | = BIT2;                                //P1. 2、P1. 3 输出,对应 TA1、TA2
  P1SEL | = BIT2;                                //TA1,TA2 输出功能
```

```
P2SEL = 0X00;                              //P2 口功能选择为一般 I/O 口
P2DIR = 0x00;                              //P2 口方向设置为输入
P3DIR = 0XFF;                              //P3 口方向设置为输出

_EINT();                                   //开启总中断
while(1){                                  //进入程序大循环
    if((P2IN&BIT0) == 0){                  //判断按键 1 是否被按下
        delay_ms(5);                       //延时消抖
        if((P2IN&BIT0) == 0){              //再一次判断按键是否被按下
            while((P2IN&BIT0) == 0){       //当按键被按下时
                TACCR0 = (int)(523 * 1.5); //DO 对应的频率
                TACCR1 = TACCR0/2;
            }
            TACCR1 = 0;                    //PWM 波不输出,蜂鸣器不响
            P3OUT^ = BIT0;                 //按键 1 对应指示灯电平翻转
        }
    }
    if((P2IN&BIT1) == 0){                  //判断按键 2 是否被按下
        delay_ms(5);
        if((P2IN&BIT1) == 0){
            while((P2IN&BIT1) == 0){
                TACCR0 = (int)(587 * 1.5);
                TACCR1 = TACCR0/2;
            }
            TACCR1 = 0;
            P3OUT^ = BIT1;
        }
    }
    if((P2IN&BIT2) == 0){                  //判断按键 3 是否被按下
        delay_ms(5);
        if((P2IN&BIT2) == 0){
            while((P2IN&BIT2) == 0){
                TACCR0 = (int)(659 * 1.5);
                TACCR1 = TACCR0/2;
            }
            TACCR1 = 0;
            P3OUT^ = BIT2;
        }
    }
    if((P2IN&BIT4) == 0){                  //判断按键 4 是否被按下
        delay_ms(5);
        if((P2IN&BIT4) == 0){
            while((P2IN&BIT4) == 0){
                TACCR0 = (int)(698 * 1.5);
                TACCR1 = TACCR0/2;
```

```
            }
            P3OUT^ = BIT3;
            TACCR1 = 0;
          }
        }
        if((P2IN&BIT5) == 0){                    //判断按键5是否被按下
          delay_ms(5);
          if((P2IN&BIT5) == 0){
            while((P2IN&BIT5) == 0){
              TACCR0 = (int)(784 * 1.5);
              TACCR1 = TACCR0/2;
            }
            P3OUT^ = BIT4;
            TACCR1 = 0;
          }
        }
        if((P2IN&BIT6) == 0){                    //判断按键6是否被按下
          delay_ms(5);
          if((P2IN&BIT6) == 0){
            while((P2IN&BIT6) == 0){
              TACCR0 = (int)(880 * 1.5);
              TACCR1 = TACCR0/2;
            }
            P3OUT^ = BIT5;
            TACCR1 = 0;
          }
        }
        if((P2IN&BIT7) == 0){                    //判断按键7是否被按下
          delay_ms(5);
          if((P2IN&BIT7) == 0){
            while((P2IN&BIT7) == 0){
              TACCR0 = (int)(998 * 1.5);
              TACCR1 = TACCR0/2;
            }
            P3OUT^ = BIT6;
            TACCR1 = 0;
          }
        }
      }
    }
```

二维码 11-8
电子琴仿真图

11.4.3 电子琴调试与仿真

双击 MSP430F249 单片机,装载可执行文件“. hex”。运行时,当按键被按下,蜂鸣器会发出对应频率的声音,也可以从示波器中看出相对应的 LED 的电平翻转。具体效果见二维码 11-8。

11.5 三路抢答器设计与仿真

本例采用美国 TI 公司的 MSP430 系列单片机,搭配相应外围电路,在 10s 倒计时内,实现对三路抢答信号的判断,并点亮相应的指示灯。

11.5.1 三路抢答器电路设计

本例硬件电路包括:主控电路、倒计时显示电路、按键抢答电路、声音提示电路。

主控电路包括 MSP430F249 及其时钟电路和上电复位电路。时钟信号是由晶振产生的,单片机各功能部件的运行都是以时钟信号为基准,有条不紊地一拍一拍地工作。上电复位电路由一个电容和一个电阻组成,上电后单片机先自动复位再执行程序。

倒计时显示电路用数码管显示,数码管直接与单片机的 P2 口相连。本例中的数码管为共阴极。

按键抢答电路由可自动复位按键、电阻组成,按键的一端接单片机的 P14、P15、P56。当按键按下时,对应的 I/O 口接地,单片机输入低电平,反之输入高电平。

声音提示电路由三极管、蜂鸣器组成,三极管用于驱动蜂鸣器,单片机 P30 口接三极管基极,控制三极管导通状态,从而控制蜂鸣器的状态。所选用芯片的型号和作用可参考表 11-5,具体原理图见二维码 11-9。

二维码 11-9
三路抢答器电路原理图

三路抢答器元器件选型　　表 11-5

元器件类型	型　号	作　用
单片机	MSP430F249	主控芯片
PNP 晶体管	MPS3072	驱动蜂鸣器
蜂鸣器	有源	声音提示
按键	—	抢答按钮
发光二极管	LED	状态指示

11.5.2 三路抢答器程序设计

本实例程序包括主程序、按键扫描程序、延时程序、时钟初始化程序。程序能够实现以下功能:

(1)上电启动后,数码管进行 10s 倒计时。

(2)在这 10s 内读取按键的状态,如若按下,停止计时,并点亮对应的指示灯。

(3)若 10s 都没有按键按下,停止计时,不再处理按键扫描函数的返回值。

程序流程图如图 11-3 所示。

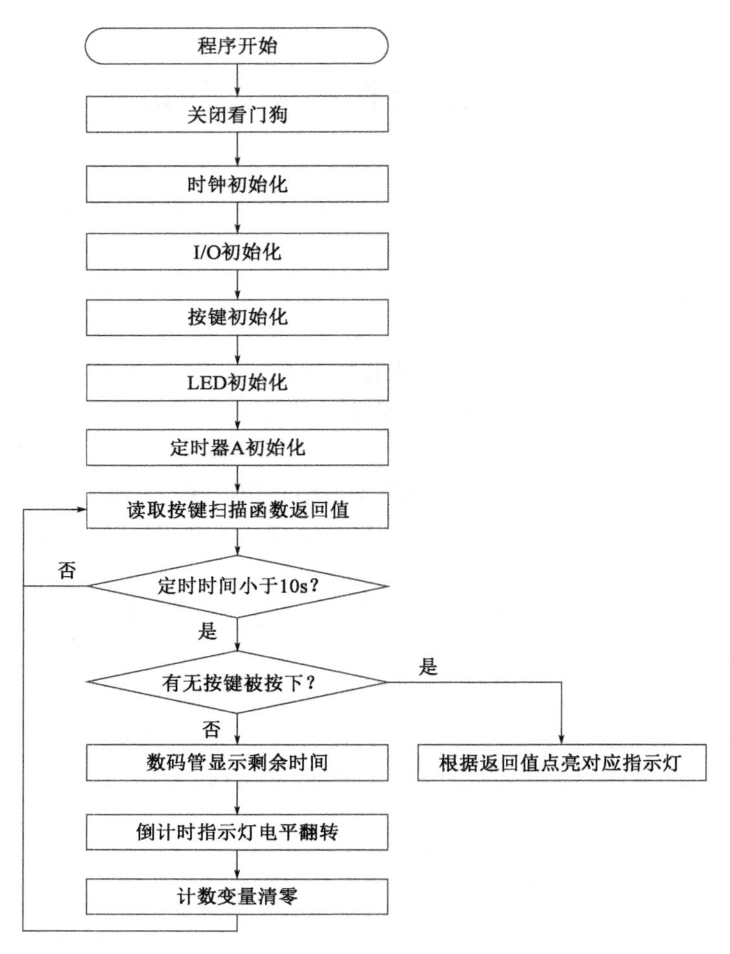

图 11-3　三路抢答主程序 main. c 的流程图

下面给出程序清单和相应注释：

```
#include <msp430x24x. h >
#include " CLOCK. h"
#include " LED. h"
#include " Key. h"
#include " Delay. h"
#define uchar unsigned char
#define uint   unsigned int
#define ulong unsigned long
uchar
//共阴极数码管 0 ~9 的段码
NUM[16] = {0x3f,0x06,0x5b,0x4f,0x66,0x6d,0x7d,0x07,0x7f,0x6f,0x77,0x7c,0x39,0x5e,0x79,0x71};
int time  = 0;
int i =0;
/ ********** 关闭所有的 I/O 口 ********** /
```

```
void Close_IO()
{
    P1DIR = 0XFF;P1OUT = 0XFF;
    P2DIR = 0XFF;P2OUT = 0XFF;
    P3DIR = 0XFF;P3OUT = 0XFF;
    P4DIR = 0XFF;P4OUT = 0XFF;
    P5DIR = 0XFF;P5OUT = 0XFF;
    P6DIR = 0XFF;P6OUT = 0XFF;
}
/********** 主函数 **********/
void main(void)
{
    WDTCTL = WDTPW + WDTHOLD;                 //关闭看门狗
    unsigned char Key;                        //用于保存按键扫描函数返回值
    unsigned char s = 0;
    unsigned char p = 0;
    unsigned char q = 0;

    Clk_Init();                               //时钟初始化为 8M
    Close_IO();                               //关闭所有 I/O 口
    Key_INIT();                               //按键初始化
    LED_INIT();                               //部分 LED 灯初始化
TACTL = TASSEL1 + ID0 + ID1 + TACLR + TAIE;   //计数时钟源为系统时钟,8 分频,允许定时器,溢
                                                出中断,清除计数器
    P3DIR |= BIT0;                            //P3.1 设置为输出模式
    TACTL |= MC0;                             //增计数模式,计数到 TACCR0
    TACCR0 = 1000;                            //计数周期为 1000
_EINT();                                      //开启总中断
for(;;)
{
  Key = Key_Scan();                           //按键扫描函数,读取按键状态
  if(time == 1000&&i <= 9)                    //10s 倒计时
  {
        if(Key == 0)
        {
          i++;
          P2OUT = NUM[10 - i];                //倒计时显示
          P3OUT^ = BIT0;                      //蜂鸣器电平翻转
          delay_ms(20);
          P3OUT^ = BIT0;
          time = 0;                           //计数变量清零
        }
      }
```

```
        if(Key! =0)                            //有按键被按下
        {
      if(Key = =1)
        s = Key;
      if(Key = =2)
        p = Key;
      if(Key = =3)
        q = Key;
      while(s = =1&&i! =10)                   //按键1被按下
      {
        P5OUT^ = BIT1;                        //按键1指示灯状态翻转
        delay_ms(32767);
      }
      while(p = =2&&i! =10)                   //按键2被按下
      {
        P5OUT^ = BIT2;                        //按键2指示灯状态翻转
        delay_ms(32767);
      }
      while(q = =3&&i! =10)                   //按键3被按下
      {
        P4OUT^ = BIT2;                        //按键3指示灯状态翻转
        delay_ms(32767);
      }
    }
  }
}
/**********定时器中断函数**********/
#pragma vector = TIMERA1_VECTOR
__interrupt void Timer_A(void)
{
    switch(TAIV)                              //定时器A中断向量值,TAIV =10为定时器溢出
    {
        case 2:break;
        case 4:break;
        case 10:time + +;break;               //计数变量自加
    }
}
```

二维码11-10
三路抢答器仿真结果

11.5.3 三路抢答器调试与仿真

双击MSP430F249单片机,装载可执行文件.hex。程序运行时,数码管从9～0显示,数字每变化一次,蜂鸣器响一次。在10s内若有按键被按下,则停止倒计时,数码管显示当前数字,按键对应的LED灯被点亮。仿真结果见二维码11-10。

11.6 数字电压表的设计与仿真

本例采用 MSP430 单片机作为控制核心，搭配合理的外围电路，设计一款数字电压表，可实现实际测量电压与计算电压的对比。读者可根据范例进行学习，在 Proteus 仿真平台上多加练习，以设计出功能多样的数字电压表。

11.6.1 数字电压表电路设计

二维码 11-11
数字电压表电路原理图

本例的硬件电路主要包括以下几部分：主控电路、数码管显示电路、声光报警。主要器件选型如表 11-6 所示、电路原理见二维码 11-11。

数字电压表主要元器件选型　　表 11-6

元器件类型	型　号	作　用
单片机	MSP430F249	主控芯片
数码管	S05641C	显示
声光报警	SOUNDER/LED	报警

主控电路采用 MSP430F249 单片机，其是一个 16 位的单片机，采用了精简指令集（RISC）结构，具有丰富的寻址方式（7 种源操作数寻址、4 种目的操作数寻址），在 25MHz 晶体的驱动下，实现 40ns 的指令周期。具有处理能力强、运算速度快、超低功耗、片内资源丰富、方便高效的特点。低电源电压范围为 1.8 ~ 3.6V，激活模式为 270μA（在 1MHz 频率和2.2V电压条件下），待机模式（VLO）为 0.3μA，关闭模式（RAM 保持）为 0.1μA。

数码管采用 S05641C 模块，用来显示电压数值。其 8 字高度为 0.56in[❶]，尺寸为 50.4mm × 19mm。

ADC12 模块由以下部分组成：输入的 16 路模拟开关（外部 8 路、内部 4 路）、ADC 内部电压参考源、ADC12 内核、ADC 时钟源部分、采集与保持/触发源部分、ADC 数据输出部分、ADC 控制寄存器等。有四种采样模式：单通道单次转换模式、序列通道单词转换模式、单通道多次转换模式、序列通道多次转换模式。

11.6.2 数字电压表程序设计

本例的程序设计主程序主要包括主函数、时钟初始化、I/O 口初始化、中断初始化、调用 A/D 转换子程序、调用显示子程序、声光报警、延时函数、LCD 初始化函数、LCD 写数据函数、LCD 写指令函数、LCD 写字符串函数、LCD 清屏函数等，可实现如下功能：

（1）上电后，通过测量获得的电压在电压表中显示，通过计算获得的电压在数码管中显示，可通过对比电压表与数码管的数字确定数码管显示电压是否与真实电压存在偏差，显示数值的更改可通过调节滑动变阻器改变。

（2）当电压值超过 3V 时，LED 灯、喇叭每间隔 0.5s 会闪烁、鸣响。

主程序流程图如图 11-4 所示。

❶ 1in = 0.0254m。

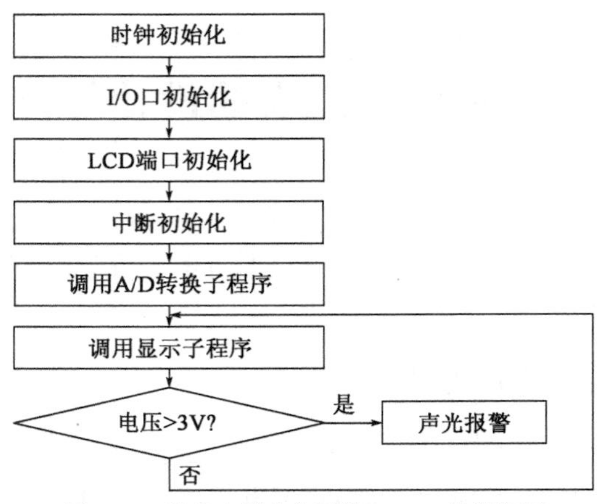

图 11-4　数字电压表主程序 Main. c 的流程图

主程序清单和相应注释如下：

```
#include < msp430x24x. h >
#define uchar unsigned char
#define uint unsigned int
#define CPU_F ((double)8000000)                    //主时钟的频率 8MHz
#define delay_us(x) __delay_cycles((long)(CPU_F * (double)x/1000000.0))
#define delay_ms(x) __delay_cycles((long)(CPU_F * (double)x/1000.0))
#define RS0 P2OUT &= ~BIT0
#define RS1 P2OUT |= BIT0
#define RW0 P2OUT &= ~BIT1
#define RW1 P2OUT |= BIT1
#define EN0 P2OUT &= ~BIT2
#define EN1 P2OUT |= BIT2
uchar const table[] = {0x3f,0x06,0x5b,0x4f,0x66,0x6d,0x7d,0x07,0x7f,0x6f,0x77,0x7c,0x39,0x5e,
0x79,0x71};                                         //共阴数码管段选码表,无小数点
void LCD_write_com(unsigned char com);
void LCD_write_data(unsigned char data);
/********** 毫秒延时函数 **********/
uchar Index,flag,Disbuf[8];
void delayms(uint t)
{
  int i;
  while(t--)
  for(i=1000;i>0;i--);
}
/********** 始终初始化 **********/
void Clk_Init()
{
  unsigned char i;
  BCSCTL1& = ~XT2OFF;                               //打开 XT 振荡器
  BCSCTL2| = SELM_2 + SELS;                         //MCLK 8M and SMCLK 8M
  do
```

```
    {
      IFG1 &= ~OFIFG;                     //清除振荡错误标志
      for(i = 0; i < 0xff; i++)  _NOP(); //延时等待
    }
  while ((IFG1 & OFIFG) != 0);          //如果标志为1,继续循环等待
}
/********** 关闭I/O口 **********/
void Close_IO()
{
  /*下面六行程序关闭所有的I/O口*/
  P1DIR = 0XFF;P1OUT = 0XFF;
  P2DIR = 0XFF;P2OUT = 0XFF;
  P3DIR = 0XFF;P3OUT = 0XFF;
  P4DIR = 0XFF;P4OUT = 0XFF;
  P5DIR = 0XFF;P5OUT = 0XFF;
  P6DIR = 0XFF;P6OUT = 0XFF;
}

/********** 电压表与数码管的显示 **********/
void VoltDataProcess(uint Volt)
{
  float temp;
  unsigned long t;
  temp = ((float)(Volt)) * 5/4096;              //Volt*单位刻度
  t = (unsigned long)(temp * 1000);             //将转换后的电压扩大1000倍
  if(t > 3000){
      P4OUT| = BIT0;
      P2OUT| = BIT3;
}
  else{
      P4OUT& = ~BIT0;
      P2OUT& = ~BIT3;
}
  ++t;
  LCD_write_com(0x80);
  Disbuf[3] = t%10;
  Disbuf[2] = (t/10)%10;
  Disbuf[1] = (t/100)%10;
  Disbuf[0] = (t/1000)%10;
  LCD_write_data(0x30 + Disbuf[0]);
  LCD_write_data('.');
  LCD_write_data(0x30 + Disbuf[1]);
  LCD_write_data(0x30 + Disbuf[2]);
  LCD_write_data(0x30 + Disbuf[3]);
```

```
}

void LCD_write_com( unsigned char com)
{
  RS0;
  RW0;
  EN0;
  P1OUT = com;
  delay_ms(5);
  EN1;
  delay_ms(5);
  EN0;
}

void LCD_write_data( unsigned char data)
{
  RS1;
  RW0;
  EN0;
  P1OUT = data;
  delay_ms(5);
  EN1;
  delay_ms(5);
  EN0;
}
/********** 清屏 **********/
void LCD_clear( void)
{
  LCD_write_com(0x01);
  delay_ms(5);
}
/********** 写字符串 **********/
void LCD_write_str( unsigned char x,unsigned char y,unsigned char *s) {
  if (y == 0)
     {
     LCD_write_com(0x80 + x);
     }
  else
     {
     LCD_write_com(0xC0 + x);
     }
  while ( *s)
     {
       LCD_write_data( *s);
```

```
        s ++;
      }
}
/********** LCD 初始化 **********/
void LCD_init(void)
{
  EN0;
  delay_ms(5);
  LCD_write_com(0x38); delay_ms(5);
  LCD_write_com(0x0f); delay_ms(5);
  LCD_write_com(0x06); delay_ms(5);
  LCD_write_com(0x01); delay_ms(5);
}
/********** 主函数 **********/
void main(void)
{
  WDTCTL = WDTPW + WDTHOLD;                //停止看门狗
  Clk_Init();                              //时钟初始化,外部 8M 晶振
  Close_IO();                              //关闭所有 I/O 口,防止 I/O 口处于不定态
  ADC12CTL0 = SHT0_2 + ADC12ON;            //ADC12 设置采样时钟,打开 ADC12
  ADC12CTL1 = SHP;                         //使用采样时钟
  ADC12IE = 0x01;                          //中断使能
  ADC12CTL0 |= ENC;                        //启用转换
  P6DIR^ = BIT0;                           //P6.0 端输入
  P6SEL | = BIT0;                          //P6.0A/D 使能通道
  P1SEL  = 0x00;
  P1DIR  = 0xFF;
  P2SEL  = 0x00;
  P2DIR | =  BIT0 + BIT1 + BIT2 + BIT3;
  delay_ms(100);
  LCD_init();
  LCD_clear();
  P4DIR  = 0XFF;
  P4OUT& = ~BIT0;
  ADC12CTL0 | = ADC12SC;                   //开始转换
  _BIS_SR(LPM0_bits + GIE);                //进入低功耗睡眠模式
  while(1)
    {
    P3OUT = 0xFF;
    P1OUT = Disbuf[Index];
    P3OUT = ~(1 << Index);
    if(++Index == 8)
      {
        Index = 0;
```

```
            ADC12CTL0 | = ADC12SC;
        }
      delayms(2);
      }
}
/ ********** ADC12 中断服务程序 ********** /
#pragma vector = ADC12_VECTOR                    //指示向量
__interrupt void ADC12_ISR(void)
{
   VoltDataProcess(ADC12MEM0);                   //在 ADC12MEM0 中存放电压转换结果
   LPM0_EXIT;                                    //退出 LPM0
}
```

11.6.3 数字电压表调试与仿真

在 Proteus 仿真平台下,将上述程序编译生成的目标代码加载至单片机,单击运行,仿真结果如图 11-5 所示。电压表可显示实际电压值,如图 11-6 所示,数码管可以显示计算电压值,如图 11-7 所示,通过调节滑动变阻器可更改显示数值。当电压值超过 3V 时,通过喇叭和 LED 灯声光报警,如图 11-8 所示。

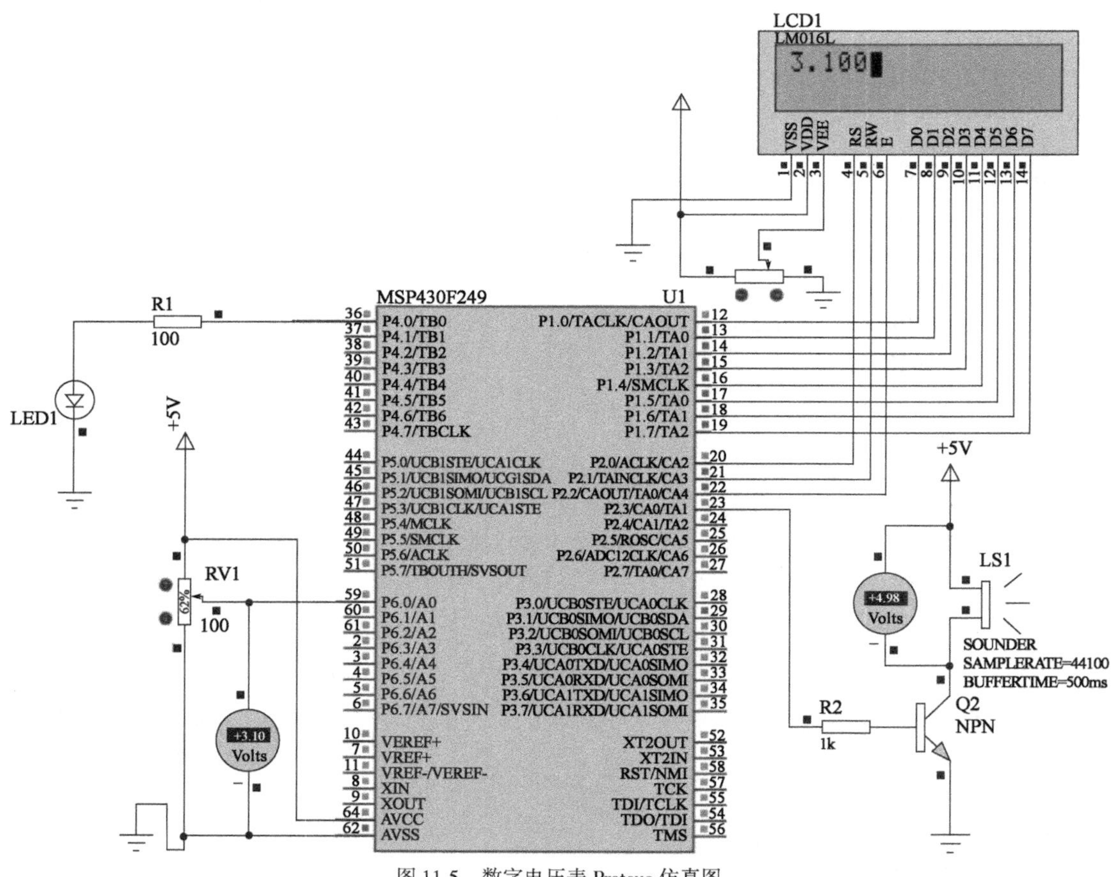

图 11-5 数字电压表 Proteus 仿真图

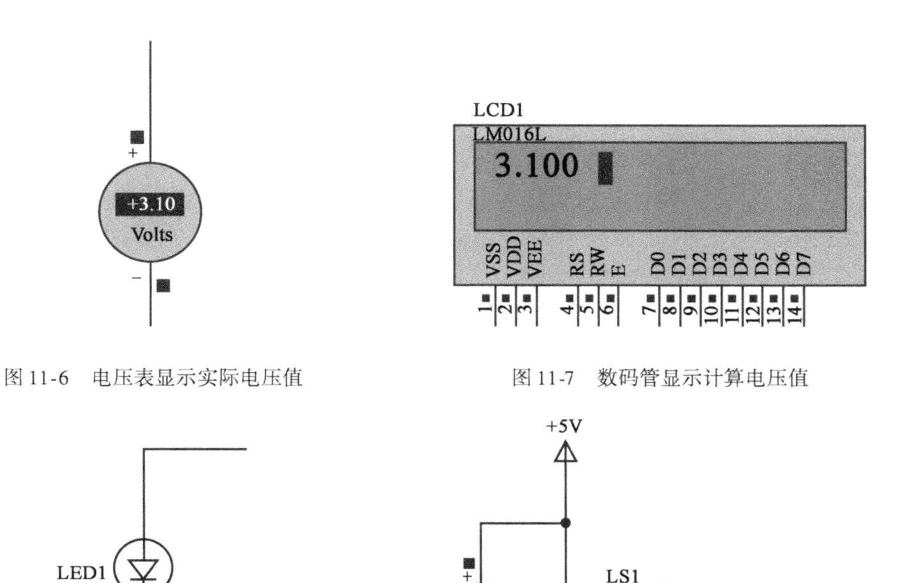

图 11-6　电压表显示实际电压值　　　　图 11-7　数码管显示计算电压值

图 11-8　LED 闪烁报警、喇叭声音报警

11.7　温湿度传感器的设计与仿真

本例介绍一种基于单片机控制的温湿度传感器。

设计要求：设计一个温湿度传感器；在单片机的基础上扩展一片 SHT10 集成传感器，用以测量环境的温度湿度并通过 LCD 显示屏动态显示测量值。

11.7.1　温湿度传感器硬件电路设计

本例采用 16 位低功耗 MSP430 单片机为核心来对温度、湿度进行实时采集。各检测单元能独立完成各自功能，并根据主控机的指令对温湿度进行实时采集。

本例的硬件组成主要包括以下几部分：信号采集部分、信号分析部分、信号处理部分。

本例主要器件选型如表 11-7 所示。

主要元器件选型　　　　表 11-7

元器件类型	型　号	作　用
单片机	MSP430F249	主控芯片
温湿度传感器	SHT10	温湿度采集
LCD	LM016L	显示
示波器	OSCILLOSCOPE	显示波形

本例的信号采集部分主要包含温湿度测量芯片SHT10,通过电阻与单片机P6.4、P6.5相连。信号分析部分主要包括的是16位低功耗单片机MSP430。单片机通过指令控制各个检测单元对温湿度进行实时采集。本例中信号显示部分采用点阵型液晶显示模块LM016L,其接口简单,数据总线接单片机P1端口,控制线分别接P2.0~P2.2引脚。

二维码11-12
温湿度传感器硬件原理图

本例的硬件电路图见二维码11-12。

11.7.2 温湿度传感器程序设计

程序设计主要包括主程序、温湿度传感器测量程序、液晶显示程序、初始化子程序。

SHT10传感器工作时首先对数据传输进行初始化来启动SHT10测量时序,即在第一个SCK时钟高电平时,DATA翻转为低电平,并在第二个SCK时钟高电平时,DATA翻转为高电平。SHT10测量命令包含3个地址位和5个命令位。单片机发布一组8b测量命令后,DATA在第8个SCK时钟的下降沿被置为低电平。再发送第9个SCK时钟作为命令确认,DATA在其下降沿后恢复为高电平。同时,单片机可暂时停止发送时钟序列以进入空闲模式,准备读取测量数据。SHT10在转换结束后,将DATA置为低电平,单片机继续发出时钟序列,来读取2个8b的测量数据和1个8b的CRC奇偶校验。所有数据从MSB开始,右值有效。其中,在每个字节传输结束后,均需要发出一个时钟高电子ACK,并将DATA置为低电平,以确认读取成功。在测量和传输结束后,SHT10自动转入休眠模式。

程序清单及有关注释如下:

```
#include <msp430x24x.h>
#include <string.h>
#define CPU_F (double)1000000
#define delay_us(x) __delay_cycles((long)(CPU_F * (double)x/1000000.0))
#define delay_ms(x) __delay_cycles((long)(CPU_F * (double)x/1000.0))
#define uint unsigned int
#define uchar unsigned char
#define ulong unsigned long
#define STATUS_REG_W 0x06
#define STATUS_REG_R 0x07
#define MEASURE_TEMP 0x03
#define MEASURE_HUMI 0x05
#define RESET      0x1e
#define bitselect    0x01
#define noACK        0
#define ACK          1
#define HUMIDITY     2
#define TEMPERATURE 1
#define SCK          BIT4
#define SDA          BIT5
#define SVCC         BIT3
```

```
#define SCK_H          P6OUT| =SCK
#define SCK_L          P6OUT& = ~SCK
#define SDA_H          P6OUT| =SDA
#define SDA_L          P6OUT& = ~SDA
#define SVCC_H         P6OUT| =SVCC
#define SVCC_L         P6OUT& = ~SVCC
/********** 定义接口 **********/
#define LCDIO      P1OUT
#define LCD1602_RS_1  P2OUT| =1
#define LCD1602_RS_0  P2OUT& = ~1
#define LCD1602_RW_1  P2OUT| =2
#define LCD1602_RW_0  P2OUT& = ~2
#define LCD1602_EN_1  P2OUT| =4
#define LCD1602_EN_0  P2OUT& = ~4
/********** 定义函数 **********/
void LCD_write_command(unsigned char command);                          //写入指令函数
void LCD_write_dat( unsigned char dat);                                 //写入数据函数
void LCD_set_xy( unsigned char x, unsigned char y );                    //设置显示位置函数
void LCD_dsp_char( unsigned char x,unsigned char y, char dat);          //显示一个字符函数
void LCD_dsp_string(unsigned char X,unsigned char Y,const char *s);//显示字符串函数
void LCD_init(void);                                                    //初始化函数
void delay_nms(unsigned int n);                                         //延时函数
void delayms(uint t)
{
    uint i;
    while(t--)
      for(i=1330;i>0;i--);                                              //参数的调整
}
/********** 写指令函数 **********/
void LCD_write_command(unsigned char command)
{
        LCD1602_RS_0;
        LCDIO = command;
        LCD1602_EN_1;
        LCD1602_EN_0;
        delayms(1);


}

/********** 写数据函数 **********/
void LCD_write_dat( unsigned char dat)
{
```

```
        LCD1602_RS_1;
        LCDIO = dat;
        LCD1602_EN_1;

                                                            //delayms(1);
        LCD1602_EN_0;
        delayms(1);
        LCD1602_RS_0;

    }
/********** 设置显示位置 **********/
void LCD_set_xy( unsigned char x, unsigned char y )
{
unsigned char address;
if (y == 1)
      address = 0x80 + x;
else if (y == 2)
{
      address = 0x80 + 0x40 + x;

}
LCD_write_command(address);
}
/********** 显示一个字符 **********/
void LCD_dsp_char( unsigned char x,unsigned char y, char dat)
{
LCD_set_xy( x, y );
LCD_write_dat(dat);
}
/********** 显示字符串函数 **********/
void LCD_dsp_string(unsigned char X,unsigned char Y,const char *s)
{
        uchar len,List;
        len = strlen(s);
        LCD_set_xy( X, Y );
        for(List = 0;List < len;List ++)
        LCD_write_dat(s[List]);

}
/********** 延时函数 **********/
void delay_nms(unsigned int n)
{
```

```
        unsigned int i = 0, j = 0;
        for (i = n; i > 0; i - - )
        for (j = 0; j < 10; j + + );
}
/ ********** 初始化函数 ********** /
void LCD_init(void)
{
        LCD1602_RW_0;
        LCD1602_EN_0;
        LCD_write_command(0x38);
        delayms(1);
        LCD_write_command(0x38);
        delayms(1);
        LCD_write_command(0x38);
        delayms(1);
        LCD_write_command(0x06);
        delayms(1);
        LCD_write_command(0x0C);
        delayms(1);
        LCD_write_command(0x01);
        delayms(1);


}


typedef union
{
unsigned int i;
float f;
}
value;
uint table_temp[3];
uint table_humi[3];
uint temten;
uint humi_true;

void S_Init()
{
P6SEL& = ~(SCK + SDA + SVCC);
P6DIR| = (SCK + SVCC);
P6DIR& = ~SDA;
BCSCTL1 = (XT2OFF + RSEL2);
DCOCTL = DCO2;
```

```
}
/ ********** 启动传输 ********** /
void S_Transstart( )
{
P6DIR| = SDA;
SDA_H;SCK_L;
_NOP( );
SCK_H;
_NOP( );
SDA_L;
_NOP( );
SCK_L;
_NOP( );_NOP( );_NOP( );
SCK_H;
_NOP( );
SDA_H;
_NOP( );
SCK_L;
P6DIR& = ~SDA;
}
/ ********** 写字节程序 ********** /
char S_WriteByte( unsigned char value)
{
unsigned char i,error = 0;
P6DIR| = SDA;
for( i = 0x80;i > 0;i/ = 2)
{
    if( i&value)
      SDA_H;
    else
      SDA_L;
    SCK_H;
    _NOP( );_NOP( );_NOP( );
    SCK_L;
}
SDA_H;
P6DIR& = ~SDA;
SCK_H;
error = P6IN;
error& = SDA;
P6DIR| = SDA;
SCK_L;
```

```
if(error)
    return 1;
return 0;
}
                                                    //读字节程序
char S_ReadByte(unsigned char ack)
{
unsigned char i,val=0;
P6DIR|=SDA;
SDA_H;
P6DIR&=~SDA;
for(i=0x80;i>0;i/=2)
{
    SCK_H;
    if(P6IN&SDA)
      val=(val|i);
    SCK_L;
}
P6DIR|=SDA;
if(ack)
    SDA_L;
else
    SDA_H;
SCK_H;
_NOP();_NOP();_NOP();
SCK_L;
SDA_H;
P6DIR&=~SDA;
return val;
}
/********** 连接复位 **********/
void S_Connectionreset()
{
unsigned char ClkCnt;
P6DIR|=SDA;
SDA_H;SCK_L;
for(ClkCnt=0;ClkCnt<9;ClkCnt++)
{
    SCK_H;
    SCK_L;
}
S_Transstart();
```

```
}
/ ********** 软件复位程序 ********** /
char S_Softreset( )
{
unsigned char error = 0;
S_Connectionreset( ) ;
error + = S_WriteByte( RESET) ;
return error;
}
/ ********** 写状态寄存器 ********** /
char S_WriteStatusReg( unsigned char  * p_value)
{
unsigned char error = 0;
S_Transstart( ) ;
error + = S_WriteByte( STATUS_REG_W) ;
error + = S_WriteByte(  * p_value) ;
return error;
}
/ ********** 温湿度测量 ********** /
unsigned char S_Measure( unsigned char  * p_value, unsigned char  * p_checksum, unsigned char mode)
{
unsigned error = 0;
unsigned int i;
S_Transstart( ) ;
switch( mode)
{
    case TEMPERATURE: error + = S_WriteByte( MEASURE_TEMP) ; break;
    case HUMIDITY:     error + = S_WriteByte( MEASURE_HUMI) ; break;
}
P6DIR& = ~ SDA;
for( i = 0;i < 65535;i + + )
    if( ( P6IN&SDA) = = 0)
      break;
if( P6IN&SDA)
    error + = 1;
* ( p_value) = S_ReadByte( ACK) ;
* ( p_value + 1) = S_ReadByte( ACK) ;
* p_checksum = S_ReadByte( noACK) ;
return( error) ;
}
/ ********** 温湿度值标度变换及温度补偿 ********** /
void S_Calculate( unsigned int  * p_humidity ,unsigned int  * p_temperature)
```

```
{
const float C1 = -4.0;
const float C2 = +0.648;
const float C3 = -0.0000072;
const float D1 = -39.6;
const float D2 = +0.04;
const float T1 =0.01;
const float T2 =0.00128;
float rh = *p_humidity;
float t = *p_temperature;
float rh_lin;
float rh_true;
float t_C;
t_C =t * D2 + D1;
rh_lin = C3 * rh * rh  +  C2 * rh  +  C1;
rh_true = (t_C -25) * (T1 +T2 * rh) +rh_lin;
if(rh_true >100) rh_true =100;
if(rh_true <0.1) rh_true =0.1;
*p_temperature = (uint)t_C;
*p_humidity = (uint)rh_true;
}
/********** 主函数 **********/
void main()
{
unsigned int temp,humi;
value humi_val,temp_val;
unsigned char error,checksum;
unsigned int temphigh,templow;
unsigned int RegCMD =0x01;
uchar TEMP1[7];                                  //用于记录温度
uchar HUMI1[7];                                  //用于记录湿度
WDTCTL = WDTPW + WDTHOLD;
P1DIR =0xFF;                                     //设置方向
P1SEL =0;                                        //设置为普通 I/O 口
P2DIR =0xFF;                                     //设置方向
P2SEL =0;                                        //设置为普通 I/O 口
P2OUT =0x00;
P1OUT =0x00;
delayms(200);
LCD_init();
S_Init();
SVCC_H;
```

```
S_Connectionreset( );
S_WriteStatusReg( (unsigned char  * )&RegCMD);
while(1)
{
    error = 0;
    error + = S_Measure( (unsigned char * ) &humi_val. i,& checksum, HUMIDITY);
    error + = S_Measure( (unsigned char * ) &temp_val. i,&checksum,TEMPERATURE);
    if(error!  =0)
      S_Connectionreset( );
    else
    {
      /********** 测量分辨率:12bit 湿度 / 14bit 温度 **********/
      templow = (humi_val. i&0xff00);
      humi_val. i = templow > >8;
      temphigh = ( (temp_val. i&0xf) < <8);
      templow = ( (temp_val. i&0xff00) > >8);
      temp_val. i = temphigh + templow;
      S_Calculate( &humi_val. i,&temp_val. i);
      LCD_dsp_string(0,1,"Temp:   C");                          //在第一行显示"Temp:C"

      LCD_dsp_string(0,2,"Humi:   % RH");                       //在第一行显示"Humi,% RH"

      temp = temp_val. i * 10;
      humi = humi_val. i * 10
        TEMP1[0] = temp/1000 + '0';                             //温度百位
        if (TEMP1[0] = =0x30) TEMP1[0] =0x20;
        TEMP1[1] = temp% 1000/100 + '0';                        //温度十位
        if (TEMP1[1] = =0x30 && TEMP1[0]!  =0x30) TEMP1[1] =0x20;
        TEMP1[2] = temp% 100/10 + '0';                          //温度个位
        TEMP1[3] =0x2e;
        TEMP1[4] = temp% 10 + '0';                              //温度小数点后第一位
        TEMP1[5] =0xdf;                                         //显示温度符号℃
        for(int k =0;k <6;k + +)
        {LCD_dsp_char(5 +k,1,TEMP1[k]); }
        HUMI1[0] = humi/1000 + '0';                             //湿度百位
        if (HUMI1[0] = =0x30) HUMI1[0] =0x20;
        HUMI1[1] = (humi - 100)% 1000/100 + '0';                //湿度十位
        if (HUMI1[1] = =0x30 && HUMI1[0]!  =0x30) HUMI1[1] =0X20;
        HUMI1[2] = humi% 100/10 + '0';                          //湿度个位
        HUMI1[3] =0x2E;
        HUMI1[4] = humi% 10 + '0';                              //湿度小数点后第一位
        for(int k =0;k <5;k + +)
```

```
        {
        LCD_dsp_char(5 + k,2,HUMI1[k]);
        }
        delayms(800);                                    //进入低功耗睡眠模式
    }
}
```

11.7.3 温湿度传感器调试与仿真

在 Proteus 中将上述程序编译生成的. hex 目标代码加载至 MSP430 单片机中，点击运行按钮，仿真效果图见二维码 11-13。

二维码 11-13
温湿度传感器仿真图

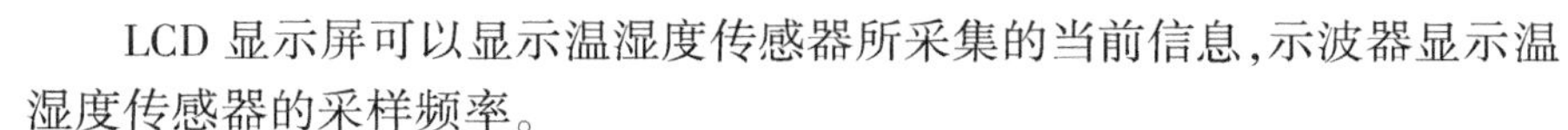

LCD 显示屏可以显示温湿度传感器所采集的当前信息，示波器显示温湿度传感器的采样频率。

11.8 交通信号灯设计与仿真

本例模拟交通信号灯系统，以 MSP430 为核心元件，实现通过交通信号灯对路面状况进行控制的目的。

设计要求：设计一个能模拟交通信号灯对路面状况进行智能控制的系统。开始仿真后，道路十字路口交通信号灯初始状态为东西路口绿灯亮，南北路口红灯亮。延时一段时间后，东西路口绿灯灭，黄灯开始闪烁。闪烁若干次后，东西路口红灯亮，南北路口绿灯亮。再延时一段时间后南北路口绿灯灭，黄灯开始闪烁。闪烁若干次后，再切换路口方向，之后重复以上过程。人行路口的交通信号灯设计与道路十字路口相反。

11.8.1 交通信号灯硬件电路设计

本例采用 16 位低功耗 MSP430 单片机为核心，直接控制交通信号灯的状态变化，指挥车辆与行人通行。

本例的硬件电路主要包括以下几部分：主控电路、LED 信号灯显示模块、数码管显示电路。

本例主要器件选型如表 11-8 所示。

主要元器件选型 表 11-8

元器件类型	型　号	作　用
单片机	MSP430F249	主控芯片
显示灯	LED	显示信号灯信号
数码管	7SEG-MPX1-CC	显示倒计时

主控电路主要包括单片机，单片机采用的是 16 位低功耗 MSP430 单片机。分别与数码管显示模块和 LED 灯显示模块相连，控制信号灯按规律亮灭。LED 信号灯显示模块由 16 个 LED 灯组成，分别与单片机 P3.1 ~ P3.7、P6.1 ~ P6.2、P6.5 ~ P6.6 引脚相连。数码管

二维码 11-14
硬件电路图

显示电路中 2 个数码管分别与单片机 P2、P4 口相连。

本例的硬件电路图见二维码 11-14。

11.8.2 交通信号灯程序设计

程序设计主要包括主程序、定时中断程序、初始化子程序。

程序清单及相关注释如下：

```
#include <msp430f249.h>
#define uchar unsigned char
#define uint unsigned int
#define ulong unsigned long
uchar NUM[16] = {0x3f,0x06,0x5b,0x4f,0x66,0x6d,0x7d,0x07,0x7f,0x6f,0x77,0x7c,0x39,0x5e, 0x79,
0x71};                                                          //共阴
int time = 0;
void init_clk()
{
    unsigned char i;
    WDTCTL = WDTPW + WDTHOLD;                                   //关闭看门狗
    BCSCTL1& = ~XT2OFF;                                         //打开 XT 振荡器
    BCSCTL2| = SELM_2 + DIVM_0 + SELS + DIVS_0;                 //MCLK 8M and SMCLK 8M
    do
    {
      IFG1 &= ~OFIFG;                                           //清除振荡错误标志
      for(i = 0; i < 0xff; i++)  _NOP();                        //延时等待
    }
    while ((IFG1 & OFIFG) != 0);                                //如果标志为 1 继续循环等待
    IFG1& = ~OFIFG;
}
void Close_IO()
{
    P1DIR = 0XFF;P1OUT = 0XFF;
    P2DIR = 0XFF;P2OUT = 0XFF;
    P3DIR = 0XFF;P3OUT = 0XFF;
    P4DIR = 0XFF;P4OUT = 0XFF;
    P5DIR = 0XFF;P5OUT = 0XFF;
    P6DIR = 0XFF;P6OUT = 0XFF;
}

void main()
{
    init_clk();                                                 //初始化系统时钟
    Close_IO();
```

```
    unsigned char i;
    TACTL = TASSEL1 + ID0 + ID1 + TACLR + TAIE;        //计数时钟源为系统时钟,8 分频,
                                                        允许定时器溢出中断,清除计数器
    P3DIR| = 0xff;                                      //P3.1 ~ P3.7 设置为输出模式
    P3OUT| = 0xff;
    P6DIR| = 0xff;
    P6OUT| = 0Xff;
/ ********** 位选段选代码 ********** /
    P2DIR = 0xFF;                                       //设置方向
    P2SEL = 0;                                          //设置为普通 I/O 口
    P2OUT = 0x00;                                       //段选
    P4DIR = 0xFF;                                       //设置方向
    P4SEL = 0;                                          //设置为普通 I/O 口
    P4OUT = 0x00;
    TACTL| = MC0;                                       //增计数模式,计数到 TACCR0
    TACCR0 = 8000;                                      //计数周期为 8000
    _EINT( );                                           //开启总中断
  while(1)
    {

        if (time = = 1)
        {P3OUT^ = BIT1;                                 //东西方向红灯亮
         P6OUT^ = BIT1;                                 //人行东西方向红灯亮
         P3OUT^ = BIT5;                                 //南北方向绿灯亮
         P6OUT^ = BIT5;                                 //人行南北方向绿灯亮
         P4OUT = NUM[6];P2OUT = NUM[0];
         time + +;
         i = 9;
        }
       else if(time% 100 = = 0&&time < 1000&&time > 0)
       {P4OUT = NUM[5];P2OUT = NUM[i]; - -i; time + +;} //数码管显示 51 ~ 59
       else if(time = = 1000)
       {P4OUT = NUM[5];P2OUT = NUM[0];time + +;i = 9;}
       else if(time% 100 = = 0&&time < 2000&&time > 1000)
       {P4OUT = NUM[4];P2OUT = NUM[i]; - -i; time + +;}
       else if(time = = 2000)
       {P4OUT = NUM[4];P2OUT = NUM[0];time + +;i = 9;}
       else if(time% 100 = = 0&&time < 3000&&time > 2000)
       {P4OUT = NUM[3];P2OUT = NUM[i]; - -i; time + +;}
       else if(time = = 3000)
       {P4OUT = NUM[3];P2OUT = NUM[0];time + +;i = 9;}
       else if(time% 100 = = 0&&time < 4000&&time > 3000)
```

```
{P4OUT=NUM[2];P2OUT=NUM[i]; --i; time++;}
else if(time==4000)
{P4OUT=NUM[2];P2OUT=NUM[0];time++;i=9;}
else if(time%100==0&&time<5000&&time>4000)
{P4OUT=NUM[1];P2OUT=NUM[i]; --i; time++;}
else if(time==5000)
{P4OUT=NUM[1];P2OUT=NUM[0];time++;i=9;}
else if(time%100==0&&time<6000&&time>5000)
{P4OUT=NUM[0];P2OUT=NUM[i];    --i; time++;}
else if (time==6000)                                    //6000
{P3OUT^=BIT5+BIT6;                                      //南北方向绿灯灭,黄灯亮
 P4OUT=0x00;P2OUT=0x00;
 time++;
}
else if(time == 6100)                                   //6100
{P3OUT^=BIT6;P6OUT^=BIT5;                               //黄灯闪烁
 time++;
}
else if(time == 6200)
{
  P3OUT^=BIT6;P6OUT^=BIT5;
  time++;
}
else if (time==6300)                                    //6300
{ P3OUT^=BIT6+BIT7; P6OUT^=BIT5;P6OUT^=BIT1;P6OUT^=BIT2;P6OUT^=BIT6;
                                                        //南北方向黄灯闪烁结束,红灯亮
  P3OUT^=BIT1+BIT2;                                     //东西方向红灯灭,绿灯亮
  P4OUT=NUM[6];P2OUT=NUM[0];
  time++;
  i=9;
}
else if(time%100==0&&time<7300&&time>6300)
{P4OUT=NUM[5];P2OUT=NUM[i]; --i; time++;} //数码管显示51~59
else if(time==7300)
{P4OUT=NUM[5];P2OUT=NUM[0];time++;i=9;}
else if(time%100==0&&time<8300&&time>7300)
{P4OUT=NUM[4];P2OUT=NUM[i]; --i; time++;}
else if(time==8300)
{P4OUT=NUM[4];P2OUT=NUM[0];time++;i=9;}
else if(time%100==0&&time<9300&&time>8300)
{P4OUT=NUM[3];P2OUT=NUM[i]; --i; time++;}
else if(time==9300)
{P4OUT=NUM[3];P2OUT=NUM[0];time++;i=9;}
```

```
        else if(time%100 = =0&&time<10300&&time>9300)
        {P4OUT=NUM[2];P2OUT=NUM[i]; - -i; time+ +;}
        else if(time = =10300)
        {P4OUT=NUM[2];P2OUT=NUM[0];time+ +;i=9;}
        else if(time%100 = =0&&time<11300&&time>10300)
        {P4OUT=NUM[1];P2OUT=NUM[i]; - -i; time+ +;}
        else if(time = =11300)
        {P4OUT=NUM[1];P2OUT=NUM[0];time+ +;i=9;}
        else if(time%100 = =0&&time<12300&&time>11300)
        {P4OUT=NUM[0];P2OUT=NUM[i]; - -i; time+ +;}
        else if (time = =12300)                          //12300
        {P3OUT^=BIT2+BIT3;                               //东西方向绿灯灭,黄灯亮
         P4OUT=0x00;P2OUT=0x00;
         time+ +;
        }
        else if(time = =12400)
        { P3OUT^=BIT3;P6OUT^=BIT2;
          time+ +;
        }
        else if(time = =12500)
        { P3OUT^=BIT3;P6OUT^=BIT2;
          time+ +;
        }
        else if(time = =12600)                           //12600
        { P3OUT^=BIT3;P6OUT^=BIT2; P6OUT^=BIT6;          //东西方向黄灯闪烁结束
          P3OUT^=BIT7;
          time+ +;
        }
        else if (time = =12610)
         time=0;
    }

}
#pragma vector=TIMERA1_VECTOR
__interrupt void Timer_A(void)
{
    switch(TAIV)
    {
        case 2:break;
        case 4:break;
        case 10:time+ +;break;
    }
}
```

11.8.3 交通信号灯调试与仿真

将上述程序编译生成的目标代码“. hex”加载至 Protues 中的单片机，单击运行，仿真结果见二维码 11-15。

二维码 11-15
交通信号灯仿真图

(1)单击运行后，数码管显示数字 60，此时车辆通行道路东西方向绿灯亮，南北方向红灯亮。人行道路指示灯南北方向绿灯亮，东西方向红灯亮。

(2)60s 倒计时结束后，东西方向黄灯闪烁若干次，此时南北方向仍维持红灯亮。

(3)黄灯闪烁结束后，此时车辆通行道路南北方向绿灯亮，东西方向红灯亮。人行道路指示灯东西方向绿灯亮，南北方向红灯亮。

(4)60s 倒计时结束后，南北方向黄灯闪烁，之后重复以上过程。

11.9 LED 点阵显示设计与仿真

本例采用美国 TI 公司的 MSP430 系列单片机，搭配相应外围电路。实现“中国奥运加油”的循环显示，以及点亮奥运五环样式流水灯。

11.9.1 LED 点阵显示电路设计

本例硬件电路包括：主控电路、LED 点阵电路、流水灯电路。

主控电路包括 MSP430F249 及其时钟电路和上电复位电路。时钟信号是由晶振产生的，单片机各功能部件的运行都是以时钟信号为基准，有条不紊地一拍一拍地工作。上电复位电路由一个电容和一个电阻组成，上电后单片机先自动复位再执行程序。

LED 点阵电路由四块 8 × 8 点阵拼成一块 16 × 16 点阵。考虑到节省 I/O 口，本例采用 74HC154 输出行选通信号，这样能节省 13 个 I/O 口。74HC154 是一种 4 线/16 线译码器，数据输入端有 4 位，数据输出端有 2^4 = 16 个，因为本例的行选通信号为高电平，而 74HC154 的选通信号为低电平，故在 74HC154 的每一路输出要接一个非门。单片机的 P34、P35 作为 74HC154 的使能信号，其数据段与单片机的 P30、P31、P32、P33 相连接，作为点阵选通信号。单片机通过 P10、P20 向点阵发送数据。74HC15 的真值表和管脚图可参考表 11-9 和图 11-9。

74HC154 真值表 表 11-9

输入						选定输出(L)
G1	G2	D	C	B	A	
L	L	L	L	L	L	Y0
L	L	L	L	L	H	Y1
L	L	L	L	H	L	Y2
L	L	L	L	H	H	Y3

续上表

输入						选定输出（L）
G1	G2	D	C	B	A	
L	L	L	H	L	L	Y4
L	L	L	H	L	H	Y5
L	L	L	H	H	L	Y6
L	L	L	H	H	H	Y7
L	L	H	L	L	L	Y8
L	L	H	L	L	H	Y9
L	L	H	L	H	L	Y10
L	L	H	L	H	H	Y11
L	L	H	H	L	L	Y12
L	L	H	H	L	H	Y13
L	L	H	H	H	L	Y14
L	L	H	H	H	H	Y15
×	H	×	×	×	×	NONE
H	×	×	×	×	×	NONE

流水灯电路由发光二极管、三极管、100Ω 的电阻构成，因为单片机 I/O 口的驱动能力不足，本例采用三极管作为开关，由 I/O 输出的电平控制闭合，五个环分别由 P40、P41、P42、P43、P44 控制。考虑到美观问题，本例在绘制电路图时隐藏了部分线路。所选用芯片的型号和作用可参考表 11-10，具体原理图见二维码 11-16。

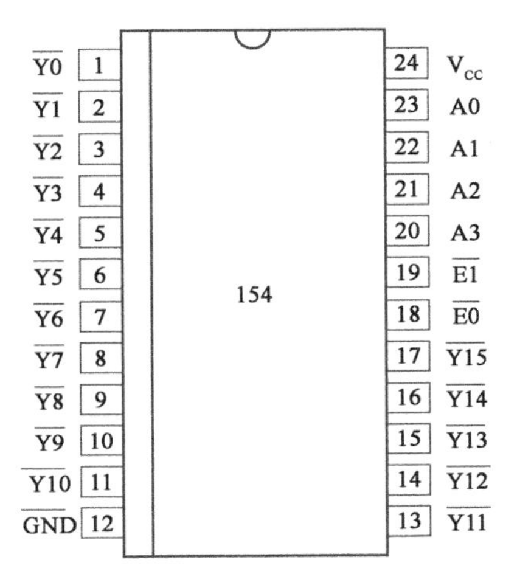

图 11-9　74HC154 管脚图

二维码 11-16

LED 点阵显示原理图

LED点阵显示元器件选型　　表11-10

元器件类型	型　　号	作　　用
单片机	MSP430F249	主控芯片
NPN晶体管	SC8050	开关
16路选通芯片	74HC154	选通开关
非门	—	电平翻转
点阵	8×8	显示汉字
发光二极管	LED	状态指示

11.9.2　LED点阵显示程序设计

本例程序可以实现以下功能：依次点亮每一环，最后全部点亮再全灭；点阵循环显示“中国奥运加油”。

主程序“main.c”实现对流水灯端口及点阵数据端口和控制端口的初始化，点亮流水灯和扫描显示汉字。其汉字显示需要先获得汉字点阵的数据后，才能通过单片机驱动点阵显示，本例使用取模软件PCtoLCD2002获得汉字点阵。程序流程如图11-10所示。

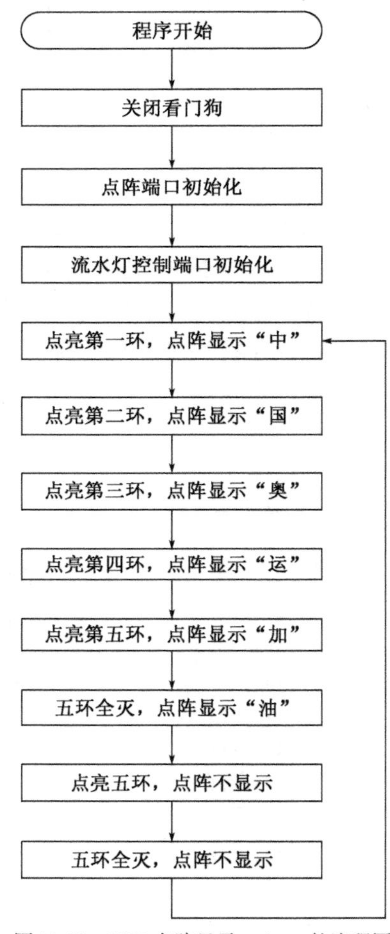

图11-10　LED点阵显示main.c的流程图

下面给出程序清单和注释：

```
#include"msp430f249.h"
#define CPU_F ((double)4000000)
#define delay_us(x) __delay_cycles((long)(CPU_F * (double)x/1000000.0))
#define delay_ms(x) __delay_cycles((long)(CPU_F * (double)x/1000.0))

/********** "中" 字对应的数组 **********/
char array_p11[] = {0XFE,0XFE,0XFE,0XFE,0XC0,0XDE,0XDE,0XDE,0XDE,0XDE,
0XC0,0XFE,0XFE,0XFE,0XFE,0XFE};
char array_p21[] = {0XFF,0XFF,0XFF,0XFF,0X07,0XF7,0XF7,0XF7,0XF7,0XF7,0X07,
0XFF,0XFF,0XFF,0XFF,0XFF};

/********** "国" 字对应的数组 **********/
char array_p12[] = {0XFF,0X80,0XBF,0XBF,0XA0,0XBE,0XBE,0XB0,0XBE,0XBE,0XBE,
0XA0,0XBF,0XBF,0X80,0XBF};
char array_p22[] = {0XFF,0X03,0XFB,0XFB,0X0B,0XFB,0XFB,0X1B,0XFB,0XBB,0XDB,
0X0B,0XFB,0XFB,0X03,0XFB};

/********** "奥"字对应的数组 **********/
char array_p13[] = {0XFD,0XEB,0XC0,0XDF,0XD6,0XDA,0XD0,0XDA,0XD6,0XDF,
0XFE,0X00,0XFD,0XF3,0XCF,0X3F};
char array_p23[] = {0XFF,0XFF,0X07,0XF7,0XD7,0XB7,0X17,0XB7,0XD7,0XF7,0XFF,
0X01,0X7F,0X9F,0XE7,0XF9};

/********** "运"字对应的数组 **********/
char array_p14[] = {0XFF,0XDC,0XEF,0XEF,0XFF,0XF8,0X0F,0XEF,0XEE,0XED,0XE8,
0XED,0XEF,0XD7,0XB8,0XFF};
char array_p24[] = {0XFF,0X07,0XFF,0XFF,0XFF,0X03,0XBF,0X7F,0XEF,0XF7,0X03,
0XFB,0XFF,0XFF,0X01,0XFF};

/********** "加"字对应的数组 **********/
char array_p15[] = {0XEF,0XEF,0XEF,0XEF,0X01,0XED,0XED,0XED,0XED,0XED,0XED,
0XED,0XDD,0XDD,0XB5,0X7B};
char array_p25[] = {0XFF,0XFF,0XFF,0X83,0XBB,0XBB,0XBB,0XBB,0XBB,0XBB,0XBB,
0XBB,0XBB,0X83,0XBB,0XFF};

/********** "油"字对应的数组 **********/
char array_p16[] = {0XFF,0XDF,0XEF,0XEF,0X78,0XBB,0XBB,0XEB,0XEB,0XD8,0X1B,
0XDB,0XDB,0XDB,0XD8,0XFB};
```

```
char array_p26[] = {0XBF,0XBF,0XBF,0XBF,0X03,0XBB,0XBB,0XBB,0XBB,0X03,0XBB,
0XBB,0XBB,0XBB,0X03,0XFB};

/********** 主函数 **********/
void main(void)
{
  int i=0,j=0;                              //循环计数变量
  WDTCTL = WDTHOLD + WDTPW;                 //关闭看门狗
  P1DIR = 0XFF;                             //P1 口设置为输出,作为点阵的数据输入端口
  P2DIR = 0XFF;                             //P2 口设置为输出,作为点阵的数据输入端口
  P3DIR = 0XFF;                             //P3 口设置为输出,作为点阵的数据输入端口
  P3OUT& = ~BIT4 + BIT5;
  P3OUT = 13;
  P4DIR| = BIT0 + BIT1 + BIT2 + BIT3 + BIT4;  //初始化 P4.0、P4.1、P4.2、P4.3、P4.4 为输出
  while(1){
    P4OUT = 0X01;                           //点亮第一环
    for(j=0;j<50;++j)                       //循环 50 遍显示"中"字已达到延时的目的
    {
      for(i=0;i<16;++i){                    //扫描的方式显示"中"字
        P3OUT = i;
        P1OUT = array_p11[i];
        P2OUT = array_p21[i];
        delay_us(200);
      }
    }
    delay_ms(8);                            //延时
    P4OUT = 0X10;                           //点亮第二环
    for(j=0;j<50;++j)                       //显示"国"字
    {
      for(i=0;i<16;++i){
        P3OUT = i;
        P1OUT = array_p12[i];
        P2OUT = array_p22[i];
        delay_us(200);
      }
    }
    delay_ms(8);
    P4OUT = 0X04;                           //点亮第三环
    for(j=0;j<50;++j)                       //显示"奥"字
    {
      for(i=0;i<16;++i){
```

```
            P3OUT = i;
            P1OUT = array_p13[i];
            P2OUT = array_p23[i];
            delay_us(200);
        }
    }
    delay_ms(8);
    P4OUT = 0X08;                              //点亮第四环
    for(j = 0;j < 50; + +j)                    //显示"运"字
    {
        for(i = 0;i < 16; + +i){
            P3OUT = i;
            P1OUT = array_p14[i];
            P2OUT = array_p24[i];
            delay_us(200);
        }
    }
    delay_ms(8);
    P4OUT = 0X02;                              //点亮第五环
    for(j = 0;j < 50; + +j)                    //显示"加"字
    {
        for(i = 0;i < 16; + +i){
            P3OUT = i;
            P1OUT = array_p15[i];
            P2OUT = array_p25[i];
            delay_us(200);
        }
    }
    delay_ms(8);
    P4OUT = 0X00;                              //点亮第六环
    for(j = 0;j < 50; + +j)                    //显示"油"字
    {
        for(i = 0;i < 16; + +i){
            P3OUT = i;
            P1OUT = array_p16[i];
            P2OUT = array_p26[i];
            delay_us(200);
        }
    }
    P4OUT = 0X1F;                              //点亮五环
    delay_ms(200);
```

```
        P4OUT = 0X00;                          //全不点亮
        delay_ms(200);
        P4OUT = 0X1F;                          //点亮五环
        delay_ms(200);
    }
}
```

二维码 11-17
LED 点阵显示仿真图

11.9.3 LED 点阵显示调试与仿真

双击 MSP430F249 单片机，装载可执行文件.hex。运行时，五环依次点亮，点阵显示“中国奥运加油”。仿真结果见二维码 11-17、图 11-11。

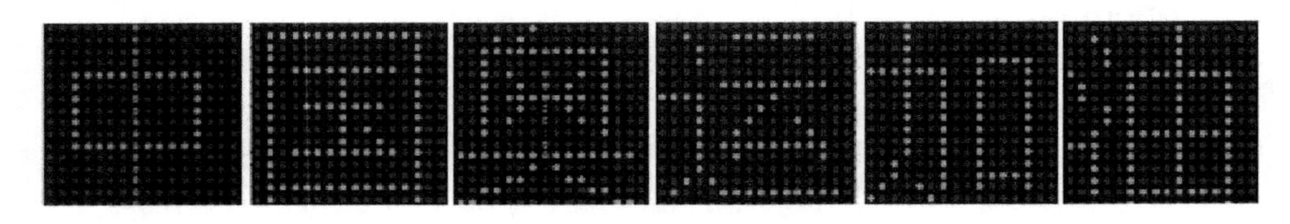

图 11-11 “中国奥运加油”

11.10 直流电动机调速系统设计与仿真

单片机常用于工业控制领域，工业控制过程中机械部件的驱动通常要采用型号不同的电动机来完成。本例的目的是：设计一个能控制直流电动机的调速系统。

设计要求：设计一个能控制直流电动机正反转的调速电路，采用 PWM 方式调速，并且有加减速按键、启动停止按键以及方向选择按键。当在直流电动机转速过高的情况下，可以通过报警装置进行报警。

11.10.1 直流电动机调速系统硬件电路设计

本例采用 16 位低功耗 MSP430 单片机来控制直流电动机的转向和速度调节。直流电动机是可以将直流电能转化为机械能的旋转电动机。

本例的硬件电路主要包括以下几部分：主控电路、直流电动机驱动电路、LCD 显示电路和报警电路。

本例主要器件选型如表 11-11 所示。

主要元器件选型 表 11-11

元器件类型	型　号	作　用
单片机	MSP430F249	主控芯片
驱动芯片	L298	电动机驱动
电动机	MOTOR-DC	直流电动机

续上表

元器件类型	型　　号	作　　用
LCD	LM016L	显示
示波器	OSCILLOSCOPE	显示波形
开关	BUTTON	控制开关
发光二极管	LED	状态指示灯
发声器	SPEAKER	声音报警

主控电路主要包括单片机和按键电路,单片机采用的是16位低功耗MSP430单片机。按键采用的是4个独立式键盘接口电路和一个开关电路,组成了5个功能键,包括“启动”“停止”“加速”“减速”“正反转”键,分别接单片机P2.0~P2.2引脚及P2.5、P2.6引脚,即可实现直流电动机转向和速度的调节。

为了保证电路简单、可靠性高,直流电动机驱动电路采用电动机专用驱动芯片L298。两个电动机各自的4个二级管起保护驱动芯片L298的作用,当加到电动机上的直流电压关断时,电动机电枢线圈将产生很高的感应电压,此感应电压可以通过二极管提供的回路泄放,从而起到保护驱动芯片的作用。

本例中采用点阵型液晶显示模块LM016L,其接口简单,数据总线接单片机P5端口,控制线分别接P4.0~P4.2引脚。

报警电路主要由单片机P6.0引脚驱动,当输出高电平时,发出声音报警信号。

本例的硬件电路图见二维码11-18。

二维码11-18
直流电动机调速系统
硬件原理图

11.10.2　直流电动机调速系统程序设计

程序设计主要包括主程序、键盘扫描子程序、初始化子程序。

(1)上电启动后,电动机不工作,等待按键输入。

(2)上电启动后若按“启动”键,电动机按设定速度正向转动;若此时按下“正反转”键,电动机则按设定速度反向转动;若按下“停止”键,电动机停止转动。

(3)在电动机正/反转情况下,可以通过“加速”“减速”按键调速,并通过LCD屏幕显示调节情况。PWM1表示电动机正转情况、PWM2表示电动机反转情况。

(4)LED灯用来指示转动情况,当电动机转动时,灯亮;当电动机停止时,灯灭。

(5)当一个电动机转动时,另一个电动机向其相反方向转动。

程序清单及相关注释如下:

```
#include"msp430f249.h"
#define CPU_F ((double)8000000)
#define delay_us(x) __delay_cycles((long)(CPU_F*(double)x/1000000.0))
#define delay_ms(x) __delay_cycles((long)(CPU_F*(double)x/1000.0))

/********** 初始化lcd1602的RS,RW,EN管脚 **********/
#define RS0 P4OUT &= ~BIT0
#define RS1 P4OUT |= BIT0
```

```
#define RW0 P4OUT &= ~BIT1
#define RW1 P4OUT |= BIT1
#define EN0 P4OUT &= ~BIT2
#define EN1 P4OUT |= BIT2

/********** 显示 PWM 波 **********/
void dis_pwm();

/********** lcd1602 写命令函数 **********/
void LCD_write_com(unsigned char com)
{
  RS0;
  RW0;
  EN0;
  P5OUT = com;
  delay_ms(5);
  EN1;
  delay_ms(5);
  EN0;
}
/********** lcd1602 写数据函数 **********/
void LCD_write_data(unsigned char data)
{
  RS1;
  RW0;
  EN0;
  P5OUT = data;
  delay_ms(5);
  EN1;
  delay_ms(5);
  EN0;
}
/********** lcd1602 清屏函数 **********/
void LCD_clear(void)
{
  LCD_write_com(0x01);
  delay_ms(5);
}
/********** lcd1602 显示字符串函数 **********/
void LCD_write_str(unsigned char x,unsigned char y,unsigned char *s) {
  if (y == 0)
  {
  LCD_write_com(0x80 + x);
```

```
    }
    else
    {
    LCD_write_com(0xC0 + x);
    }
    while ( * s)
    {
    LCD_write_data( * s);
    s ++;
    }
}
/********** lcd1602 初始化函数 **********/
void LCD_init(void)
{
    EN0;
    delay_ms(5);
    LCD_write_com(0x38); delay_ms(5);
    LCD_write_com(0x0f); delay_ms(5);
    LCD_write_com(0x06); delay_ms(5);
    LCD_write_com(0x01); delay_ms(5);
}
/********** 主函数 **********/
void main(void)
{
    WDTCTL = WDTHOLD + WDTPW;
    TACTL = TASSEL1 + TACLR + MC0;          //MCLK 为时钟源,清 TAR,增计数模式
    TACCR0 = 8000 - 1;                      //设定 PWM 周期
    TACCTL1 = OUTMOD_7;                     //CCR1 输出为 reset/set 模式
    TACCR1 = 0;                             //CCR1 的 PWM 占空比设定
    TACCTL2 = OUTMOD_7;                     //CCR2 输出为 reset/set 模式
    TACCR2 = 0;                             //CCR2 的 PWM 占空比设定
    P1DIR| = 0Xcc;                          //P1.2、P1.3、P1.6、P1.7 输出,对应 TA1、TA2、TA1、TA2
    P1SEL| = 0Xcc;                          //TA1,TA2 输出功能
    P1DIR| = BIT0 + BIT4;                   //P1.0、P1.4 设置为输出
    P1OUT& = ~(BIT0 + BIT4);
    P2DIR = 0x00;                           //P2 口设置为输入,作为按键输入口
    P6DIR| = BIT0;                          //P6.0 设置为输出,作为蜂鸣器控制端口
    P6OUT& = ~BIT0;
    P5SEL = 0x00;                           //P5 口功能选为一般 I/O 口
    P5DIR = 0xFF;                           //P5 口设置为输出,作为 LCD1602 的数据端口
    P4DIR| = BIT0 + BIT1 + BIT2;            //LCD1602 RS,RW,EN 端口初始化
    delay_ms(100);
```

```
    LCD_init( );
    LCD_clear( );
  _EINT( );
    while(1)
  {
      dis_pwm( );
  if((P2IN&BIT6) == 0)                    //读取正反转按钮状态(如果被按下)
  {
        P1OUT& = ~BIT0;P1OUT| = BIT4;     //指示灯电压输出
  if((P2IN&BIT0) == 0)                    //读取启动按键状态
  {
            delay_ms(10);                 //延时消抖
              if((P2IN&BIT0) == 0)        //确定按键被按下
              {
                 while((P2IN&BIT0) == 0); //等待按键弹起
                 TACCR1 =0;TACCR2 =2000;  //PWM 波输出
                 }
              }
        if((P2IN&BIT1) == 0)              //读取停止按键状态
      {
            delay_ms(10);
            if((P2IN&BIT1) == 0)
      {
              while((P2IN&BIT1) == 0);
              TACCR1 =0;TACCR2 =0;
            }
          }                               //读取加速按键状态
        if((P2IN&BIT2) == 0)
      {
            delay_ms(10);
            if((P2IN&BIT2) == 0)
          {
              while((P2IN&BIT2) == 0);
              TACCR2 + =500;
            }
          }
        if((P2IN&BIT5) == 0)              //读取减速按键状态
      {
            delay_ms(10);
            if((P2IN&BIT5) == 0)
      {
```

```
        while((P2IN&BIT5) == 0);
        TACCR2 -= 500;
       }
      }
     }
else                                                //正反转按钮没有被按下
{
     P1OUT&= ~BIT4;P1OUT|=BIT0;                     //读取启动按键状态
     if((P2IN&BIT0) == 0)
  {
       delay_ms(10);
       if((P2IN&BIT0) == 0)
  {
         while((P2IN&BIT0) == 0);
         TACCR1 =2000;
     TACCR2 =0;
       }
      }
     if((P2IN&BIT1) == 0)                           //读取停止按键状态
{
       delay_ms(10);
       if((P2IN&BIT1) == 0)
  {
         while((P2IN&BIT1) == 0);
         TACCR1 =0;TACCR2 =0;
       }
      }
     if((P2IN&BIT2) == 0)                           //读取加速按键状态
{
       delay_ms(10);
       if((P2IN&BIT2) == 0)
{
         while((P2IN&BIT2) == 0);
         TACCR1 += 500;
       }
      }
     if((P2IN&BIT5) == 0)                           //读取减速按键状态
{
       delay_ms(10);
       if((P2IN&BIT5) == 0)
{
```

```
            while((P2IN&BIT5) = = 0);
            TACCR1 - =500;
          }
        }
      }
    }
}
/********** PWM 波显示函数 **********/
void dis_pwm()
{
  LCD_write_str(0,0,"cycle");
  LCD_write_str(6,0,"PWM1 ");
  LCD_write_str(11,0,"PWM2");
  LCD_write_com(0xc0);                      //显示周期
  LCD_write_data(0x30 +8);
  LCD_write_data(0x30 +0);
  LCD_write_data(0x30 +0);
  LCD_write_data(0x30 +0);
  LCD_write_com(0xc6);                      //显示第一路 PWM 波
  LCD_write_data(0x30 + ((TACCR1/1000)%10));
  LCD_write_data(0x30 + ((TACCR1/100)%10));
  LCD_write_data(0x30 + ((TACCR1/10)%10));
  LCD_write_data(0x30 + (TACCR1%10));
  LCD_write_com(0xcb);                      //显示第二路 PWM 波
  LCD_write_data(0x30 + ((TACCR2/1000)%10));
  LCD_write_data(0x30 + ((TACCR2/100)%10));
  LCD_write_data(0x30 + ((TACCR2/10)%10));
  LCD_write_data(0x30 + (TACCR2%10));
  if(TACCR1 > 5000)                         //当第一路 PWM 波过大时报警
{
  P6OUT| =BIT0;
  }
  else{
if(TACCR2 > 5000)                           //当第二路 PWM 波过大时报警
{
      P6OUT| =BIT0;
    }
    else
      P6OUT& = ~BIT0;
  }
}
```

11.10.3 直流电动机调速系统调试与仿真

将上述程序编译生成的目标代码加载至 Protues 中的单片机，单击运行，此时为上电初始状态，等待用户操作。

注意：电路仿真与实物运行有所不同，仿真时电动机加减速过程较慢，启动以后需要多等待一会儿，等电动机加速结束，运行稳定后，再进行加速减速控制。可以通过示波器和 LCD 观察 PWM 信号周期和占空比。

用户操作时若选择正转，按下“启动”键，电动机开始正向转动，速度为设定的固定值，正转指示灯亮指示电动机工作状态。启动后电动机正转时实验仿真图见二维码 11-19。

二维码 11-19
电动机正转时仿真图

若要电动机进行其他操作，按下相应的按键即可。

参考文献

[1] 任保宏,徐科军. MSP430 单片机原理与应用——MSP430F5xx/6xx 系列单片机入门、提高与开发[M].2 版. 北京:电子工业出版社,2018.

[2] 沈建华,杨艳琴,王慈. MSP430 超低功耗单片机原理与应用[M].3 版. 北京:清华大学出版社,2017.

[3] 王兆滨,马义德,孙文恒. MSP430 单片机原理与应用[M]. 北京:清华大学出版社,2017.

[4] 王建校,危建国,孙宏滨. MSP430 5XX/6XX 系列单片机应用基础与实践[M]. 北京:高等教育出版社,2012.

[5] 洪利,章扬,李世宝. MSP430 单片机原理与应用实例详解[M]. 北京:北京航空航天大学出版社,2010.

[6] 谢楷,赵建. MSP430 系列单片机系统工程设计与实践[M]. 北京:机械工业出版社,2009.

[7] 许维蓥,郑荣焕. Proteus 电子电路设计及仿真[M]. 北京:电子工业出版社,2014.

[8] 周润景,李楠. 基于 PROTEUS 的电路设计、仿真与制板[M].2 版. 北京:电子工业出版社,2018.

[9] 刘德全. Proteus8——电子线路设计与仿真[M].2 版. 北京:清华大学出版社,2017.

[10] 王博,姜义. 精通 Proteus 电路设计与仿真[M]. 北京:清华大学出版社,2017.